工业和信息产业科技与教育专著出版资金资助出版

普通高等教育"十二五"规划计算机教材

编译原理简明教程

（第2版）

冯秀芳　崔冬华　段　富　主编

李爱萍　王会青　副主编

电子工业出版社
Publishing House of Electronics Industry
北京·BEIJING

内容简介

本书在上一版重印 5 次的基础上修订而成，共 15 章，包括形式语言与自动机理论、词法分析、语法分析、语义分析及中间代码生成、代码优化、目标代码的生成、符号表、目标程序运行时的存储组织与分配、出错处理、编译程序自动生成工具简介、面向对象语言的编译以及并行编译技术。在内容的组织上，本书将编译的基本理论和具体的实现技术有机地结合起来，清楚地阐述相关的概念和原理，并给出部分 C 语言实现程序；同时，对编译程序自动生成工具的功能和使用方法做了详细的介绍。本书提供免费电子课件。

本书可作为大学计算机类本科专业教材，也可作为教师、研究生或计算机技术人员的参考用书。

图书在版编目（CIP）数据

编译原理简明教程 / 冯秀芳，崔冬华，段富主编. —2 版. —北京：电子工业出版社，2012.1

ISBN 978-7-121-15357-0

I. ①编… II. ①冯… ②崔… ③段… III. ①编译程序－高等学校－教材 IV. ①TP314

中国版本图书馆 CIP 数据核字（2011）第 250222 号

策划编辑：冯小贝

责任编辑：秦淑灵

印　　刷：北京盛通商印快线网络科技有限公司

装　　订：北京盛通商印快线网络科技有限公司

出版发行：电子工业出版社

　　　　　北京市海淀区万寿路 173 信箱　邮编　100036

开　　本：787×1092　1/16　印张：16.75　字数：495 千字

版　　次：2004 年 1 月第 1 版

　　　　　2012 年 1 月第 2 版

印　　次：2022 年 8 月第 11 次印刷

定　　价：32.00 元

凡所购买电子工业出版社图书有缺损问题，请向购买书店调换。若书店售缺，请与本社发行部联系，联系及邮购电话：(010)88254888，88258888。

质量投诉请发邮件至 zlts@phei.com.cn，盗版侵权举报请发邮件至 dbqq@phei.com.cn。

本书咨询联系方式：fengxiaobei@phei.com.cn。

前　言

《编译原理简明教程》第 1 版出版于 2002 年，重印 5 次，距今已有 9 年时间，在这 9 年里，不仅编译技术有了新的发展，而且，计算机专业人员的水平也有了显著提高，因此在第 2 版中，我们对内容做了部分调整、增删和修改。本书第 2 版系普通高等教育"十二五"规划计算机教材，作为再版教材，继承了第 1 版理论和实践并重、文字简洁易懂等优点，并且为了适应计算机技术迅猛发展的需要，在第 2 版中增加了面向对象语言的编译技术、并行编译技术以及编译程序自动生成工具等相关内容，并将第 1 版中用 Pascal 语言编写的部分程序改为 C 语言程序。

"编译原理"课程是计算机科学与技术专业一门重要的专业基础课，在计算机科学中占有重要的地位。"编译原理"课程蕴涵着计算机学科中解决抽象问题的思路和方法，对计算机专业人员从事软件开发起着潜移默化的作用，就像"高等数学"课程影响每一个理工科学生一生的工作和学习一样，学好"编译原理"课程也会让计算机专业的学生"享用一辈子"。

全书共 15 章，第 1 章对编译过程、编译程序的结构、编译程序的开发进行了概要说明；第 2、3 章介绍了形式语言与自动机理论，为学习后续各章奠定了理论基础；第 4 章讨论了词法分析程序的设计原理；第 5、6 章详细阐述了自顶向下和自底向上的各种语法分析方法；第 7～12 章分别讨论了语义分析及中间代码的生成、代码优化、目标代码生成、符号表、目标程序运行时的存储组织与分配等内容；第 13 章介绍了编译程序的自动生成工具；第 14、15 章分别介绍了面向对象语言的编译技术以及并行编译技术。

在内容的组织上，本书将编译的基本理论和具体的实现技术有机地结合起来，清楚地阐述相关的概念和原理，并利用 C 语言给出部分实现程序；同时，对编译程序自动生成工具的功能和使用方法做了详细的介绍。

本书第 1、2 章由段富编写，第 3、6、8、10 章由冯秀芳编写，第 4、5、7、12 章由崔冬华编写，第 9 章由郝晓燕编写，第 11、14 章由王会青编写，第 13、15 章由李爱萍编写。本书是在第 1 版的基础上修订而成的，在修订过程中原合作者范辉给予了大力支持，计算机专业的研究生做了大量录入和校对工作，在此谨向他们表示诚挚的感谢。

由于编者水平有限，书中难免存在一些缺点和错误，恳请广大读者批评指正。编者 E-mail：feng_xf2008@126.com。

编　者

第1版序言

这套教材是面向 21 世纪计算机学科系列教材。为什么要组织这套教材？根据什么编写这套教材？这些都是在这篇序言中要回答的问题。

计算机学科是一个飞速发展的学科，尤其是近十年来，计算机向高度集成化、网络化和多媒体化发展的速度一日千里。但是，从另一个方面来看，目前高等学校的计算机教育，特别是教材建设，远远落后于理实的需要。现在的教材主要是根据《教学计划 1993》的要求组织编写的。这个教学计划，在制定过程中主要参照了美国 IEEE 和 ACM 的《教学计划 1991》。

10 年来，计算机学科已有了长足发展，这就要求高等学校计算机教育必须跟上形势发展的需要，在课程设置和教材建设上做出相应调整，以适应面向 21 世纪计算机教育的要求。这是组织这套教材的初衷。

为了组织好这套教材，全国高等学校计算机教育研究会课程与教材建设委员会在天津召开了"全国高等学校计算机学科课程与教材建设研讨会"。在北京召开了。"教材编写大纲研讨会"。在这两次会议上，代表们深入地研讨了全国高校计算机专业教学指导委员会和中国计算机学会教育委员会制定的《计算机学科教学计划 2000》以及美国 IEEE 和 ACM 的《计算机学科教学计划 2001》，这是这套教材参照的主要依据。

IEEE 和 ACM 的《计算机学科教学计划 2001》是在总结了从《计算机学科教学计划 1991》到现在，计算机学科十年来发展的主要成果的基础上诞生的。它认为面向 21 世纪计算机学科应包括 14 个主科目，其中 12 个主科目为核心主科，它们是：算法与分析(AL)、体系结构(AR)、离散结构(DS)、计算科学(CN)、图形学、可视化、多媒体(GR)、网络计算(NC)、人机交互(HC)、信息管理(IM)、智能系统(IS)、操作系统(OS)、程序设计基础(PF)、程序设计语言(PL)、软件工程(SE)、社会、道德、法律和专业问题(SP)。其中除 CN 和 GR 为非核心主科目外，其他 12 项均为核心主科目。

将 2001 教学计划与 1991 教学计划比较可看出：

（1）在 1991 年计划中，离散结构只作为数学基础提出，而在 2001 计划中，则作为核心主科目提出，显然，提高了它在计算机学科中的地位。

（2）在 1991 计划中，未提及网络计算，而在 2001 计划中，则作为核心主科目提出，以适应网络技术飞速发展的需求。

（3）图形学、可视化与多媒体也是为适应发展要求新增加的内容。

除此之外，2001 计划在下述 5 个方而做调整：

将程序设计语言引论调整为程序设计基础，将人-机通信调整为人机交互，将人工智能与机器人学调整为智能系统，将数据库与信息检索调整为信息管理，将数值与符号计算调整为计算科学。

显然，这些变化使 2001 计划更具有科学性，也更好地适应了学科发展的需要。

在组织这套教材的过程巾，充分考虑了这些变化和调整，在软件和硬件的课程体系、界面划分方面均做了相应的调整，使整套教材更具有科学性和实用性。

另外，还要说明一点，教材建设既要满足必修课的要求，又要满足限选课和任选课的要求。因此，教材应按系列组织，反映整个计算机学科的要求，采用大拼盘结构，以适应各校不同的具体教学计划，使学校可根据自己的需求进行选择。

这套教材包括：《微机应用基础》、《离散数学》、《电路与电子技术》、《电路与电子技术习题与实验指南》、《数字逻辑与数字系统》、《计算机组成原理》、《微机接口技术》、《计算机体系结构》、《计算机网络》、《计算机网络实验教程》、《通信愿理》、《计算机网络管理》、《网络信息系统集成》、《多媒体技术》、《计算机图形学》、《计算机维护技术》、《数据结构》、《计算机算法设计与分析》、《计算机数值分析》、《汇编语言程序设计》、《Pascal语言程序设计》、《VB程序设计》、《C语言程序设计》、《C++语言程序设计》、《Java语言程序设计》、《操作系统原理》、《UNIX操作系统原理与应用》、《Linux操作系统》、《软件工程》、《数据库系统原理》、《编译原理》、《编译方法》、《人工智能》、《计算机信息安全》、《计算机图像处理》、《人机交互》、《计算机伦理学》。对于 IEEE 和 ACM 的《计算机学科教学计划2001》中提出的 14 个主科目，这套系列教材均涵盖，能够满足不同层次院校、不同教学计划的要求。

这套系列教材由全国高等学校计算机教育研究会课程与教材建设委员会主任李大友教授精心策划和组织。编者均为具有丰富教学实践经验的专家和教授。所编教材体系结构严谨、层次清晰、概念准确、论理充分、理论联系实际、深入浅出、通俗易懂。

教材组织过程中，得到了哈尔滨工业大学蒋宗礼教授，西安交通大学董渭清副教授，武汉大学张焕国教授，吉林大学张长海教授，福州大学王晓东教授，太原理工大学余雪丽教授等的大力支持和帮助，在此一并表示衷心感谢。

李大友
2000 年 6 月

目　录

第 1 章 引　言

20世纪40年代，由于冯·诺伊曼在存储-程序计算机方面的先锋作用，编写一串代码或程序使计算机执行所需的计算已成为必要。随着计算机的广泛应用，计算机程序设计语言也从初期的机器语言发展为汇编语言，以及现在的各种高级程序设计语言。而编译技术是计算机语言发展的支柱，也是计算机科学中发展最迅速、最成熟的一个分支，它集中体现了计算机发展的成果与精华。其核心思想就是把同样的逻辑结构和思想从一种语言表示的程序转化为另外一种语言表示的程序。从高级语言，甚至运行于虚拟平台的高级语言，到机器语言，最终到硬件执行的物理信号，这一层层的转化，都涉及编译技术的应用。因此，编译技术是从人类智慧到机器执行的桥梁，从软件到硬件层层推进的衔接力量。使用编译技术构造的编译程序或翻译系统是程序设计语言的支撑环境，高级语言程序只有经过编译程序或翻译系统的转换，才能生成目标机器能够识别的语言程序，进而才能在目标机器上运行。

1.1　程序的翻译及运行

人类要用计算机解决问题，首先要告诉计算机解决什么问题，或许还要告诉计算机如何解决这个问题。这就牵涉到用什么样的语言描述要解决的问题。起初，人们采用机器语言(machine language)语言描述要解决的问题。机器语言即机器指令，能被计算机直接理解与执行，却不易被人们理解和接受。当然，编写这样的代码是十分费时和乏味的，这种代码形式很快就被汇编语言(assembly language)代替了。汇编语言十分接近机器语言，汇编语言中的很多语句恰好就是机器语言语句的符号表示。汇编语言的语句通常具有固定格式，这种格式将使汇编程序更易于分析这些语句，在这些汇编语句中通常不包含嵌套语句、分程序等。汇编语言大大提高了编程的速度和准确度，人们至今仍在使用着它，在编码需要极快的速度和极高的简洁程度时尤为如此。但是，汇编语言也有许多缺点：编写起来也不容易，阅读和理解很难；而且汇编语言的编写严格依赖于特定的机器，所以为一台计算机编写的代码在应用于另一台计算机时必须完全重写。随后，计算机科学家设计了一些比较习惯的语言来描述要解决的问题。这种语言表达力强，易于使用，易于为人理解和接受，称为高级程序语言。这些用机器语言对问题的描述称为程序。例如，用Fortran语言、ALGOL语言、Pascal语言、C语言、Ada语言、C++语言等编写的程序，都称为高级语言程序。这种程序不能直接被计算机理解与执行，必须经过等价的转换，变成机器能理解与执行的机器语言才能执行。进行这种等价转换工作的程序，称为翻译程序。

一般来说，翻译程序可以将用一种语言写的程序，等价地转换为用另一种语言写的程序。前一个程序，即被翻译的程序，叫做源程序；后一个程序，即翻译后的程序，叫做目的程序或目标程序。

与自然语言的翻译中通篇笔译和口译类似，翻译程序也有编译程序和解释程序两大类。而源程序是汇编语言程序，目标程序是机器语言程序时，翻译程序称为汇编程序。当源程序是面向对象语言程序时，翻译程序一般先对对象的特征进行分析和处理，生成另一种高级语言表示的目标程序或面向虚拟机的目标程序，然后再通过编译或解释程序生成计算机可执行的目标代码。

编译程序把用高级程序设计语言书写的源程序，翻译成等价的计算机汇编语言或机器语言书写的目标程序的翻译程序，如图1.1所示。而并行编译程序把串行执行的高级程序语言源程序，翻译成能并行执行的汇编语言或机器语言目标程序。编译程序属于采用生成性实现途径实现的翻译程序。它以高级程序设计语言书写的源程序作为输入，而以汇编语言或机器语言表示的目标程序作为输出。编译出的目标程序通常还要经历运行阶段，以便在运行程序的支持下运行，加工初始数据，算出结果。编译程序的实现算法较为复杂，这是因为它所翻译的语句与目标语言的指令不是一一对应关系，而是一多对应关系；同时也因为它要处理递归调用、动态存储分配、多种数据类型，以及语句间的紧密依赖关系。不过，由于高级程序设计语言书写的程序具有易读、易移植和表达能力强等特点，编译程序广泛地用于翻译规模较大、复杂性较高、且需要高效运行的高级语言书写的源程序。

解释程序不同于编译程序，它不是直接将高级语言的源程序翻译成目标程序后再执行，而是一个语句一个语句地读入源程序，即边解释边执行，其工作过程如图1.2所示。

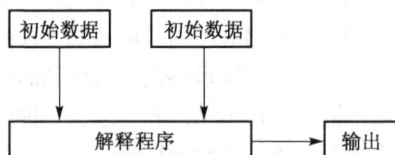

图 1.1　编译程序　　　　　　　　　　　　　图 1.2　一个概念化的解释程序

解释程序把源程序看成自己的输入，源程序原来的输入也是解释程序的一部分输入，因而可以对源程序进行处理，就像对另一部分数据一样。程序执行时的控制点在解释程序之中，而不在用户程序中，即用户程序是消极的，这就不同于编译程序产生的可执行的用户程序，在那里它是积极的。

解释程序允许：

① 在执行用户程序时修改用户程序。因此，它提供一种直接的交互调试能力。这种修改对于 APL、BASIC 这样的非分程序结构的语言是非常容易的，因为修改个别语句并不需要重新分析整个程序。

② 对象的类型可动态地修改。随着程序的执行，符号的意义可以变化。例如，在某一点，它可以是整型变量，而在另一点，它可以是一个字符数组。这种符号意义的动态确定叫做流动绑定(Fluid Binding)，这对于编译程序是很头痛的事，编译程序很难对它进行翻译。

③ 提供良好的诊断信息。解释程序执行时，把程序的执行与源程序行文的分析交织在一起，因而可以在诊断信息中给出出错点的源程序行号、变量的符号名，并对变量交互赋值，这些工作对于编译程序是比较困难的。

④ 解释程序不依赖于目标机，因为它不生成目标代码。因此，其可移植性优于编译程序。

解释程序的突出优点是可简单地实现，且易于在解释执行过程中灵活、方便地插入修改和调试措施，但最大缺点是执行效率很低。例如，需要多次重复执行的语句，采用编译程序时只需要翻译一次；但在解释程序中却需要重复翻译，重复执行。根据这些特点，解释程序适用于如下场合。

① 有些语言中的大多数语句，如字符串加工语言中的字符串查找语句和加工语句，其执行时间比翻译时间长得多。对于这种语言，采用生成性方案效果甚微，而采用解释性方案则易于实现。

② 为了便于用户调试和修改程序，又能保证程序高效运行，很多程序设计语言配置两个加工系统，一个用于调试，另一个用于有效地运行。调试用的系统一般用解释程序实现，以便及时监视运行情况、动态地输出调试信息和灵活地修改错误。

③ 交互式会话语言(如 BASIC，APL)，要为用户提供并行、交叉编写、执行、调试和修改源程序的功能。采用解释程序易于实现这些功能。

1.2　编译过程概述

编译程序的工作，即从输入源程序开始到输出目标程序为止的整个过程，是非常复杂的。但就其过程而言，它与人们进行自然语言之间的翻译有许多相近之处。当我们把一种文字翻译为另一种文字，如把一段英文翻译为中文时，通常需经下列步骤。

① 识别出句子中的一个个单词。

② 分析句子的语法结构。

③ 根据句子的含义进行初步翻译。

④ 对译文进行修饰。

⑤ 写出最后的译文。

类似地，编译程序的工作过程一般也可以划分为五个阶段：词法分析、语法分析、语义分析与中间代码的产生、优化、目标代码的生成。

1. 第一阶段：词法分析

词法分析的任务是：输入源程序，对构成源程序的字符串进行扫描和分解，识别出一个个单词（又称单词符号，简称符号），如保留字（if、for、while 等）、标识符、常数、特殊符号（标点符号、左右括号、运算符等）。例如，对于 C 语言的循环语句：

```
for ( i=1;i<= 100;i++) sum=sum+1;
```

词法分析的结果是识别出如下单词符号：

保留字　　for

标识符　　i,sum

特殊符号　(,　=,;,<=,++,+

整常数　　1,100

这些单词是组成上述 C 语句的基本符号。单词符号是语言的基本组成成分，是人们理解和编写程序的基本要素。识别和理解这些要素无疑也是翻译的基础。如同将英文翻译成中文的情形一样，如果你对英语单词不理解，那就谈不上进行正确的翻译。在词法分析阶段的工作中所遵循的是语言的词法规则（或称构词规则）。描述词法规则的有效工具是正规式和有限自动机。

2. 第二阶段：语法分析

语法分析的任务是：在词法分析的基础上，根据语言的语法规则，把单词符号串分解成各类语法单位（语法范畴），如"短语"、"句子"（"语句"）、"程序段"和"程序"等。通过语法分析，确定整个输入串是否构成语法上正确的"程序"。语法分析所依循的是语言的语法规则。语法规则通常用上下文无关文法描述。词法分析是一种线性分析，而语法分析是一种层次结构分析。例如，在很多语言中，符号串

$$Z = X + 2*Y;$$

代表一个"赋值语句"，而其中的"$X+2*Y$"代表一个"算术表达式"。因而，语法分析的任务就是识别"$X+2*Y$"为算术表达式。同时，识别上述整个符号串属于赋值语句语法范畴。

3. 第三阶段：语义分析与中间代码的产生

这一阶段的任务是：对语法分析所识别出的各类语法范畴，分析其含义，并进行初步翻译（产生中间代码）。这一阶段通常包括两方面的工作。首先，对每种语法范畴进行静态语义检查，例如，变量是否定义、类型是否正确等。如果语义正确，则进行另一方面的工作，即进行中间代码的翻译。这一阶段所依循的是语言的语义规则。通常使用属性文法描述语义规则。

"翻译"仅仅在这里才开始涉及。所谓"中间代码"是一种含义明确、便于处理的记号系统，它通常独立于具体的硬件。这种记号系统或者与现代计算机的指令形式有某种程度的接近，或者能够比较容易地变换成现代计算机的机器指令。例如，许多编译程序采用了一种与"三地址指令"非常近似的"四元式"作为中间代码。这种四元式的形式如表 1.1 所示。

表 1.1　四元式形式

运算符	第一运算量	第二运算量	结果

它的意义是：对第一和第二运算符进行某种运算，把运算所得的值作为"结果"保留下来。在采用"四元式"作为中间代码的情况下，中间代码产生的任务就是按语言的语义规则把各类语法范畴翻译成四元式序列。例如，下面的赋值语句

$$Z = (X + 3)*Y/W;$$

可翻译为如表 1.2 所示的四元式序列。

表 1.2　赋值语句的四元式序列

序　号	运　算　符	第一运算分量	第二运算分量	结　果
(1)	+	X	3	T_1
(2)	*	T_1	Y	T_2
(3)	/	T_2	W	Z

其中，T_1 和 T_2 是编译期间引进的临时工作变量；第一个四元式意味着把 X 的值加上 3 存放其中；第二个四元式指将 T_1 的值和 Y 的值相乘存于 T_2 中；第三个四元式指将 T_2 的值除以 W 的值，结果存于 Z 中。

一般情况下，中间代码是一种独立于具体硬件的记号系统。常用的中间代码，除了四元式之外，还有三元式、简接三元式、逆波兰式和抽象语法树等。

4. 第四阶段：优化

优化的任务在于对前阶段产生的中间代码进行加工变换，以期在最后阶段产生出更为高效(节省时间和空间)的目标代码。优化的主要方面有：公共子表达式的提取、循环优化、删除无用代码等。有时，为了便于"并行运算"，还可以对代码进行并行优化处理。优化所依循的原则是程序的等价变换规则。

5. 第五阶段：目标代码的生成

这一阶段的任务是：把中间代码(或经优化处理后的代码)变换成特定机器上的低级语言代码。本阶段实现了最后的翻译，它的工作有赖于硬件系统结构和机器指令含义。本阶段工作非常复杂，涉及硬件系统功能部件的运用、机器指令的选择、各种数据类型变量的存储空间分配，以及寄存器和后援寄存器的调度等。如何产生充分发挥硬件效率的目标代码，是一件非常不容易的事情。

目标代码的形成可以是绝对指令代码、可重定位的指令代码或汇编指令代码。如果目标代码是绝对指令代码，则这种目标代码可立即执行；如果目标代码是汇编指令代码，则需汇编器汇编之后才能运行。必须指出，现代用编译程序所产生的目标代码都是一种可重定位的指令代码。这种目标代码在运行前必须借助于一个连接装配程序把各个目标模块(包括系统提供的库模块)连接在一起，确定程序变量在主存中的位置，装入内存中指定的起始地址，使之成为一个可以运行的绝对指令代码程序。

上述编译过程的五个阶段是一种典型的分法。事实上，并非所有编译程序都分为这五个阶段。有些编译程序对优化没有什么要求，优化阶段就可省去。在某些情况下，为了加快编译速度，中间代码产生阶段也可以去掉。有些最简单的编译程序在语法分析的同时产生目标代码，但是，多数实用编译程序的工作过程大致像上面所说的五个阶段。有时编译过程还可以分为六个阶段，即把语义分析和中间代码产生分为两个阶段。

1.3　编译程序的结构框图

典型的编译程序结构框图如图1.3所示。

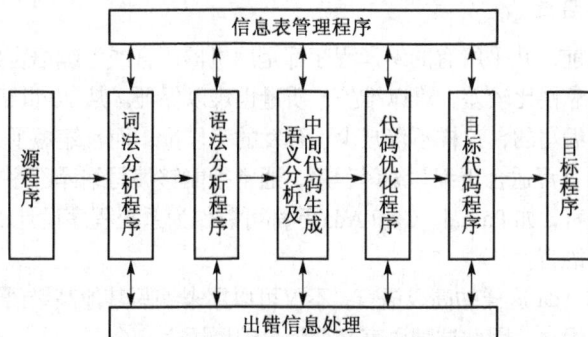

图 1.3　典型的编译程序结构框图

不同的编译程序其结构不同，图中给出的只是编译程序各部分的逻辑结构图，并不代表时间上的执行顺序。有些编译程序可能恰好按图中顺序执行这些逻辑过程，有些编译程序可能按平行、互锁方式执行这些逻辑过程。

采用哪种执行方式，视语种、机型等因素的不同而不同。

1.4　编译程序的开发

编译程序是一个非常复杂的软件系统，虽然编译理论和编译技术不断发展，已使编译程序的生产周期不断缩短，但是目前要研制一个编译程序仍需要相当长的时间，而且工作相当艰巨，因此如何高效地生成一个高质量的编译程序一直是人们追求的目标。本节将简单介绍编译程序的开发步骤、开发技术和程序的自动生成。

1.4.1　编译程序的开发步骤

从软件工程的理论和方法来分析，编译程序的开发过程大致分为以下几个阶段。

① 认真做好需求分析并合理分工，编译程序要把源程序翻译成某台计算机上的目标程序，用户首先要熟悉某种源语言，对源语言的语法和语义要有准确无误的理解；其次确定对编译程序的要求，同时很重要的一点是，对目标机要有深刻的可行性研究，否则将会生成质量较低的目标程序；最后要根据编译程序的规模进行划分，并组织合理分工。

② 系统设计，选择算法并确定方案。确定方案是编译开发过程中最关键的一步。在系统设计选择算法中最重要的是使编译程序具有易读性和易改性，以便将来对编译程序的功能进行更新扩充。

③ 选择语言，认真编写程序。根据所设计的算法慎重选用某种语言(低级或高级语言)编写编译程序，最终得到机器语言级的编译程序。

④ 测试程序，确保质量。通过大量实例对编写好的编译程序进行测试。为了检查编译程序各部分的功能，要选用各种不同的程序，尤其要有意在源程序中设计各种类型的错误障碍，让编译程序进行编译。在以大量实例对编译程序测试的过程中不断修改完善编译程序，以确保质量。

⑤ 建立、整理文档资料。根据前面的工作整理出有关编译程序的一套资料，形成文档，其中包

括源程序的语法、目标机器指令系统、编译算法、出错信息表及编译程序的使用说明等，以供用户在使用该编译程序时查阅。

1.4.2　编译程序的开发技术

1. 系统程序设计语言

20 世纪 70 年代以前，几乎所有的编译程序都是用机器语言或汇编语言编写的，这样不仅工作量大，而且编译程序的可靠性比较差，难以维护，质量也难以保证。从 20 世纪 80 年代开始，大部分编译程序都是用高级语言编写，这样不仅减少了开发的工作量，而且缩短了开发周期。

并非所有的高级语言都适合于编写编译程序，通常把能够编写编译程序或其他系统软件的高级语言称为系统程序设计语言，如 Pascal、C 和 Ada 等都可以作为系统程序设计语言，而 Fortran 等语言则不宜用做系统程序设计语言。

此外，像 Pascal 和 Ada 这样的高级语言，不仅可以用来编写其他高级语言的编译程序，而且还可以用来编写自己的编译程序，因此这种语言又称为自编译语言。

2. 编译程序的开发技术

编译程序的开发常常采用自编译、交叉编译、自展和移植等行之有效的技术。

① 自编译，某种高级语言书写自己的编译程序称为自编译。

例如，假如 A 机器上已有一个 Pascal 语言可以运行，则可以用 Pascal 语言编写 Pascal 语言的编译程序，然后借助于原有的 Pascal 编译程序对编写的 Pascal 编译程序进行编译，从而编译后即得到一个能在 A 机器上运行的 Pascal 编译程序。这种编译系统的程序设计语言是其本身。

② 交叉编译。交叉编译是指 A 机器上的编译程序能产生 B 机器上的目标代码。

若 A 机器上已有的 Pascal 语言可以运行，则可用 A 机器中的 Pascal 语言写一个编译程序，它的源语言是 Pascal，目标语言是 B 代码。这种在 A 机器上运行，而产生在 B 机器上的目标代码也称为交叉编译。

对于以上两种方法，都假定已经有了一个系统编译程序语言可以使用，否则采用自展和移植方法。

③ 自展。自展是首先确定一个非常简单的核心语言 L_0，然后用机器语言或汇编语言写出它的编译程序 T_0，再把语言 L_0 扩充到 L_1，此时

$$L_1 \supset L_0$$

并用 L_0 编写 L_1 的编译程序 T_1，再把语言 L_1 扩充为 L_2，则有

$$L_2 \supset L_1$$

并用 L_1 编写 L_2 的编译程序 T_2……如此逐步扩展下去，直到完成所要求的编译程序。

这种方法中最初的核心语言的编译程序比较简单，以后各级编译程序(T_1，T_2，…)均可用前一级已实现的较高级的语言编写，后一级建立在前一级语言的基础上，级级升高，这样大大减少了开发编译程序的工作量。

④ 移植。移植是将 A 机器上的某高级语言的编译程序移植到 B 机器上运行。一个程序若能较容易地从 A 机器上搬到 B 机器上运行，则称该程序是可移植的。

1.4.3　编译程序的自动生成

用系统程序设计语言来书写编译程序，虽然缩短了编译程序的开发周期，提高了编译程序的质量，但自动化程序仍然不高，它需要开发者熟悉各种编译技术，根据语言的要求设计算法。人们的最大愿

望是能有一个自动生成编译程序的软件工具，只要把源程序的定义及机器语言的描述输入这种软件中去，就能自动生成该语言的编译程序，这就是编译程序的自动生成，如图1.4所示。

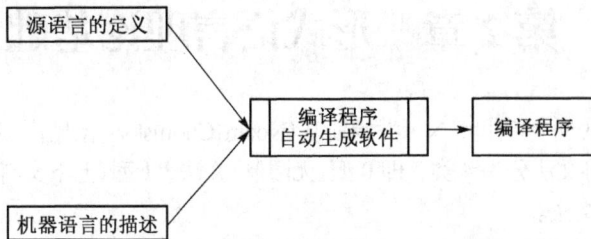

图 1.4　编译程序的自动生成

计算机科学家和软件工作者为了实现编译程序的自动生成做了大量的研究工作，近年来随着形式语言学研究的发展，大大推动了编译程序的自动生成研究工作，并已出现了一些编译程序的自动生成系统。如 UNIX 操作系统下的软件工具 LEX 和 YACC 等。本书第 13 章简单介绍了编译程序的自动生成工具，关于这方面的详细讨论，有兴趣的读者可参考有关文献。

习题 1

1.1　分别指出编译程序、汇编程序和解释程序的含义。

1.2　什么叫系统程序设计语言？

1.3　"解释方式与编译方式的区别在于解释程序对于源程序并没有真正进行翻译"。这种说法对吗？

1.4　编译程序的开发过程大致分为几个阶段？

1.5　编译程序的开发技术有哪几种？并分别叙述其基本思想。

1.6　有人认为编译程序的五个组成部分缺一不可，这种看法正确吗？

第2章 形式语言理论基础

形式语言大约于 1956 年问世，N·乔姆斯基(Noam Chomsky)给出了一种文法的数学模型。到了 1959 年，乔姆斯基又将文法分为 4 类，即 0 型(无限制)文法、1 型(上下文有关)文法、2 型(上下文无关)文法和 3 型(正则)文法。

当今程序设计语言可能达千种之多，它们千差万别，几乎每一种都有其特定的语法规则。尽管如此，它们却有一个共同点，即都由一个有限字母表上的字符集合组成。这表明我们可以用统一的抽象方法来讨论、研究程序设计语言。

2.1 形式语言的基本概念

2.1.1 符号和符号串

符号和符号串在形式语言中是很重要的概念，任何一种语言都是由该语言的基本符号组成的符号串集合。例如，英文的基本符号有 26 个字母、数字和一些标点符号等，英文就是这些符号所组成的符号串集合；再如，Pascal 语言的基本符号有字母、数字、关键字、专用符号等，Pascal 语言就是这些符号所组成的符号串集合。

定义 2.1 字母表是一个非空有限集合，用Σ表示。

字母表Σ的元素称为字符或符号，用小写字母或数字表示。字母表中至少要包含一个元素。不同的语言有不同的字母表。

例如，字母表Σ = {a, b, c}，其中，"a, b, c" 即为符号。

定义 2.2 符号的有限序列称为符号串，简称串或字，用小写希腊字母表示。例如ω、ϕ、λ、α、β等。

例如，对字母表Σ = {a, b, c}有符号串 a、b、c、aa、ab、ac、aaa 等。特别指出，用ε表示空符号串。它是不包含任何符号的符号串，而且它还是一个非常有用的符号串，它不是语言中的 "空格" 符号，两者不能等同视之，另外，如果符号串中符号出现的顺序不同，符号串也是不同的，譬如，ab 和 ba 就是两个不同的符号串。

定义 2.3 字母表Σ上若干个符号串组成的集合称为符号串集合，一般用大写字母表示。字母表Σ上所有的符号串(包括空符号串)所组成的集合用Σ^*表示。所有字符串集合Σ^*去掉空符号串ε之后用Σ^+表示。

至此，形式语言简称为语言，它是字母表Σ上的所有符号串集合Σ^*的子集。常用 L、L1、L2 表示，即$L \subset \Sigma^*$。

这是因为一个语言 L 可以抽象地看成所有句子组成的集合，而句子又可以抽象地看成某个有限字母表Σ上的符号串，字母表上的符号串不可能都是句子，句子仅是其中的一部分，所以语言$L \subset \Sigma^*$。

定义 2.4 设Σ是一个有限字母表，Σ^*的任意一个子集都称为Σ上的一个语言。

例如，设Σ = {a}是单字母表，那么，语言$L = \{a^k \mid k \geq 0\}$包含所有由 a 组成的字符串，即$L = \{\varepsilon, a, aa, aaa, \cdots\}$。

再如，设 $\Sigma=\{0, 1\}$，那么

$$L_1 = \{(01)^n \mid n \geq 0\} = \{\varepsilon, 01, 0101, 010101, \cdots\}$$

$$L_2 = \{0^n1^n \mid n \geq 0\} = \{\varepsilon, 01, 0011, 000111, \cdots\}$$

$$L_3 = \{0^n10^n \mid n \geq 0\} = \{1, 010, 00100, 0001000, \cdots\}$$

特别地，不含任何符号串的语言称为空语言，用 Φ 表示。Φ 与 $\{\varepsilon\}$ 是有区别的，$\{\varepsilon\}$ 是由空字符串组成的语言，而 Φ 是不含有任何符号串的空语言。

2.1.2 符号串的运算

1. 符号串相等

设 ω、φ 是字母表 Σ 上的两个符号串，若 ω 和 φ 的各符号依次相等，则该两符号串相等，记为 $\omega = \varphi$。例如，设 $\Sigma = \{a, b, c\}$，若 $\omega = abbc$，$\varphi = abbc$，则 $\omega = \varphi$；若 $\omega = ab$，$\varphi = ba$，则 $\omega \neq \varphi$。

2. 符号串的长度

设 ω 为字母表 Σ 上的符号串，符号串中包含符号的个数称为符号串 ω 的长度，用 $|\omega|$ 表示。例如，$|abc| = 3$，$|\varepsilon| = 0$，$|a\omega| = |\omega a| = |\omega| + 1$，$a \in \Sigma$。

3. 符号串的连接

设 ω 和 φ 是字母表 Σ 上的两个符号串，把 φ 的所有符号相继写在 ω 的符号之后所得到的符号串称为 ω 与 φ 的连接，用 $\omega\varphi$ 或 $\omega \cdot \varphi$ 表示。例如，$\omega = ab$，$\varphi = abc$，则 $\omega\varphi = ababc$。

4. 符号串的逆

设 ω 是字母表 Σ 上的符号串，其逆为符号串 ω 的倒置，记为 ω^{-1}。显然，求逆运算是一元运算，不难证明它有下面三条性质。

① $\varepsilon^{-1} = \varepsilon$；

② $(\omega^{-1})^{-1} = \omega$；

③ 当 $\omega = \psi\varphi$ 时，$\omega^{-1} = \phi^{-1}\psi^{-1}$，例如，$\omega = abc$，则 $\omega^{-1} = cba$。

5. 符号串的前缀、后缀和字串

设 ω、ψ、φ 是字母表 Σ 上的符号串，则 ω 为符号串 $\omega\varphi$ 的前缀，ψ 为符号串 $\omega\psi$ 的后缀，φ 是符号串 $\omega\psi\varphi$ 的子串。事实上，ω、φ、ψ 均是符号串 $\omega\psi\varphi$ 的子串。

例如，设 a、b、c 是字母表 Σ 上的符号，则 ab 是符号串 abc 的前缀和子串，c 是符号串 abc 的后缀和子串。

6. 符号串集合的乘积

设 A、B 为两个符号串集合，其乘积为 $AB = \{\omega \cdot \phi \mid \omega \in A, \phi \in B\}$。若 $A = \{ab, bc\}$，$B = \{ac, cb\}$，则

$$AB = \{abac, abcb, bcac, bccb\}$$

由于 $\varepsilon\omega = \omega\varepsilon = \omega$，于是有

$$\{\varepsilon\}A = A\{\varepsilon\} = A$$

7. 符号串的幂

设 ω 是字母表上的符号串，则 ω 的幂运算为

$$\omega^0 = \varepsilon$$
$$\omega^1 = \omega$$
$$\omega^2 = \omega\omega$$
$$\cdots$$
$$\omega^n = \omega^{n-1}\omega \qquad (n>0)$$

事实上，连接运算是可结合的，故可用 $\omega^n = \overbrace{\omega\omega\cdots\omega}^{n\uparrow}$ 表示 ω 的 n 次重复连接，当 $n=0$ 时，即 $\omega^0 = \varepsilon$。

例如，若 $\omega = abc$，则 　　　　$\omega^0 = \varepsilon$
$$\omega^1 = abc$$
$$\omega^2 = abcabc$$
$$\cdots$$
$$\omega^n = abcabc\cdots abc \ (k\text{个} abc \text{ 相连接})$$

8. 符号串集合的幂

设 A 为符号串集合，则符号串集合 A 的幂运算为

$$A^0 = \{\varepsilon\}$$
$$A^1 = A$$
$$A^2 = AA$$
$$A^3 = AAA$$
$$\cdots$$
$$A^n = A^{n-1}A \qquad (n>0)$$

例如，若 $A = \{ab,\ bc\}$，则有

$$A^0 = \{\varepsilon\}$$
$$A^1 = \{ab, bc\}$$
$$A^2 = AA = \{ab, bc\}\{ab, bc\} = \{abab, abbc, bcab, bcbc\}$$
$$\cdots$$

9. 集合 A 的闭包与正闭包

① 集合 A 的闭包表示为 A^*，具体定义为

$$A^* = A^0 \bigcup A^1 \bigcup \cdots = \bigcup_{k\geq 0}^{\infty} A^k = \{\omega \,\|\, \omega \,| \geq 0\}$$

② 集合 A 的正闭包表示为 A^+，具体定义为

$$A^+ = A^1 \bigcup A^2 \bigcup \cdots = \bigcup_{k\geq 1}^{\infty} A^k = \{\omega \,\|\, \omega \,| \geq 1\}$$

事实上，若把字母表表示为 Σ，则字母表 Σ 上的所有非空字符串的集合为 Σ^+（即正闭包），字母表 Σ 上所有字符串的集合为 Σ^*（闭包）。

不难证明以下性质：

$$A^* = A^0 \cup A^+$$
$$A^+ = AA^* = A^*A$$

例如，$A = \{0,1\}$，则有

$$A^0 = \{\varepsilon\}$$
$$A^1 = \{0,1\} A^1 = \{0,1\}$$
$$A^2 = \{00,01,10,11\}$$
$$A^* = A^0 \cup A^1 \cup A^2 \cup \cdots = \{\varepsilon,0,1,00,01,10,11,000,\cdots\}$$
$$A^+ = A^1 \cup A^2 \cup \cdots = \{0,1,00,01,10,11,000,\cdots\}$$

2.2　文法和语言的形式定义

语言 L 是字母表Σ上闭包的一个子集，即有 $L \subset \Sigma^*$。为了深入研究语言的内在性质，需要寻找构造语言的方法——文法（文法是对语言结构的定义和描述）。换句话说，给定一个文法，就能从结构上唯一地确定语言（形式语言理论可以证明此结论为真）。

例如，有英文句子"The big cat ate a mouse"（大猫吃老鼠）。

该句子是应用下列规格构成的：

① <句子>→<主语><谓语>

② <主语>→<冠词><形容词><名词>

③ <冠词>→the

④ <名词>→cat

⑤ <形容词>→big

⑥ <谓语>→<动词><直接宾语>

⑦ <动词>→ate

⑧ <直接宾语>→<冠词><名词>

⑨ <冠词>→a

⑩ <名词>→mouse

规则①到规则⑩构成了一个文法，我们给出的句子是此文法产生的句子之一。又如程序设计语言中的无符号整数是由下列规则构成的：

① <无符号整数>→<数字串>

② <数字串>→<数字串><数字>

③ <数字串>→<数字>

④ <数字>→2

⑤ <数字>→5

⑥ <数字>→6

规则①～⑥构成了一个文法。

从上面的两个实例中可以看出，一个文法必须由以下三部分组成。

① 字母表，表中的字符称为终结符（句子中的字符均是终结符号）。因为通过文法规则，最终得到的句子只能含有这些字符，这种字母表称为终结符集合（终结符集），记为 V_T。

② 一个中间字母集，称为非终结符集，记为 V_N。非终结符也是一种符号，但不能是字母表中的字符。一般出现在规则左部的符号，均是非终结符号，用大写字母或尖括号(<>)括住的项(例如<无符号整数>)表示。

③ 文法规则集合，或称产生式集合。规则形式一般为 $A \to \alpha$ 或 $A := \alpha$，读做"导出"、"产生"、"生成"、"定义为"等。

定义 2.5   一个形式文法是四元有序组 $G = (V_N, V_T, S, P)$，简记为 $G[S]$。

其中，V_N 为非终结符集，V_T 为终结符集，S 为文法的开始符号，P 为规则集。

事实上，P 中每一条规则的形式为 $A \to \alpha$，α 是字母表 $V = \{V_N \bigcup V_T\}$ 上的一个字符串(有大写字母，也有小写字母)。

显然

$$V_N \bigcap V_T = \Phi$$
$$S \in V_N$$
$$V = V_N \bigcup V_T$$

【例 2.1】   设 $V_N = \{A\}, V_T = \{a, b, c\}, S = A, P = \{A \to aAb, A \to c\}$。

这样构成了文法：

$$G = (\{A\}, \{a, b, c\}, A, P)$$

【例 2.2】   设 $G = (\{<标识符>, <字母>, <数字>\}, \{0, 1, 2, 3, 4, 5, 6, 7, 8, 9, a, b, c\}, <标识符>, P)$也构成了一个文法。其中 P 的组成如下：

<标识符>→<字母>

<标识符>→<标识符><字母>

<标识符>→<标识符><数字>

<字母>→a

<字母>→b

<字母>→c

<数字>→0

<数字>→1

……

<数字>→9

对例 2.2，引进 BNF 表示法(巴斯特范式表示)，可以把左部相同的规则缩写在一起，这样显得更为紧凑。若<标识符>用 I 表示，<字母>用 L 表示，<数字>用 N 表示，并用符号"|"表示"或"，则例 2.2 中的文法可简写成

$$G[I] = (\{I, L, N\}, \{0, 1, 2, \cdots, 9, a, b, c\}, I, P)$$

其中，P 的组成如下：

$$I \to L|IL|IN$$
$$L \to a|b|c$$
$$N \to 0|1|2|3|4|5|6|7|8|9$$

定义 2.6   设 $G = (V_N, V_T, S, P)$，集合 $(V_N \bigcup V_T)^*$ 中由文法的开始符号 S 推出的符号串称为句型。

① 如果 $A \to \alpha$ 是 G 的一条规则（产生式），$\omega = \varphi A \psi$ 及 $\tilde{\omega} = \varphi \alpha \psi$ 均是句型（实际是两个符号串均 $\in (V_N \bigcup V_T)^*$），则称 ω 直接推导出 $\tilde{\omega}$，记为 $\omega \Rightarrow \tilde{\omega}$，符号串 ω 直接推导到符号串 $\tilde{\omega}$，或称 $\tilde{\omega}$ 直接归约到 ω，记为 $\tilde{\omega} \underset{\Delta}{\Rightarrow} \omega$。

② 如果 $\omega_0, \omega_1, \omega_2, \cdots, \omega_n$ 是一串句型，存在一直接推导序列 $\omega_0 \Rightarrow \omega_1 \Rightarrow \omega_2 \Rightarrow \cdots \Rightarrow \omega_n$，则称 ω_0 推导出 ω_n，记为 $\omega_0 \overset{+}{\Rightarrow} \omega_n$，或称 ω_n 归约到 ω_0，记为 $\omega_n \overset{+}{\Rightarrow} \omega_0$，并称 n 为推导长度。

③ 如果 $\omega \overset{+}{\Rightarrow} \tilde{\omega}$ 或 $\omega \Rightarrow \tilde{\omega}$，则称 ω 广义推导出 $\tilde{\omega}$，记为 $\omega \overset{*}{\Rightarrow} \tilde{\omega}$，或称 $\tilde{\omega}$ 广义归约到 ω，记为 $\omega \Rightarrow \tilde{\omega}$。

显然，直接推导 "$\Rightarrow$" 的长度为 1，推导 "$\overset{+}{\Rightarrow}$" 的长度 $\geqslant 1$，广义推导 "$\overset{*}{\Rightarrow}$" 长度 $\geqslant 0$。

例如，文法 G[<无符号整数>]，对数 256 有直接推导如下：

<无符号数> ⇒ <数字串>	利用规则（1）
⇒ <数字串><数字>	利用规则（2）
⇒ <数字串><数字><数字>	利用规则（2）
⇒ <数字><数字><数字>	利用规则（3）
⇒ 2<数字><数字>	利用规则（4）
⇒ 25<数字>	利用规则（5）
⇒ 256	利用规则（6）

因此，对数 256 的推导为 <无符号整数> $\overset{+}{\Rightarrow}$ 256，其推导长度为 7（每次替换最左边的直接推导称为最左推导）。

那么利用上述文法讨论推导数 256 是否唯一，先推导如下（每次替换最右边的直接推导称为最右推导）：

<无符号数> ⇒ <数字串>

　　　　　⇒ <数字串><数字>

　　　　　⇒ <数字串>6

　　　　　⇒ <数字串><数字>6

　　　　　⇒ <数字串>56

　　　　　⇒ <数字>56

　　　　　⇒ 256

可见，虽然推导顺序不同，但其结果完全相同，其中最左推导对应的是最右归约，最右推导对应的是最左归约；最左归约即从左向右进行分析，在编译理论中，语法分析时从左向右进行，所以最左归约（即最右推导）是非常有用的。我们将最右推导称为规范推导，记为 $\omega \overset{+}{\underset{r}{\Rightarrow}} \tilde{\omega}$。

有了推导的概念，就可以给出语言（形式语言）的形式定义。

定义 2.7　文法 $G = (V_N, V_T, S, P)$ 所产生的语言记为 $L(G)$，它是由 P 推导得到的所有终结符号串（即句子）的集合，即 $L(G) = \{\omega | S \overset{*}{\Rightarrow} \omega, \omega \in V_T^*\}$，其中 ω 称为语言 $L(G)$ 的句子。

由此可见，文法和语言的关系：由文法 G 的开始符号所进行的推导如果都是失败的（无句子），则称文法 G 所产生的是空语言。因此，一个文法 G 总能产生一个语言 $L(G)$，这个语言可能包含一些句子，也可能不包含任何句子，也就是前面提到的 "给定一个文法，就能从结构上唯一地确定其语言"；反过来给定一个语言，能确定相应文法，但不是唯一的。

例如，$G_1 = (V_N, V_T, S, P)$。其中，$V_N = \{S, A\}$，$V_T = \{0, 1\}$。

$P: S \rightarrow 0S1$

    $S \rightarrow 01$

那么 $L(G_1) = \{0^n1^n \mid n > 0\}$。

再如，$G_2 = (V_N, V_T, S, P)$。其中，$V_N = \{S, A\}, V_T = \{0, 1\}$。

    $P: S \rightarrow 1$

     $S \rightarrow 1A$

     $A \rightarrow 0S$

那么 $L(G_2) = \{(10)^n 1 \mid n \geq 0\}$。

又如，$G_3 = (V_N, V_T, S, P)$。其中，$V_N = \{S, A\}, V_T = \{0, 1\}$。

    $P: S \rightarrow 1$

     $S \rightarrow A1$

     $A \rightarrow S0$

那么 $L(G_3) = \{1(01)^n \mid n \geq 0\}$。

仔细观察可以发现 $\{1(01)^n \mid n \geq 0\} = \{(10)^n 1 \mid n \geq 0\}$，即 $L(G_3) = L(G_2)$，则称 G_2 与 G_3 为等价文法。

【例 2.3】已知 $G = (V_N, V_T, S, P)$。其中，$V_N = \{S, B, C\}, V_T = \{a, b, c\}$。

    $P:$ (1) $S \rightarrow aSBC$

       (2) $S \rightarrow aBC$

       (3) $CB \rightarrow BC$

       (4) $aB \rightarrow ab$

       (5) $bB \rightarrow bb$

       (6) $bC \rightarrow bc$

       (7) $cC \rightarrow cc$

求证：文法 G 所生成的语言 $L(G) = \{a^n b^n c^n \mid n = 1, 2, \cdots\}$，即 $S \overset{*}{\Rightarrow} a^n b^n c^n$（先计算 $n = 3$ 时，$S \overset{*}{\Rightarrow} a^3 b^3 c^3$）。

解： $n = 3$ 时的直接推导过程为

$S \Rightarrow aSBC$	利用规则(1)
$\Rightarrow a^2 SBCBC$	利用规则(1)
$\Rightarrow a^3 BCBCBC$	利用规则(2)
$\Rightarrow a^3 BBCCBC$	利用规则(3)
$\Rightarrow a^3 BBCBCC$	利用规则(3)
$\Rightarrow a^3 BBBCCC$	利用规则(3)
$\Rightarrow a^3 bBBCCC$	利用规则(4)
$\Rightarrow a^3 b^2 BCCC$	利用规则(5)
$\Rightarrow a^3 b^3 CCC$	利用规则(5)
$\Rightarrow a^3 b^3 cCC$	利用规则(6)
$\Rightarrow a^3 b^3 c^2 C$	利用规则(7)
$\Rightarrow a^3 b^3 c^3$	利用规则(7)

证明： 归纳基础当 $i = 2$ 时

$$S \Rightarrow aSBC \qquad\qquad 利用规则(1)$$
$$\Rightarrow a^2BCBC \qquad\qquad 利用规则(2)$$
$$\Rightarrow a^2BBCC \qquad\qquad 利用规则(3)$$
$$\Rightarrow a^2bBCC \qquad\qquad 利用规则(4)$$
$$\Rightarrow a^2b^2CC \qquad\qquad 利用规则(5)$$
$$\Rightarrow a^2b^2cC \qquad\qquad 利用规则(6)$$
$$\Rightarrow a^2b^2c^2 \qquad\qquad 利用规则(7)$$

归纳步骤:

假设当 $i=k$ 时, $S \overset{*}{\Rightarrow} a^k b^k c^k$ 成立, 即 $S \overset{*}{\Rightarrow} a^{k-1}S(BC)^{k-1}$ 成立。则

$$S \overset{*}{\Rightarrow} a^{k-1}S(BC)^{k-1}$$
$$\overset{*}{\Rightarrow} a^k S(BC)^k \qquad\qquad 利用规则(1)$$
$$\Rightarrow a^{k+1}(BC)^{K+1} \qquad\qquad 利用规则(2)$$
$$\overset{*}{\Rightarrow} a^{k+1}B^{K+1}C^{K+1} \qquad\qquad 利用规则(3)$$
$$\Rightarrow a^{k+1}bB^k C^{k+1} \qquad\qquad 利用规则(4)$$
$$\overset{*}{\Rightarrow} a^{k+1}b^{k+1}C^{k+1} \qquad\qquad 利用规则(5)$$
$$\Rightarrow a^{k+1}b^{k+1}cC^k \qquad\qquad 利用规则(6)$$
$$\overset{*}{\Rightarrow} a^{k+1}b^{k+1}c^{k+1} \qquad\qquad 利用规则(7)$$

所以对任何自然数 n, $S \overset{*}{\Rightarrow} a^n b^n c^n$ 都成立, 证毕。

【**例2.4**】 已知 $G = (V_N, V_T, S, P)$。其中, $V_N = \{A, B, S\}$, $V_T = \{0,1\}$。

$$P: S \rightarrow 0B \qquad\qquad A \rightarrow 1AA$$
$$\quad\ S \rightarrow 1A \qquad\qquad B \rightarrow 1$$
$$\quad\ A \rightarrow 0 \qquad\qquad\ B \rightarrow 1S$$
$$\quad\ A \rightarrow 0S \qquad\qquad B \rightarrow 0BB$$

求证: $L(G)$ 是由相同个数的 0 和 1 所组成的 V_T^+ 中所有符号串的集合。

证明: 设 $N_0(\omega)$ 表示符号串 ω 中 0 的个数, $N_1(\omega)$ 表示符号串 ω 中 1 的个数, 对 V_T^+ 中的 ω 长度做归纳证明:

① $S \overset{*}{\Rightarrow} \omega$, 当且仅当 $N_0(\omega) = N_1(\omega)$;

② $A \overset{*}{\Rightarrow} \omega$, 当且仅当 $N_0(\omega) = N_1(\omega) + 1$;

③ $B \overset{*}{\Rightarrow} \omega$, 当且仅当 $N_0(\omega) + 1 = N_1(\omega)$。

归纳基础: 如果 $|\omega| = 1$, 因有 $A \Rightarrow 0, B \Rightarrow 1$, 且从 S 不能推导出长度为 1 的终结符号串, 从 A 和 B 不可能推导出除 0 和 1 之外长度为 1 的串来, 所以归纳基础成立。

归纳步骤:

设 $|\omega| \leq k-1$ 时成立, 则当 $|\omega| = k$ 时:

① 如果 $S \overset{*}{\Rightarrow} \omega$, 则推导以 $S \Rightarrow 0B$ 或 $S \Rightarrow 1A$ 开始; 若以 $S \Rightarrow 0B$ 开始, 则 $\omega = 0\omega_1$, $|\omega_1| = k-1$, $B \overset{*}{\Rightarrow} \omega_1$, 由归纳步骤可知 $N_0(\omega_1) + 1 = N_1(\omega_1)$, 所以 $N_0(\omega) = N_0(0\omega_1) = N_0(\omega_1) + 1 = N_1(\omega_1) = N_1(\omega)$。

同理, 若以 $S \Rightarrow 1A$ 开始, 可以类似证明, $N_0(\omega) = N_1(\omega)$。

反之，若 $|\omega|=k$ 且 $N_0(\omega)=N_1(\omega)$；若 $\omega=0\omega_1$，$|\omega_1|=k-1$，$N_0(\omega_1)+1=N_1(\omega_1)$，由归纳假设有 $B\overset{*}{\Rightarrow}\omega_1$，故有 $S\Rightarrow 0B\overset{*}{\Rightarrow}0\omega_1=\omega$，即 $S\overset{*}{\Rightarrow}\omega$。

② 若 $A\overset{*}{\Rightarrow}\omega$，则推导以 $A\Rightarrow 0S$ 或 $A\Rightarrow 1AA$ 开始。

若以 $A\Rightarrow 0S$ 开始，则 $\omega=0\omega_1$，$|\omega_1|=k-1$ 且 $S\overset{*}{\Rightarrow}\omega_1$，由归纳假设可知 $N_0(\omega_1)=N_1(\omega_1)$，所以 $N_0(\omega)=N_0(\omega_1)+1=N_1(\omega_1)+1=N_1(\omega)+1$。

若以 $A\Rightarrow 1AA$ 开始，则 $\omega=1\omega_1\omega_2$，$|\omega_1|=k-1$，$|\omega_2|=k-1$，且 $A\overset{*}{\Rightarrow}\omega_1$，$A\overset{*}{\Rightarrow}\omega_2$，由归纳假设可知 $N_0(\omega_1)=N_1(\omega_1)+1$，$N_0(\omega_2)=N_1(\omega_2)+1$。所以 $N_0(\omega)=N_0(1\omega_1\omega_2)=N_0(\omega_1)+N_0(\omega_2)=N_1(\omega_1)+1+N_1(\omega_2)+1=N_1(\omega)+1$。

反之，若 $|\omega|=k$ 且 $N_0(\omega)=N_1(\omega)+1$。

若 $\omega=0\omega_1$，$|\omega_1|=k-1$，$N_0(\omega_1)=N_0(\omega)-1=N_1(\omega)=N_1(\omega_1)$，由归纳假设有 $S\overset{*}{\Rightarrow}\omega_1$，故有 $A\Rightarrow 0S\overset{*}{\Rightarrow}0\omega_1=\omega$，即 $A\overset{*}{\Rightarrow}\omega$。

若 $\omega=1\omega_1$，$N_0(\omega_1)=N_0(\omega)=N_1(\omega)+1=N_1(\omega_1)+2$，必有 $\omega_1=\omega_2\omega_3$，$N_0(\omega_2)=N_1(\omega_2)+1$，$N_0(\omega_3)=N_1(\omega_3)+1$，$|\omega_2|=k-1$，$|\omega_3|=k-1$，由归纳假设有 $A\overset{*}{\Rightarrow}\omega_2$，$A\overset{*}{\Rightarrow}\omega_3$，故有 $A\Rightarrow 1AA\overset{*}{\Rightarrow}1\omega_2A\overset{*}{\Rightarrow}1\omega_2\omega_3=1\omega_1=\omega$，即 $A\overset{*}{\Rightarrow}\omega$。

③ 证明与②类似，读者可以自行证明。

综上所述，命题得证。

2.3　语法树和二义性

2.3.1　语法树和推导

1. 语法树的概念

对于一个程序设计语言，有两个问题需要解决，其一是判别某个程序在语法上是否正确，其二是句子的识别或分析。这里引进有利于识别或分析的一个重要辅助工具——语法树。

在英语(或其他自然语言)课程中，往往利用语法分解图的图解表示来帮助理解句子的结构，如图2.1所示。

在这种语法分解图中把句子分解成各个组成部分以描述或分析句子的语法结构，因此是一种了解与分析句子语法的辅助工具。这种图解表示与前边定义的文法规则完全一致，给人们更为直观的完整印象。所以在基于形式语言理论的编译原理中也借助于这类图解表示来分析句子的结构，只是给它另外取了名字叫"语法树"。

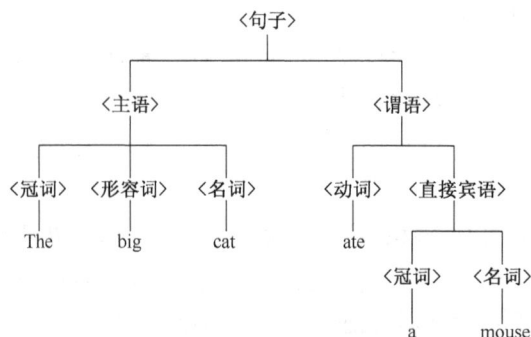

图2.1　英语句子的语法树

定义 2.8 设有文法 $G = (V_N, V_T, S, P)$，满足下列条件的树称为 G 的语法树。

① 每个节点都是 G 的某一终结或非终结符。

② 树根是文法的开始符 S。

③ 若某一节点至少有一个从它出来的分支，则该节点一定是非终结符。

④ 若某节点 A 有 n 个分支，其分支节点为 $B_1, B_2, \cdots, B_n$，则 $A \to B_1 B_2 \cdots B_n$ 一定是文法 G 的一条规则(产生式)。

例如，设有文法 $G = (V_N, V_T, S, P)$。其中，$V_N = \{S, A, B\}$，$V_T = \{a, b, d\}$，$S = S$。

P 的组成：

$$S \to aAB$$
$$A \to Ba \mid a$$
$$B \to bd$$

则图 2.2 所示的两棵树都是文法 $G[S]$ 的语法树。

2. 由推导生成语法树

现以文法 $G[<无符号整数>]$推导出句子 256 为例说明，为方便起见，令 A 表示<无符号整数>，B 表示<数字串>，C 表示<数字>，则 $G = (V_N, V_T, S, P)$，其中，$V_N = \{A, B, C\}$，$V_T = \{0, 1, 2, \cdots, 9\}$，文法 $G[A]$ 的 P 集如下：

$$A \to B$$
$$B \to BC \mid C$$
$$C \to 0 \mid 1 \mid 2 \mid \cdots \mid 9$$

根据上述文法，最左推导为

$$A \underset{l}{\Rightarrow} B \underset{l}{\Rightarrow} BC \underset{l}{\Rightarrow} BCC \underset{l}{\Rightarrow} CCC \underset{l}{\Rightarrow} 2CC \underset{l}{\Rightarrow} 25C \underset{l}{\Rightarrow} 256$$

其最右推导(规范推导)为

$$A \underset{r}{\Rightarrow} B \underset{r}{\Rightarrow} BC \underset{r}{\Rightarrow} BC6 \underset{r}{\Rightarrow} B56 \underset{r}{\Rightarrow} C56 \underset{r}{\Rightarrow} 256$$

由推导生成的语法树如图 2.3 所示。

可见，若推导过程不同，语法树的生长过程也不同，但最终生成的语法树完全相同。

一般地，推导生成(构造)语法树的过程可以概括如下：以文法开始符号作为根节点，从它开始对每一直线推导画一分支，这一分支的名字是直接推导中被替换的非终结符号的名字(而分支的分支节点符号串是相对于分支名字的简单短语)，直到最后一个直接推导画出分支，而再无分支可画出时，生成过程结束。

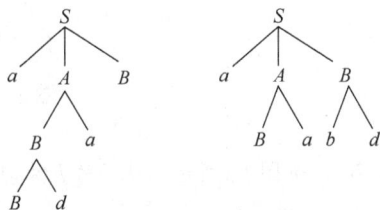

图 2.2　语法树

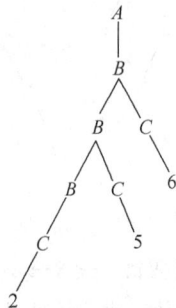

图 2.3　句子 256 的语法树

3．由语法树构造推导

显然，由语法树构造推导是由推导生成语法树的逆过程。生成语法树是逐次依直接推导增添分支，直到推导结束的过程，那么，其逆过程自然是由分支建立直接推导，然后从语法树中剪去这个分支直到无分支可剪的过程，因此，首先考察得到末端节点符号串的直接推导。对上例中的语法树，末端节点符号串是 256，最右推导分支表明，推导序列中的最后直接推导是 $25C \Rightarrow 256$，在得到这个直接推导后，从语法树中剪去这个最右末端分支，而得到对于 $25C$ 的语法树。此时，再次从最右末端分支可得到最后直接推导 $2CC \Rightarrow 25C$。因此，$2CC \Rightarrow 25C \Rightarrow 256$，类似地剪去相应的分支，得到对于 CCC 的语法树……如此继续，每次重复地构造由语法树的最右末端分支指示的那个最后直接推导，然后把相应的分支剪去，直到最后无分支可剪而得到整个推导：

$$A \Rightarrow B \Rightarrow BC \Rightarrow BCC \Rightarrow CCC \Rightarrow 2CC \Rightarrow 25C \Rightarrow 256$$

一般情况下，由语法树构造推导的过程可以概括如下：由语法树构造推导也就是不断地重复构造直到最后直接推导，并剪去相应的分支直到无分支可剪的过程，按照此构造法，对于每个语法树必定至少存在一个推导。

注意，当改变构造最后直接推导和剪去相应分支的顺序时将得到不同的推导。

下列两个推导显然都是图 2.3 所示语法树的构造推导：

$$A \Rightarrow B \Rightarrow BC \Rightarrow BC6 \Rightarrow B56 \Rightarrow C56 \Rightarrow 256 \text{（最右推导）}$$

$$A \Rightarrow B \Rightarrow BC \Rightarrow BCC \Rightarrow CCC \Rightarrow 2CC \Rightarrow 25C \Rightarrow 256 \text{（最左推导）}$$

这些推导之间的差别仅在于推导应用规则的顺序不同而已；语法树并不指明严格的推导顺序，这种推导顺序的不同，对讨论无关紧要，因此把生成相同语法树的不同推导看做等价的。

4．子树和短语

定义 2.9　语法树的某个节点连同它向下射出的部分组成了语法树的子树。

例如上例的子树，如图2.4所示。

定义 2.10　只含有单层分支的子树称为简单子树。

例如，图2.5所示就是简单子树。

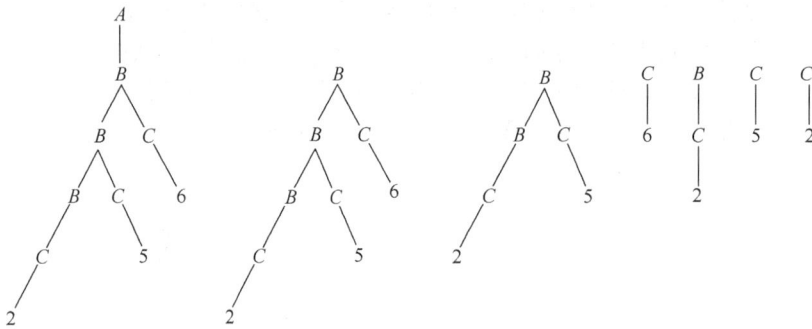

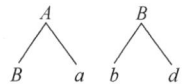

图 2.4　子树　　　　　　　　　　　　　　　　　　图 2.5　简单子树

定义 2.11　设 $S \overset{*}{\Rightarrow} aBc$，$B \overset{+}{\Rightarrow} b$，则有 $S \overset{*}{\Rightarrow} aBc \overset{+}{\Rightarrow} abc$，如图2.6所示。从而称 b 为句型 abc 相对于 B 的短语，于是还可以定义如下：

① 子树的末端节点组成的符号串就是相对于子树根的短语；

② 简单子树的末端节点组成的符号串是相对于简单子树根的简单短语；

③ 最左简单子树的末端节点组成的符号串为句柄。

例如，$G = (V_N, V_T, S, P)$ 的生成语法树。最左简单子树、简单子树、子树如图 2.7 所示。其中，$V_N = \{A, B, S\}$，$V_T = \{a, b, c, d\}$。

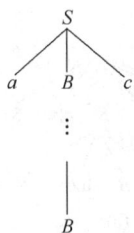

图 2.6　语法树

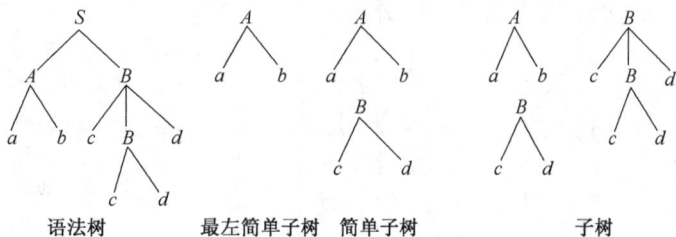

语法树　　　最左简单子树　简单子树　　　　子树

图 2.7　语法树

P 的组成：

$$S \to AB$$
$$A \to ab$$
$$B \to cBd \mid cd$$

由语法树可知，ab 为句柄；ab、cd 为简单短语；ab、cd、$ccdd$、$abccdd$ 为短语。

可见，对于句型，可以根据文法建立语法树。同时，由子树的概念很容易求出它的所有短语、简单短语和句柄。

2.3.2　文法二义性

1. 二义性的概念

例如，对于文法 $G = (V_N, V_T, S, P)$。其中，$V_N = \{E\}$，$V_T = \{+, *, i, (,)\}$，$S = E$，P 的组成为 $E \to E + E \mid E * E \mid (E) \mid i$。

现观察如何推导出句子 i+i*i，又是怎样生成语法树的。

由文法有推导 $E \Rightarrow E + E \Rightarrow E + E * E \overset{+}{\Rightarrow} i + i * i$（先做乘法），生成的语法树如图2.8(a)所示。

还有推导 $E \Rightarrow E * E \Rightarrow E + E * E \overset{+}{\Rightarrow} i + i * i$（先做加法），生成的语法树如图2.8(b)所示。

由此可见，对于同一个句子（或句型），由于应用规则的顺序不同而生成了不同的语法树，这就出现了二义性问题。

定义 2.12　如果对于某文法的同一个句子存在两个不同的语法树，则称该句子是二义性的。包含有二义性句子的文法称为二义性文法，否则称该文法是无二义性的或称无二义性文法。

上例显然为二义性文法，即句子"i + i * i"是二义性的。

再如，设语句 S 的文法 $G = (V_N, V_T, S, P)$。其中，$V_N = \{B, S, A\}$，$V_T = \{if, then, else\}$。

P 的组成：　$S \to if\ B\ then\ S$

　　　　　　　$S \to if\ B\ then\ S\ else\ S$

　　　　　　　$S \to A$

由文法有推导：$S \Rightarrow if\ B\ then\ S$

　　　　　　　　$\Rightarrow if\ B\ then\ if\ B\ then\ S\ else\ S$

其相应的语法树如图2.9(a)所示。

又由该文法有推导：$S \Rightarrow$ if　B　then　S　else　S

$\qquad\qquad\qquad \Rightarrow$ if　B　then　if　B　then　S　else　S

其相应的语法树如图2.9(b)所示。

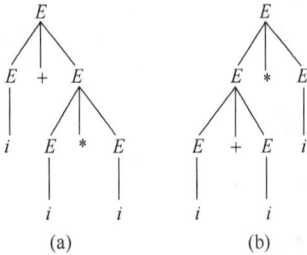
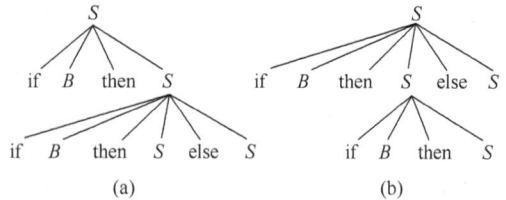

图 2.8　语法树　　　　　　　　　　　　　图 2.9　语法树

对于句型 "if　B　then　if　B　then　S　else　S"（该句型是二义性的），由于应用规则的顺序不同得到了两个不同的语法树，所以该文法是二义性文法。

2. 二义性的解决方法

二义性的解决方法有两个，其一是根据提出的条件修改编译算法，其二是根据预先提出的条件直接修改文法。

① 修改编译算法。例如，对于文法 $G[E]$ 中的 P 组成：$E \rightarrow E+E \mid E*E \mid (E) \mid i$，它是二义性文法。在编译方法中可以规定运算符之间的优先级来避免文法的二义性。比如规定

- "*、/" 的优先级高于 "+、-"（即优先级高的先归约）。
- 相同的优先级先左后右（左边先归约）。因此对于文法 $G[E]$ 的每一句子，按照上述原则进行自底向上的归约分析时，都仅对应着一棵语法树（如图 2.10 所示，对句子 "$i+i*i$"），即有唯一的语法树，从而避免了文法的二义性。

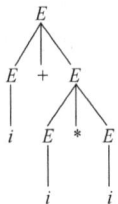

再如，对条件语句可规定 else 与最近的 then 配对，又可规定 then 后不允许有 if 短语句，这样也可避免文法的二义性。

② 修改文法。例如，对于文法 $G[E]$，归约顺序应保证先 "*、/" 后 "+、-"，可以构造无二义性文法 $G[E]$。

图 2.10　语法树　　　其中，$V_N = \{E,T,F\}$，$V_T = \{+,-,*,/,(,),i\}$，$S = E$。

P 的组成：

$$E \rightarrow E+T \mid E-T \mid T$$
$$T \rightarrow T*F \mid T/F \mid F$$
$$F \rightarrow (E) \mid i$$

考察句子（表达式）"$i+i*i$"，有

$$E \Rightarrow E+T \Rightarrow E+T*F \overset{+}{\Rightarrow} T+F*F \Rightarrow F+F*F \Rightarrow i+i*i$$

生成唯一的语法树，如图2.11所示。

由上例可知，在某个规则中如果左部的符号在规则右部同时出现两次或两次以上，以致引起推导的不唯一性，则会导致二义性。因此，在构造文法时应避免这种现象出现。

例如，对于文法 $G[S]$，若有规则 $S \rightarrow SS \mid \beta$，则它是二义的。这是因为对于某句型 SSS 有两种不同的语法树，如图2.12所示。

事实上，若对于文法规则进行如下修改：$S \rightarrow SA \mid A$，$A \rightarrow \beta$，则二义性可以消除。

再如，对于文法 G[S]，若含有规则 S→αS|Sβ，它也是二义的，这是因为句型 αSβ 存在两棵不同的语法树，如图2.13所示。

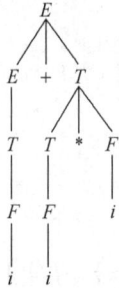

图 2.11　语法树

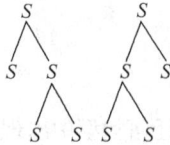

图 2.12　语法树

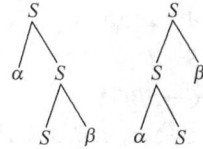

图 2.13　语法树

这个例子说明，某个规则中左部的符号在规则右部出现一次也可能导致二义性。

定义 2.13　对于一个文法，若不存在等价的非二义性文法，则称该文法为先天二义性的。

对某一个文法是否产生一个先天二义性的语言，这是不可判定的。事实上，我们总希望文法是无二义性的，这样就可以对它的每个句子进行唯一的确定的分析。然而，二义性问题已证明是不可判定的。也就是说，不存在一种算法能在有限步内确定地判断一个文法是否是二义性的。我们仅能做到的就是找一些充分条件(即找出一些限制条件)，当文法满足这些条件时，就可以确定该文法是无二义性的。

2.4　文法的实用限制

2.4.1　有害规则

定义 2.14　文法中形如 A→A 的规则，称为有害规则。

这种规则，一方面是不必要的，另一方面还会引起文法的二义性。

例如，设文法 G[N]有如下规则集：

$$N→N$$
$$N→ND|D$$
$$D→0|1|2|\dots|9$$

先对句子"36"画出多种不同的语法树，如图2.14所示。可见，其语法树不唯一，故该文法为二义性的。上述有害规则 N→N 造成了文法的二义性，其实该规则在文法中也是无任何意义的。

2.4.2　多余规则

定义 2.15　对于文法 G[S]，如果 $A \in V_N$，存在α、β∈($V_N \cup V_T$)*，有 $S \overset{*}{\Rightarrow} \alpha A \beta$，则称 A 为活的非终结符号。

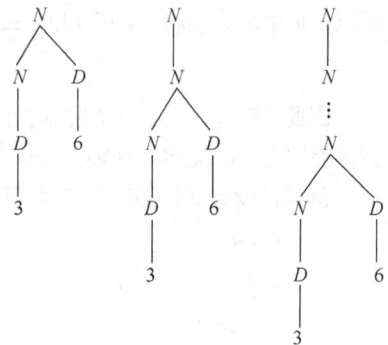

图 2.14　语法树

显然，活的非终结符号一定会在某句型中出现。

例如，由上例文法 G[N]有广义推导：

$$N \stackrel{*}{\Rightarrow} N \qquad N \stackrel{*}{\Rightarrow} D6$$

所以，N 和 D 均为活的非终结符号。

定义 2.16 对于文法 G，在某句型中出现的符号称为可推出符号。

例如，设文法 $G[S]$ 的 P 集如下：

$S \rightarrow aAB \mid a$

$A \rightarrow aAb \mid b$

$B \rightarrow d$

$C \rightarrow aBf$

可推出符号集 $\{S, A, B, a, b, d\}$。而 C 和 f 不在任何句型中出现，故是不可推出符号。事实上，活的非终结符号也是可推出符号。

定义 2.17 对于某一规则，其左部符号为 A，若不满足下列条件，则称该规则为多余规则。

① A 为可推出符号(即为活的非终结符号)，即 $S \stackrel{*}{\Rightarrow} \alpha A\beta$，$\alpha$，$\beta \in (V_N \cup V_T)^*$，$S$ 为文法识别符号。

② 必须能从 A 推出句子，即 $A \stackrel{+}{\Rightarrow} \omega$，其中 $\omega \in V_T^+$。

事实上，多余规则指：

① 在推导文法的所有句子时，始终用不到的规则。

② 在推导过程中，一旦用了此规则，则无法推出句子。

定理 2.1 如果一个文法 $G[S]$ 中所有规则均满足下列两个条件，则该文法 $G[S]$ 不包含任何多余规则(设 A 为任一规则的左部符号)。

① A 为可推出符号，即 $S \stackrel{*}{\Rightarrow} \delta A\gamma$，$\delta$，$\gamma \in (V_N \cup V_T)^*$；

② 必须能从 A 推出句子，即 $A \stackrel{+}{\Rightarrow} \omega$，$\omega \in V_T^+$。

证明： 设有一个任意的规则，$A \rightarrow \alpha$，$\alpha \in (V_N \cup V_T)^*$

由条件①可知 $S \stackrel{*}{\Rightarrow} \delta A\gamma \Rightarrow \delta \alpha \gamma$。又由于一切规则均满足条件②，于是

$$A \stackrel{+}{\Rightarrow} \omega_2 (\omega_2 \in V_T^+)$$

且对于 δ 和 γ 中所包含的任何非终结符号 $B \rightarrow \beta$，有

$$\beta \stackrel{+}{\Rightarrow} \phi，\phi \in V_T^+$$

所以，再由 $\delta \stackrel{*}{\Rightarrow} \omega_1 (\omega_1 \in V_T^*)$ 和 $\gamma \stackrel{*}{\Rightarrow} \omega_3 (\omega_3 \in V_T^*)$ 可知：

$$\delta \alpha \gamma \stackrel{*}{\Rightarrow} \omega_1 \omega_2 \omega_3 \equiv \omega \ (\omega \in V_T^+)$$

因此，$S \stackrel{*}{\Rightarrow} \omega (\omega \in V_T^+)$，从而在推导中使用了规则 $A \rightarrow \alpha$，这个规则 $A \rightarrow \alpha$ 是任意的规则，由任意性表明文法中无多余规则，证毕。

例如，设有文法 $G[S]$ 的 P 集组成如下：

$S \rightarrow Be$

$A \rightarrow Ae \mid e$

$B \rightarrow Ce \mid Af$

$C \rightarrow Cf$

$D \rightarrow f$

可见，

① 由于 D 为不可推出符号，所以 $D \rightarrow f$ 为多余规则；

② $C{\rightarrow}Cf$，$B{\rightarrow}Ce$ 均为多余规则，用此规则无法推出句子来。

在程序设计语言的文法中，如果包含多余规则，其中必有错误存在。

例如，设有文法 G 的规则集如下：

$S{\rightarrow}Ab$

$A{\rightarrow}f$

$B{\rightarrow}f$

其中，$B{\rightarrow}f$ 为多余规则，这是因为 B 是不可推出符号，在归约时碰上 f，若用规则 $B{\rightarrow}f$ 则无法分析下去，于是出错。

2.4.3　文法的实用限制

定义 2.18　如果文法 $G[S]$ 中所有规则均满足下列实用限制条件：

① 没有有害规则；

② 没有多余规则。

则称该文法 $G[S]$ 是压缩或化简过的。

如上例中，$G[S]$ 的文法规则集经过压缩化简后的文法规则集为

$S{\rightarrow}Be$

$A{\rightarrow}Ae|e$

$B{\rightarrow}Af$

事实上，在实际处理过程中，对于文法除了以上两种限制以外，还可能有其他的限制，这就引入了文法等价变换技术。

2.4.4　文法的等价变换

在研究编译理论或介绍编译技术时，往往对文法有如下限制：

① 文法的开始符号不出现在规则的右部；

② 每个非终结符号均能推导出终结符号串；

③ 每个非终结符号都能出现在某个句型中；

④ 没有特殊规则；

⑤ 没有空规则；

⑥ 没有直接左递归规则。

对于上述六种限制条件，现分别介绍文法等价变换相应的六种算法。

算法 2.1　使文法的开始符号不出现在规则右部的文法等价变换的算法：$G{\sim}G'$。

假定文法 G 的开始符号为 S，引进符号 S'，在文法 G' 中扩充一条规则 $S'{\rightarrow}S$，将 S' 作为文法 G' 的开始符号，G' 为扩充后的文法，显然文法 G 的开始符号 S' 不再出现在规则右部(常称 G' 为 G 的拓广文法)。

例如，设有文法 $G[S]$ 的规则集

$$S{\rightarrow}aSa|b$$

扩充一条规则 $S'{\rightarrow}S$，于是有等价文法 $G[S']$ 的规则集

$$S'{\rightarrow}S$$

$$S{\rightarrow}aSa|b$$

算法 2.2　使文法的每个非终结符号均能推导出一个终结符号串的文法等价变换算法。

设任一文法 $G=(V_N,\ V_T,\ S,\ P)$，则构造等价文法 $G'=(V'_N,\ V'_T,\ S',\ P')$ 的算法：

第一步，构造新的非终结符号集合 V'_N。

① 令 $V'_N = \{A | A \rightarrow \alpha \in P, \ \alpha \ \in V_T^+\}$；

② 递归扩充给终结符号集合 V'_N，$V'_N = V'_N \cup \{B | B \rightarrow \beta \in P, \ \beta \in (V'_N \cup V_T)^+\}$。

第二步，在文法 G 中删去那些左部或右部含有不属于 V'_N 中的符号的规则。

例如，设有文法 $G[A] = (V_N, V_T, A, P)$。其中，$V_N = \{A, B, D, E\}$，$V_T = \{c, d, b, a\}$。

P 集：$A \rightarrow Bcd | dD$

$\qquad B \rightarrow AB | b$

$\qquad D \rightarrow Ea | AD | DB$

$\qquad E \rightarrow Da | Eb$

构造等价文法 G'。

第一步：

① $V'_N = \{B | B \rightarrow b\} = \{B\}$；

② $V'_N = V'_N \cup \{A \rightarrow Bcd \in P, Bcd \in (V'_N \cup V_T)^+\}$

$\qquad = \{B\} \cup \{A\} = \{A, B\}$。

第二步：在文法 G 中删去那些左部或右部含有(即不属于 V'_N 中的符号) D 和 E 的所有规则。于是有 $V'_N = \{A, B\}$，$V'_T = \{b, c, d\}$。P' 集为

$\qquad A \rightarrow Bcd$

$\qquad B \rightarrow AB | b$

其等价文法为 $G' = (V'_N, V'_T, A', P')$。

再如，设有文法 $G[S] = (V_N, V_T, S, P)$。其中，$V_N = \{A, B, D, S\}$，$V_T = \{d, b, a\}$。

P 集为

$\qquad S \rightarrow aABS | bDADd$

$\qquad A \rightarrow bAB | dSA | dDD$

$\qquad B \rightarrow bAB | dSB$

$\qquad D \rightarrow dS | d$

构造等价文法 $G'[S]$。

第一步：

① $V'_N = \{D | D \rightarrow d \in P, d \in V_T^+\} = \{D\}$；

② $V'_N = V'_N \cup \{A | A \rightarrow dDD \in P, dDD \in (V'_N \cup V_T)^+\} = \{D\} \cup \{A\} = \{A, D\}$；

③ $V'_N = V_N \cup \{S | S \rightarrow bDADd \in P, bDADd \in (V'_N \cup V_T)^+\} = \{A, D, S\}$。

第二步：在文法 G 中删去那些左部或右部含有 B 的所有规则。于是有等价文法 $G' = (V'_N, V'_T, S', P')$。其中，$V'_N = \{A, D, S\}$，$V'_T = \{b, d\}$。

P' 集为

$\qquad S \rightarrow bDADd$

$\qquad A \rightarrow dSA | dDD$

$\qquad D \rightarrow dS | d$

算法 2.3 使文法的每一个非终结符号均出现在某一句型中的文法变换等价算法。

设任一文法 $G = (V_N, V_T, S, P)$，则构造等价文法 $G' = (V'_N, V'_T, S', P')$ 的算法如下。

第一步，构造非终结符号集合 V'_N。

① 令 $V_N' = \{S\}$；

② 递归扩充 V_N'，$V_N' = V_N' \cup \{B \mid A \to \alpha B\beta \in P, A \in V_N'\}$，即 $V_N' = \{B \mid S \overset{*}{\Rightarrow} \alpha B\beta, B \in V_N, \alpha, \beta \in (V_N \cup V_T)^*\}$。

第二步，从文法 G 中删除左部不在 V_N' 中非终结符号的规则。

例如，设有文法 $G[S] = (V_N, V_T, S, P)$。其中，$V_N = \{S, A, B, D\}$，$V_T = \{a, b, d, e\}$。

P 集为

    $S \to ad \mid bA$

    $A \to dBD$

    $B \to aSA$

    $D \to bD \mid e$

构造等价文法 G'。

首先利用算法 2.2 对文法 $G[S]$ 进行等价变换。

第一步：

① $V_N' = \{D \mid D \to e \in P, e \in V_T'\} = \{D\}$；

② $V_N' = V_N' \cup \{D \mid D \to bD \in P, bD \in (V_N' \cup V_T)^+\} = \{D\}$；

③ $V_N' = \{S \mid S \to ad \in P, ad \in V_T^+\} = \{S\}$；

④ $V_N' = \{S, D\}$。

第二步，删除左部或右部含有 A、B 的所有规则，得

$$G' = (V_N', \quad V_T', \quad S', \quad P')$$

其中，$V_N' = \{S, D\}$，$V_T^+ = \{a, b, d, e\}$。

    P' 集为

      $S \to ad$

      $D \to bD \mid e$

为描述方便，将刚刚变换得来的文法记为 $G = (V_N, V_T, S, P)$。其中，$V_N = \{S, D\}$，$V_T = \{a, b, d, e\}$。

P 集为

    $S \to ad$

    $D \to bD \mid e$

然后利用算法 2.3 对上述文法 G 进行等价变换。

第一步，令 $V_N' = \{S\}$，找不到 $V_N' = \{B \mid S \overset{*}{\Rightarrow} \alpha B\beta \in V_N, \alpha, \beta \in (V_N \cup V_T)^*\}$；

第二步，删除左部含有 D 的规则。

于是有文法 $G' = (V_N', \quad V_T', \quad S', \quad P')$，其中 $V_N' = \{S\}$，$V_T' = \{a, d\}$，P' 集为 $S \to ad$。

事实上，算法 2.2、算法 2.3 用完之后，相当于在文法中删除了多余规则。

算法 2.4 设任一文法 $G = (V_N, V_T, A, P)$，则构造没有形如 $A \to B$ 的特殊规则的等价文法 G' 算法如下：

第一步，构造新的非终结符号集合 V_N'，对于 V_N 中每个非终结符号（不妨设为 A），求 $V_{NA} = \{B \mid A \overset{+}{\Rightarrow} B, B \in V_N\}$。

第二步，如果有 $A \overset{+}{\Rightarrow} B$，且规则集中有 $B \to \beta$，那么在等价文法 G' 中扩充规则 $A \to \beta$。

第三步，删除文法 G 中的特殊规则 $A \to \beta$ 和无用规则。

例如，设有文法 $G[A] = (V_N, V_T, A, P)$，其中 $V_N = \{A, B, D, E\}$，$V_T = \{a, b, d, e\}$。

　　P 集为

　　　　$A \rightarrow B|dE$

　　　　$B \rightarrow A|D|b$

　　　　$D \rightarrow B|d$

　　　　$E \rightarrow e|Ea$

下面构造等价文法 G'。

　　第一步，因为文法 G 中含有特殊规则。

　　又因为

$$
\left.
\begin{array}{l}
A \overset{+}{\Rightarrow} A \Rightarrow dE \\
A \overset{+}{\Rightarrow} B \Rightarrow b \\
A \overset{+}{\Rightarrow} D \Rightarrow d
\end{array}
\right\}
\tag{1}
$$

　　所以

$$
V_{NA} = \{A, B, D\}
$$

　　同理

$$
\left.
\begin{array}{l}
B \overset{+}{\Rightarrow} A \Rightarrow dE \\
B \overset{+}{\Rightarrow} B \Rightarrow b \\
B \overset{+}{\Rightarrow} D \Rightarrow d
\end{array}
\right\}
\tag{2}
$$

　　所以

$$
V_{NB} = \{A, B, D\}
$$

　　同理

$$
\left.
\begin{array}{l}
D \overset{+}{\Rightarrow} A \Rightarrow dE \\
D \overset{+}{\Rightarrow} B \Rightarrow b \\
D \overset{+}{\Rightarrow} D \Rightarrow d
\end{array}
\right\}
\tag{3}
$$

　　所以

$$
V_{ND} = \{A, B, D\}
$$

　　第二步，如果有 $A \overset{+}{\Rightarrow} B$ 且有 $B \rightarrow \beta$ 规则，那么应在等价文法 G' 中扩充规则 $A \rightarrow \beta$。

　　对 (1) 扩充规则：$A \rightarrow b$

　　　　　　　　　　$A \rightarrow d$

　　对 (2) 扩充规则：$B \rightarrow dE$

　　　　　　　　　　$B \rightarrow d$

　　对 (3) 扩充规则：$D \rightarrow dE$

　　　　　　　　　　$D \rightarrow d$

第三步，删除文法 G 中的特殊规则 "$A \to B$"，也就是在文法 G 中删除以下规则：

$A \to B$

$B \to A|D$

$D \to B$

于是得到等价文法为 G' 的规则集

$A \to dE|b|d$

$B \to b|dE|d$

$D \to d|dE|b$

$E \to e|Ea$

最后，根据算法 2.3，由于 B、D 不在任何句型中出现，故删除相应的规则，从而得到等价文法的规则集：

$A \to dE|b|d$

$E \to e|Ea$

算法 2.5 设任一文法 $G=(V_N, V_T, S, P)$，则构造没有空规则的等价文法 G' 的算法如下：

第一步，构造新的非终结符号集合 V_N'。

① 令 $V_N'=\{A|A \to \varepsilon \in P\}$；

② 递归扩充 V_N'，$V_N'=V_N' \cup \{B|B \to W \in P, W \in V_N'^+\}$。

第二步，从文法 G 中删除空规则。

第三步，从规则中删除只能推导出空串的非终结符号。

第四步，扩充新的规则，具体做法：对于规则 $A \to \phi B \omega D$，B、$D \in V_N'$，ϕ、$\omega \in (V_N \cup V_T - V_N')^*$。

令下列规则为等价文法 G' 的规则集：

$$A \to \phi \omega|\phi \omega D|\phi B \omega|\phi B \omega D$$

例如，设有一文法 $G=(V_N, V_T, A, P)$。其中，$V_N=\{A, B, D\}$，$V_T=\{a, b\}$。

$P:$ $A \to aBbD$

$B \to DD$

$D \to b|\varepsilon$

构造等价文法 G'。

第一步，构造新的非终结符号集合 V_N'。

① 令 $V_N'=\{D|D \to \varepsilon \in P\} = \{D\}$；

② $V_N'=V_N' \cup \{B|B \to DD \in P, DD \in V_N'^+\}=\{D\} \cup \{B\}=\{B, D\}$。

第二步，从文法 G 中删除空规则 $D \to \varepsilon$。

第三步，从规则中删除只能推导出空串的非终结符号 (该例中没有此情况)。

第四步，扩充新的规则。

对文法 G 中的第一条规则 $A \to aBbD$，B、$D \in V_N'$ 扩充新规则：

$A \to ab|abD|aBb$

对文法 G 中的第 2 条规则 $B \to DD$ $D \in V_N'$ 扩充新规则：

$B \to D$

于是等价文法 G' 的规则集为

$A \to ab|abD|aBb|aBbD$

$B{\to}D|DD$

$D{\to}b$

算法 2.6　设任一文法 $G=(V_N, V_T, S, P)$，则构造没有直接左递归规则的等价文法 G' 的方法如下。如果对文法 $G[S]$ 中有一条规则形如 $S{\to}S\beta|\alpha$，其中 α、$\beta\in(V_N \cup V_T)^*$，符号串 α 不以 S 开头。那么将上述规则改成下列形式：

$S{\to}\alpha S'$

$S'{\to}\beta S'|\varepsilon$

这样，就消除了文法中的左递归规则。

一般情况下，对含有左递归规则集的文法 G'：

$$S{\to}S\beta_1|S\beta_2|\cdots|S\beta_n|\alpha_1|\alpha_2|\cdots|\alpha_n$$

消除左递归规则后的文法 G' 的规则为

$S{\to}\alpha_1S'|\alpha_2S'|\cdots|\alpha_nS'$

$S'{\to}\beta_1S'|\beta_2S'|\cdots|\beta_nS'|\varepsilon$

例如，设文法 $G[E]$ 的规则集为(前面的例子)：

$E{\to}E+T|E-T|T$

$T{\to}T*F|T/F|F$

$F{\to}(E)|i$

显然该文法 $G[E]$ 中有 4 条左递归规则，利用算法 2.6 很容易得到无左递归的文法的规则集如下：

$E{\to}TE'$

$E'{\to}+TE'|-TE'|\varepsilon$

$T{\to}FT'$

$T'{\to}*FT'|FT'|\varepsilon$

$F{\to}(E)|i$

此外，还可以用扩充 BNF 表示法(扩充巴科斯范式表示法)来消除左递归。

2.4.5　扩充的 BNF 表示法

扩充的 BNF 表示法是在 BNF 表示法的基础上发展起来的，它与 BNF 表示法具有相同的表法能力，不仅在结构上更加清晰、简单，而且还可以消除文法的左递归。

① 专用符号{ }、[ ]、( )的说明：

● $\{\omega\}$ 表示符号串 ω 可以重复出现任意次；

● $[\omega]$ 表示符号串 ω 可出现 0 次或 1 次，即 ω 可有可无；

● $(\cdots)$ 表示提因子，例如，$A{\to}\alpha\beta_1|\alpha\beta_2|\cdots|\alpha\beta_n$，可用扩充 BNF 表示成 $A{\to}\alpha(\beta_1|\beta_2|\cdots|\beta_n)$。

② 专用符号的用途是消除文法的左递归。例如，设文法 $G[E]$ 的规则集可用 BNF 表示成

$E{\to}T|E+T$

$T{\to}F|T*F$

$F{\to}i|(E)$

可用扩充 BNF 表示成

$E{\to}T\{+T\}$

$T{\to}F(*F)$

$$F \rightarrow i \mid (E)$$

这样就消除了文法 $G[E]$ 的左递归。

2.5　文法和语言的 Chomsky 分类

Chomsky（乔姆斯基）讨论的语言和文法的数学理论，是按照对文法规则集 P 的不同形式，对语言和文法进行了分类，分别介绍如下。事实上，每一类语言都与一种特定种类的自动机那样的识别器联系起来。

2.5.1　0 型文法与 0 型语言（对应图灵机）

定义 2.19　如果对某文法 $G[S]$，P 中的每个规则具有下列形式：

$$\alpha \rightarrow \beta, \ \alpha \in V^+, \beta \in V^*, V = (V_N \cup V_T)$$

则称该文法 G 为 Chomsky 0 型文法或短语结构文法，记为 PSG。0 型文法产生的相应语言称为 0 型语言（或短语结构语言），记为 $L_0(G)$。

按照短语结构文法的定义，当应用规则 $\alpha \rightarrow \beta$ 时，在某个上下文中将把符号串 α 替换为符号串 β（这里 β 可能为空串）。

【例 2.5】　设有 0 型文法 $G=(V_N, V_T, S, P)$，其中 $V_N = \{S, A, B, C, D, E\}$，$V_T = \{a\}$。

P 集组成如下：

(1) $S \rightarrow ACaB$

(2) $Ca \rightarrow aaC$

(3) $CB \rightarrow DB$

(4) $CB \rightarrow E$

(5) $aD \rightarrow Da$

(6) $AD \rightarrow AC$

(7) $aE \rightarrow Ea$

(8) $AE \rightarrow \varepsilon$

可以证明该文法 G 所产生的 0 型语言 $L_0(G)$ 为

$$L_0(G) = \{ a^{2^n} \mid n>0 \}$$

例如，当 $n=2$ 时，有句子 $a^{2^2} = aaaa$，是通过下列推导而来的：

$$S \underset{1}{\Rightarrow} ACaB \underset{2}{\Rightarrow} AaaCB \underset{3}{\Rightarrow} AaaDB \underset{5}{\Rightarrow} AaDaB \underset{5}{\Rightarrow} ADaaB \underset{6}{\Rightarrow} ACaaB \underset{2}{\Rightarrow} AaaCaB \underset{2}{\Rightarrow}$$

$$AaaaaCB \underset{4}{\Rightarrow} AaaaaE \underset{7}{\Rightarrow} AaaaEa \underset{7}{\Rightarrow} AaaEaa \underset{7}{\Rightarrow} AaEaaa \underset{7}{\Rightarrow} AEaaaa \underset{8}{\Rightarrow} aaaa$$

2.5.2　1 型文法与 1 型语言（对应线性界限自动机）

定义 2.20　如果对某文法 $G[S]$，P 中的每个规则具有下列形式：

$$\alpha W \beta \rightarrow \alpha \omega \beta, \ W \in V_N, \ \alpha \text{、} \beta \in V^*, \ \omega \in V^+, V = (V_N \cup V_T)$$

则称该文法 G 为 Chomsky 1 型文法或上下文有关文法，记为 CSG。1 型文法产生的相应语言称为 1 型语言或上下文有关语言，记为 $L_1(G)$。

按照上下文有关文法的定义，在应用规则"$\alpha W\beta \rightarrow \alpha \omega\beta$"时，只有在特定的上下文"$\alpha \cdots \beta$"中的"W"才能替换为符号串"$\omega$"，所以说是上下文有关，即对非终结符号 W 进行替换务必考虑上下文的情况。在自然语言中，一个句子或一个单词的语法性质往往和它所处的上下文有着密切的关系，因此，描述自然语言的文法一定是上下文有关文法。

【例 2.6】 设有 1 型文法 $G=(V_N,\ V_T,\ S,P)$。其中，$V_N=\{S,B,C,D\}$，$V_T=\{a,\ b,\ c\}$。

P 集组成如下：

(1) $S \rightarrow aSBC \mid aBC$

(2) $CB \rightarrow DB$

(3) $DB \rightarrow DC$

(4) $DC \rightarrow BC$

(5) $aB \rightarrow ab$

(6) $bB \rightarrow bb$

(7) $bC \rightarrow bc$

(8) $cC \rightarrow cc$

可以证明该文法 G 所产生的 1 型语言 $L_1(G)$ 为

$$L_1(G) = \{a^n b^n c^n \mid n \geq 1\}$$

例如，当 $n=2$ 时，有句子 $a^2 b^2 c^2 = aabbcc$，是通过下列式子推导的：

$$S \underset{1}{\Rightarrow} aSBC \underset{1}{\Rightarrow} aaBCBC \underset{5}{\Rightarrow} aabCBC \underset{2}{\Rightarrow} aabDBC \underset{3}{\Rightarrow} aabDCC \underset{4}{\Rightarrow} aabBCC \underset{6}{\Rightarrow} aabbCC \underset{7}{\Rightarrow} aabbcC \underset{8}{\Rightarrow} aabbcc$$

2.5.3　2 型文法与 2 型语言(对应下推自动机)

定义 2.21 如果对某文法 $G[S]$，P 中的每个规则具有下列形式

$$A \rightarrow \alpha\ ,\ A \in V_N,\ \alpha \in V^+, V = (V_N \cup V_T)$$

则称该文法 G 为 Chomsky 2 型文法或上下文无关文法，记为 CFG。2 型文法产生的相应语言称为 2 型语言或上下文无关语言，记为 $L_2(G)$。

按照此定义，在推导中应用规则 $A \rightarrow \alpha$ 时，无须考虑非终结符号 A 所在的上下文，总能把 A 替换为符号串 α，所以说是上下文无关的。定义中 $\alpha \in V^+$，即不允许形如 $A \rightarrow \varepsilon$ 的规则出现。有时定义中使 $\alpha \in V^*$，便可能存在 ε 规则(可能出现形如 $A \rightarrow \varepsilon$ 的规则)，事实上，不具有 ε 规则的上下文无关文法与具有 ε 规则的上下文无关文法之间的唯一差别就是后者可能把 ε 作为相应语言的一个字。

目前大部分程序设计语言的文法是上下文无关文法，因此，上下文无关文法及其产生的相应语言引起人们较大的兴趣和重视，同时也是我们的主要研究对象。

【例 2.7】 设有 2 型文法 $G=(V_N,\ V_T,\ S,P)$。其中，$V_N=\{S,A\}$，$V_T=\{a,\ b,\ c\}$。

P 集组成如下：

(1) $S \rightarrow Ac$

(2) $S \rightarrow Sc$

(3) $A \rightarrow ab$

(4) $A \rightarrow aAb$

可以证明该文法 G 所产生的 2 型语言 $L_2(G)$ 为

$$L_2(G) = \{a^n b^n c^m \mid n,\ m \geq 1\}$$

例如，当 $n=2$，$m=3$ 时，句子 $a^2b^2c^3 =aabbccc$ 推导如下：

$$S \underset{2}{\Rightarrow} Sc \underset{2}{\Rightarrow} Scc \underset{1}{\Rightarrow} Accc \underset{4}{\Rightarrow} aAbccc \underset{3}{\Rightarrow} aabbccc$$

2.5.4　3 型文法与 3 型语言（对应有限自动机）

定义 2.22　如果对某文法 $G[S]$，P 中的每个规则都具有下列形式：

$$A \to Ba(A \to aB) \quad \text{或} \quad A \to a \qquad A, B \in V_N, a \in V_T$$

则称该文法 G 为 Chomsky 3 型文法或正则文法，记为 RG。3 型文法(或正则文法)产生的相应语言称为 3 型语言(或正则语言)，记为 $L_3(G)$。

按照定义，当对正则文法应用规则时，单个非终结符号只能替换成单个终结符号，或替换成单个非终结符号跟单个终结符号。

文法 G 中的每一个规则形式若为 $A \to a$ 或 $A \to Ba$，则称 G 为左线性文法；文法 G 中的每一个规则形式若为 $A \to a$ 或 $A \to aB$，则称 G 为右线性文法。

在程序设计语言中，大部分与词法有关的文法(单词的语法规则)通常属于 3 型文法。

【例 2.8】　设有 3 型文法：

① 左线性文法 $G=(V_N, V_T, S, P)$。其中，$V_N = \{S, A, B\}$，$V_T = \{a, b, c\}$。

P 集组成如下：

  $S \to Bc$

  $S \to Sc$

  $B \to Ab$

  $B \to Bb$

  $A \to Aa$

  $A \to a$

② 右线性文法 $G=(V_N, V_T, S, P)$。其中，$V_N = \{S, A, B\}$、$V_T = \{a, b, c\}$。

P 集组成如下：

  $S \to aS$

  $S \to aA$

  $A \to bA$

  $A \to bB$

  $B \to cB$

  $B \to c$

可以证明这两个 3 型文法 G 所产生的 3 型语言 $L_3(G)$ 为

$$L_3(G) = \{ a^m b^n c^k \mid m, n, k \geq 1 \}$$

例如，当 $m=2$，$n=3$，$k=4$ 时，有句子 $a^2b^3c^4 =aabbbcccc$，是通过下列推导得出的：

由①得 $S \Rightarrow Sc \Rightarrow Scc \Rightarrow Sccc \Rightarrow Bcccc \Rightarrow Bbcccc \Rightarrow Bbbcccc$

   $\Rightarrow Abbbcccc \Rightarrow Aabbbcccc \Rightarrow aabbbcccc$

由②得 $S \Rightarrow aS \Rightarrow aaA \Rightarrow aabA \Rightarrow aabbA \Rightarrow aabbbB \Rightarrow aabbbcB$

   $\Rightarrow aabbbccB \Rightarrow aabbbcccB \Rightarrow aabbbcccc$

【例 2.9】 设有 3 型文法 $G = (V_N, V_T, S, P)$。其中，$V_N = \{S, A\}$，$V_T = \{a\}$。

P 集组成如下：

$S \rightarrow aA$（右线性文法）

$S \rightarrow a$

$A \rightarrow aS$

该文法 G 所产生的 3 型语言（正则语言）$L_3(G)$ 为

$$L_3(G) = \{ a^{2n+1} \mid n \geq 0 \}$$

2.5.5 四类文法的关系

1. 四类文法的关系

由定义 2.1～2.4 可见，从 0 型文法到 3 型文法是逐渐增加限制。1、2、3 型文法均属于 0 型文法，2、3 型文法均属于 1 型文法，3 型文法属于 2 型文法。其中 0 型文法最强，1、2、3 型文法能描述的语言，0 型文法均能描述，反之则不然。

2. 四类文法的区别

① 定义 2.2（1 型文法的定义）中有 $\alpha W \beta \rightarrow \alpha \omega \beta$，其中 $W \in V_N$，α、$\beta \in V^*$，$\omega \in V^+$，就是要求 1 型文法中不允许形如 "$A \rightarrow \varepsilon$" 的空规则存在，而 2、3 型文法中允许如上的空规则存在。因此具有空规则的 2 型或 3 型文法均不属于 1 型文法。

② 0 型和 1 型文法的规则左部为含有终结符号的符号串，而 2 型和 3 型文法的规则左部只允许为单个的非终结符号。

③ 在上面的例 2.5 至例 2.8 中：

- $\{ a^m b^n c^k \mid m, n, k \geq 1 \}$ 是 3 型语言，也是 2、1、0 型语言。
- $\{ a^n b^n c^m \mid n, m \geq 1 \}$ 是 2 型语言，也是 1、0 型语言。
- $\{ a^n b^n c^n \mid n \geq 1 \}$ 是 1 型语言，也是 0 型语言。
- $\{ a^{2^n} \mid n \geq 0 \}$ 是 0 型语言。

显然有

$$\{ a^m b^n c^k \mid m, n, k \geq 1 \} \supset \{ a^n b^n c^m \mid n, m \geq 1 \} \supset \{ a^n b^n c^n \mid n \geq 1 \}$$

事实上，3 型语言类 $\subset$ 2 型语言类 $\subset$ 1 型语言类 $\subset$ 0 型语言类是成立的；而针对某个特定的文法，通过加强规则定义的限制而得到的语言，3 型语言 $\subset$ 2 型语言 $\subset$ 1 型语言 $\subset$ 0 型语言是不成立的。

④ 对每一个 Chomsky 语言类，正好有一类自动机与其相对应如下：

- 0 型语言对应图灵机（TM）。
- 1 型语言对应线性界限自动机（LBA）。
- 2 型语言对应下推自动机（PDA）。
- 3 型语言对应有限自动机（FA）。

在编译技术中通常用 3 型文法来描述高级程序设计语言的词法部分，然后用有限自动机 FA 识别器来识别高级语言的单词。利用 2 型文法来描述高级语言的语法部分，然后用下推自动机 PDA 识别器来识别高级语言的各种语法成分。因此，我们对 2 型、3 型文法及语言特别感兴趣，并且将在下一章介绍有限自动机和下推自动机理论。

习题 2

2.1　设字母表 $A = \{m\}$，其上有符号串 $t = mm$，写出下列符号串及其长度：t^0、ttt、t^3 与 t^5。

2.2　写出符号串 $x = abcddcba$ 中以 c 开头且长度为 3 的字符串。

2.3　设文法 $G[<id>]$ 的规则是

$$<id> \rightarrow a|b|c|<id>a|<id>c|<id>0|<id>1$$

写出 V_N 与 V_T，并写出符号串 a、$a0c01$ 与 aaa 的推导。

2.4　设文法 $G:A \rightarrow aAb|ab$，写出相应语言 $L(G)$ 的所有长度不超过 8 的句子。

2.5　有 $G(S)$ 的规则集：

　　$S \rightarrow A$

　　$A \rightarrow B \mid$ if A then A else A

　　$B \rightarrow C \mid B+C \mid +C$

　　$C \rightarrow D \mid C*D \mid *D$

　　$D \rightarrow x \mid (A) \mid -D$

（1）试问其中哪些是终结符号，哪些是非终结符号？

（2）对于字符串 $(x*-x)$、if $x+x$ then $x*x$ else x、if $-x$ then x else if x then $x+x$ else x，试分别构造其推导的语法树，并指出句柄。

2.6　设有文法 $G[S]$：

　　$S \rightarrow a|\varepsilon|(T)$

　　$T \rightarrow T,S|S$

写出句子 $(a,(a,a))$ 的最左、最右推导，并指出最右推导的逆过程（即最左归约）。

2.7　消除下列文法的左递归

$G_1[S]$ 的规则集：$S \rightarrow Sa|Ab|b|c$

　　　　　　　　　　$A \rightarrow Bc|a$

　　　　　　　　　　$B \rightarrow Sc|b$

$G_2[S]$ 的规则集：$S \rightarrow a|\varepsilon|(T)$

　　　　　　　　　　$T \rightarrow T.S \mid S$

2.8　已知文法 $G[A]$：

　　$A \rightarrow A \vee B \mid B$

　　$B \rightarrow B \wedge C \mid C$

　　$C \rightarrow \neg D \mid D$

　　$D \rightarrow (A) \mid i$

构造此文法等价的无左递归的文法。

2.9　试用不同的方法消去文法 G：

　　$I \rightarrow Ia|Ib|c$

的左递归。

2.10　证明下列文法是二义性的。

（1）$G[E]$：$E \rightarrow i|(E)|EAE$　　　$A \rightarrow +|-|*|/$

（2）$G[S]$：$S \rightarrow iScS|is|i$

2.11　将下面的上下文无关文法 $G[S]$ 改写成等价的正则文法。

$G[S]$: $S \rightarrow abcA$

$A \rightarrow DA|D$

$D \rightarrow 0|1|2|3|4|5|6|7|8|9$

2.12 用扩充的 BNF 范式表示下述文法以消去 ε 规则。

$S \rightarrow aABb|ab$

$A \rightarrow Aab|\varepsilon$

$B \rightarrow Aa|a$

2.13 已知语言 $L = \{ a^n bb^n \mid n \geq 1 \}$，写出产生 L 的文法。

第3章 自动机理论基础

第2章我们用文法表示了语言,本章起用另一种手段——自动机来描述语言。语言是字母表 Σ 上的全体符号串 Σ^* 所组成集合的子集,即句子的集合,这就自然会提出一个识别句子的问题。文法从产生语言的角度来描述语言,而自动机从识别语言的角度来描述语言。

自动机可以看做一种能识别或生成语言的识别器。这样的识别器(转换器)——机器模型,能系统地产生 Σ^* 中的一切符号串,并能检查每个符号串,判断是否是该语言的句子。自动机给出了用有限的方式来描述无限的语言的另一种手段。

3.1 有限自动机的基本概念

3.1.1 有限自动机的定义及表示法

1. 状态转换图的引进与构造

定义 3.1 状态转换图是定义在字母表上的有向图。它满足以下三个条件:

① 至少存在一个初始状态节点;

② 存在一些终止状态节点(也可为空);

③ 在每条边上标有字母表 Σ 上的符号(也可以是空串 ε)。

状态转换图是一种描述状态变化的有向图,它可以包含有限个状态即有限个节点。通常,初始状态节点用"⇒○"(带⇒的圆圈)表示,终止状态节点用"◎"(双圆圈)表示,其他状态节点用"○"(圆圈)表示。

正则文法可以用状态转换图来表示。其中,初始状态不代表任何非终结符号;其他状态节点代表文法的非终结符号;终止状态代表文法的开始符号,边上的标记代表文法的终结符号,用小写字母或数字表示。

算法 3.1 正则文法构造状态转换图算法。

① 将 S 设为初始状态节点(假定文法的字母表中不包含符号 S)。

② 以每一个非终结符号作为其他状态节点。

③ 对于形如 $Q \rightarrow q$ 的每个规则,引一条从初始状态 S 到状态 Q 的边,其标记为 q;而对于形如 $Q \rightarrow Rq$ 的规则,引一条从状态 R 到 Q 的边,其标记为 q(其中 Q、R 为非终结符号,q 为终结符号)。

④ 以文法开始符号作为终止状态节点。

特别地,一个状态转换图可以不止一个初始状态,也可以有不止一个的终止状态。

【例 3.1】 正则文法 $G[Z]$,其中,$V_N = \{Z, A, B\}$,$V_T = \{a, b\}$。

P 集合为

$Z \rightarrow Za|Aa|Bb$

$A \rightarrow Ba|a$

$B \rightarrow Ab|b$

根据算法 3.1 得到图 3.1 所示的状态转换图。

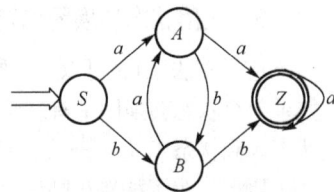

图 3.1 例 3.1 状态转换图

2. 应用状态转换图识别句子

一个符号串 α，如果是某文法的句子，则必须能归约到该文法的开始符号；同理，在应用状态，转换图时，α 如果是相应文法的句子，那么必须能从初始状态出发，沿着边的方向进行到终止状态(即文法的开始符号)。

一般情况下，识别句子的步骤如下。

第一步，从初始状态出发，以它作为当前状态，并从 α 的最左字符开始，重复第二步到达 α 的最右端为止；

第二步，扫描 α 的下一个字符(当前字符)，在当前状态射出的各条边中找出标记有该字符的边，并沿此边前进，以所达到的状态作为下一个当前状态。

特别地，识别符号串 α 的过程存在两种可能，一种是行进中无法找到一条边，它的标记与当前字符相同，这时无须再进行下去，即说明 α 不是句子；另一种是每次重复第二步时都能找到一条边，其标记与当前字符相同，因而能达到 α 的右端。此时，从开始到结束，整个边序列上各条边的标记依序连成的字符串正是要分析的符号串 α，如果 α 是句子，那么最后的当前状态必然是终止状态。

定理 3.1　当识别一个符号串 α 时，如果能从转换图的初始状态出发行进达到 α 的最右端，那么 α 为句子的充要条件是：最后的当前状态为终止状态。

用状态转换图识别句子的过程，称为运行状态转换图。

【例 3.2】　根据图 3.1 对句子 *ababaaa* 进行分析并生成语法树。

解：分析过程如下：

语法树如图3.2所示。推导过程如下：

$$Z{\Rightarrow}Za{\Rightarrow}Aaa{\Rightarrow}Baaa{\Rightarrow}Abaaa{\Rightarrow}Babaaa{\Rightarrow}Ababaaa{\Rightarrow}ababaaa$$

分析结果说明：符号串 *ababaaa* 是例 3.1 文法 *G[Z]* 的句子，但符号串 *bababbb* 不是它的句子，这是因为从开始状态出发识别完第 6 个字符 b 后，行进到第 8 步当前状态 *Z* 时，当前字符是 *b*，然而找不到从 *Z* 射出的标记为 b 的边。

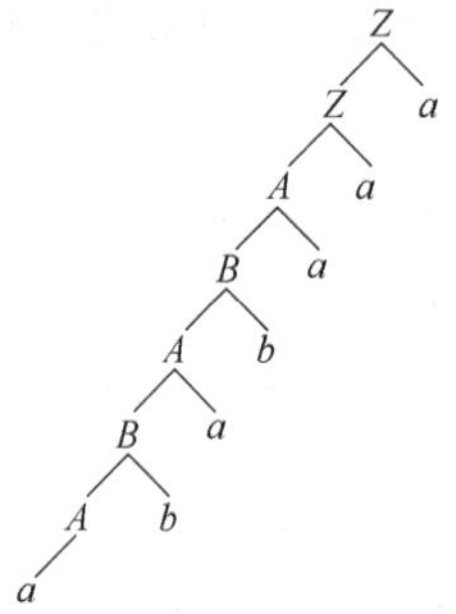

图 3.2　符号串 *ababaaa* 识别过程和语法树

3. 应用状态转换图构造正则文法

应用算法 3.1，可以从正则文法构造出状态转换图，反过来，可以从状态转换图构造出正则文法。如果一个状态转换图中有从状态 *R* 到状态 *Q* 的边，且边上标记为 *q*，则存在规则 *Q→Rq*；如果从初始状态 *S* 到状态 *Q* 有一条边，且边上标记为 *q*，则存在规则 *Q→q*，而终止状态就是文法的开始符号。

因此，为了构造正则语言的正则文法，可以先由正则语言画出状态转换图，然后，从该状态转换图再构造相应的正则文法。

【例 3.3】　对正则语言 $\{(ab)^n b^2 | n \geqslant 0\}$ 构造其正则文法。

解：根据句子的一般形式，借助于状态转换图运行思想，很自然地为其画出状态转换图，如图 3.3 所示。

从状态转换图得到相应的正则文法：$G[Z]=(V_N, V_T, S, P)$，其中，$V_N = \{Z, A, B, C\}$，$V_T = \{a,b\}$，有

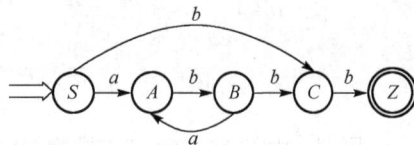

图 3.3　例 3.3 状态转换图

$A \rightarrow Cb$

$C \rightarrow Bb|b$

$B \rightarrow Ab$

$A \rightarrow Ba|a$

请读者自行思考：应用运行状态转换图的思想为语言 $\{a^i b^j | i, j \geqslant 1\}$ 和 $\{a^i b^j c^k | i, j, k \geqslant 1\}$ 构造的相应正则文法是什么?

3.1.2　有限自动机的机器模型

有限自动机（Finite Automaton，FA）可以看做一个机器模型，它由一个带读头的有限控制器和一条字符输入带组成，如图 3.4 所示。

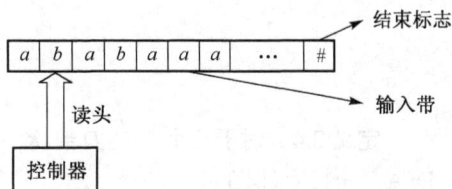

图 3.4　有限自动机的机器模型

其工作原理为：控制器的读头从左到右扫描字符输入带，每当从输入带上读到一个字符时，控制器状态发生改变，同时读头右移一个符号位……当读头右移到最后一个字符 "#"（结束标志）时，控制器进入终止状态。此时表明这个机器模型识别或(接收)了这个输入字符串。

控制器中包含有限个状态，状态和状态之间存在着一种转换关系，当读入一个字符时，状态改变为另一个状态，从而形成了状态转换。改变后的状态称为后继状态。状态转换有以下三种情形：① 后继状态为自身；② 后继状态为一个；③ 后继状态为若干个。

定义 3.2　对于有限自动机，如果每次转换的后继状态都是唯一的，则称它为确定有限自动机（Deterministic Finite Aotomaton, DFA）；如果转换的后继状态不是唯一的，则称它为不确定有限自动机（Nondeterministic Finite Aotomaton，NFA）。

特别地，一个有限自动机的工作状态事实上可采用状态转换图来描述。

3.1.3　确定有限自动机（DFA）

我们知道，正则语言与有限自动机对应，事实上有限自动机正是对状态转换图进一步形式化的结果。

定义 3.3　一个确定有限自动机（DFA）定义为一个五元组：

$$D = (K, \Sigma, \delta, S, F)$$

其中，K 是有穷的非空状态集合；Σ 是有穷的输入字母表；δ 是从 $K \times \Sigma$ 到 K 的映射，即如果有转换函数 $\delta(K_i, a) = K_j, K_i, K_j \in K$，则表示当前状态为 K_i，输入符号为 a 时，转换到下一个当前状态 K_j（即后继状态）；S 是初始状态，$S \in K$；F 是非空的终止状态集合，$F \subseteq K$。

由定义 3.3，一个确定有限自动机只有一个初始状态，可以有不止一个终止状态。由于后继状态 K_j 是单值的，所以每个节点的所有射出边互不相同。

【例 3.4】　由例 3.1 中的状态转换图构造确定有限自动机如下：

$$D_1 = (\{S, Z, A, B\}, \{a, b\}, \delta, S, \{Z\})$$

其中，

$$\delta: \quad \delta(S, a)=A \qquad \delta(S, b)=B$$
$$\delta(A, a)=Z \qquad \delta(A, b)=B$$
$$\delta(B, a)=A \qquad \delta(B, b)=Z$$
$$\delta(Z, a)=Z$$

同理，由例 3.3 中的状态转换图构造确定有限自动机如下：

$$D_2 = (\{S, A, B, C, Z\}, \{a, b\}, \delta, S, \{Z\})$$

其中，

$$\delta: \quad \delta(S, a)=A \qquad\qquad \delta(S, b)=C$$
$$\delta(A, \underline{b})=B$$
$$\delta(B, a)=A \qquad\qquad \delta(B, b)=C$$
$$\delta(C, b)=Z$$

定义 3.4　对于某个 DFA $D = (K, \Sigma, \delta, S, F)$，如果 $\delta(S, \alpha) = P$，$P \in F$，则称字符串 α 可被该 DFA D 所接受(识别)。

【例 3.5】　对字符串 $ababaaa$ 运行例 3.4 的 DFA D 有

$$\delta(S, ababaaa) = \delta(\delta(S, a), babaaa)$$
$$=\delta(\delta(A, b), abaaa)$$
$$=\delta(\delta(B, a), baaa)$$
$$=\delta(\delta(A, b), aaa)$$
$$=\delta(\delta(B, a), aa)$$
$$=\delta(\delta(A, a), a)$$
$$=\delta(Z, a)$$
$$= Z$$

所以，字符串 $ababaaa$ 可被 DFA D_1 所接受(识别)。

特别地，运行一个 DFA 的过程是识别一个字符串是否被 DFA 所接受的过程，对于能为 DFA 接受的符号串集合有下列定义。

定义 3.5　由有限自动机接受的符号串集合称为正则集，记为 $L(D)$。

下面不加证明地给出一个定理。

定理 3.2　如果句子属于正则文法 G，则它能为 G 的相应 DFA 所接受；反之，对于任何 DFA 存在一个正则文法 G，G 的句子正是该 DFA 所能接受的那些符号串。

由定理 3.2 可知，$L(G)=L(D)$，运行 DFA 也就是识别一个符号串是否是相应正则文法的句子。

3.1.4　有限自动机在计算机内的表示

由定义 3.3 知，映射 δ 表明了状态转换图中，每个状态作为当前状态时，遇到某个输入字符后，当前状态发生的变化，即 $\delta(K_i, a) = K_j$，它隐含了所有的输入字符与所有的状态(包括了初始状态与终止状态)。因此要在机内表示一个 DFA，只要给出 δ 在计算机内的表示即可。这里我们介绍两种表示方法。

1．矩阵表示

δ 是从 $K \times \Sigma$ 到 K 的映射，即 $\delta(K_i, a) = K_j$，用矩阵来表示，矩阵的行代表状态 K_i，列代表输入字符 a，矩阵的元素便是后继状态 K_j。所以，这个矩阵又称状态转换矩阵，它表明了如何将一个状态转换成另一个状态。

【例 3.6】　例 3.4 中的 DFA D_1，其矩阵表如表 3.1 所示。

则 DFA D_1 的状态转换矩阵为

$$\begin{pmatrix} S_1 & S_2 \\ S_3 & S_2 \\ S_1 & S_3 \\ S_3 & 0 \end{pmatrix}$$

其中，S_0 表示初始状态，0 表示无后继状态。

表 3.1　例 3.6 矩阵表

转换为状态 ＼ 输入	a	b
$S_0 = S$	A	B
$S_1 = A$	Z	B
$S_2 = B$	A	Z
$S_3 = Z$	Z	

2．表结构表示

状态转换函数 δ 在计算机内的另一种表示形式是表结构，该表的结构可以表示如下：

假定某节点有 k 个射出边，则相应的表长为 $2k+2$ 行，第一行存放状态名，第二行存放射出边个数 k，其后每两行对应一个射出边，一行指明边上的标记，另一行指明转换后的状态，如表 3.2 所示。

表 3.2　表结构

状态名
射出边数
标记$_1$
指向下一状态$_1$
……
标记$_k$
指向下一状态$_k$

3.1.5　不确定有限自动机（NFA）

定义 3.6　一个不确定有限自动机（NFA）定义为一个五元组

$$N = (K, \Sigma, \delta, S, F)$$

其中，K 是有穷的非空状态集合；Σ 是有穷的输入字母表；δ 是从 $K \times \Sigma$ 到 K 的子集所组成集合的映射，即后继状态有若干个：$\delta(K_i, a) = \{K_{j1}, K_{j2}, \cdots, K_{jn}\}$；$S$ 是初始状态集合，$S \subseteq K$；F 是非空的终止状态集合，$F \subseteq K$。

由定义知，NFA 和 DFA 的区别主要有两点，其一是 NFA 可有若干个初始状态，而 DFA 仅有一个初始状态；其二是 NFA 是从 $K \times \Sigma$ 到 K 的子集所组成映射的集合，即有若干个后继状态 $\delta(K_i, a) = \{K_{j1}, K_{j2}, \cdots, K_{jn}\}$，而 DFA 是从 $K \times \Sigma$ 到 K 的映射，即 $\delta(K_i, a) = K_j$，也就是仅有一个后继状态。

【例 3.7】　由正则文法 $G[Z_1] = (V_N, V_T, S, P)$ 构造其对应的不确定有限自动机。

其中

$$V_N = \{Z, A, B\} \qquad V_T = \{a, b\}$$

P 集为

$$Z \rightarrow Za|Aa|Bb$$

$$A \rightarrow Ba|Za|a$$

$$B \rightarrow Ab|Ba|b$$

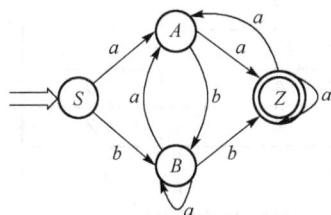

图 3.5　例 3.7 状态转换图

解： 由算法 3.1 得出状态转换图，如图 3.5 所示。

再由状态转换图构造不确定有限自动机如下：

$$N = (\{S, Z, A, B\}, \{a, b\}, \delta, \{S\}, \{Z\})$$

其中，

$$\delta: \quad \delta(S, a) = \{A\} \qquad \delta(S, b) = \{B\}$$
$$\delta(A, a) = \{Z\} \qquad \delta(A, b) = \{B\}$$
$$\delta(B, a) = \{A, B\} \qquad \delta(B, b) = \{Z\}$$
$$\delta(Z, a) = \{A, Z\} \qquad \delta(Z, b) = \{\ \} = \phi$$

事实上，也可由正则文法直接构造不确定有限自动机。

例如，对文法

$$G[Z] = (V_N, \ V_T, \ S, \ P)$$

其中，

$$V_N = \{Z, T\} \qquad V_T = \{0, 1\}$$

P 集为

$$Z \rightarrow Z0 \mid T1 \mid 0 \mid 1$$
$$T \rightarrow Z0 \mid 0$$

直接构造的不确定有限自动机如下：

$$\text{NFA} \quad N = (\{S, T, Z\}, \{0, 1\}, \delta, \{S\}, \{Z\})$$

其中，

$$\delta: \quad \delta(S, 0) = \{T, Z\} \qquad \delta(S, 1) = \{Z\}$$
$$\delta(T, 0) = \phi \qquad \delta(T, 1) = \{Z\}$$
$$\delta(Z, 0) = \{T, Z\} \qquad \delta(Z, 1) = \phi$$

同样的道理，运行一个 NFA 的过程就是识别一个符号串 α 是否被该 NFA 所按受的过程，即从某初始状态出发，反复根据当前状态与当前输入字符进行状态转换(后继状态不止一个)，当能到达输入符号串 α 右端时，检查是否已达到终止状态集合中的某个终止状态。

【例 3.8】　对于输入符号 $\alpha = babbabb$ 运行例 3.7 的 NFA N 过程如表 3.3 所示。

表 3.3　$babbabb$ 的运行过程表

步　　骤	当 前 状 态	输入串 α 的其余部分	可能的后继状态	选 择 状 态
1	S	$babbabb$	B	B
2	B	$abbabb$	A, B	A
3	A	$bbabb$	B	B
4	B	$babb$	Z	Z
5	Z	abb	A, Z	A
6	A	bb	B	B
7	B	b	Z	Z

因此，$\alpha = babbabb$ 可为该 NFA 所接受(识别)。

从例 3.8 中可以看出，符号串 $\alpha = babbabb$ 之所以为 NFA 所接受，是因为在人工干预下每一步都对即将转换成的新状态做出了正确的选择。而一般情况下，运行 NFA 时，当前状态和当前输入字符如果不能唯一地确定转换到哪个新状态，那么是不知道该选择哪一个新状态作为新当前状态的，即后继状态的不唯一导致了识别路线的不确定。解决这一问题的一个办法就是下面将介绍的使 NFA 转换成等价的 DFA。

3.1.6　由 NFA 到 DFA 的等价转换

定理 3.3　设 L 是一个为某 NFA 所接受的字符串集合，则存在一个接受 L 的 DFA，即 $L(D) = L(N)$。

算法 3.2　NFA 到 DFA 的等价转换

设 NFA　$N = (K, \Sigma, \delta, S, F)$，DFA $N' = (K', \Sigma, \delta', S', F')$。

① 如果 NFA 的全部初始状态为 $S_1, S_2, S_3, \cdots, S_K$，则令 DFA 的初始状态为 $S' = [S_1, S_2, S_3, \cdots, S_K]$（其中方括号表示由若干个状态构成的某一状态）；

② 若对某字符 $\alpha \in \Sigma$，在 NFA 中有

$$\delta(K_i, a) = \{K_{j1}, K_{j2}, \cdots, K_{jn}\}$$

则令

$$\delta'([k_i], a) = [K_{j1}, K_{j2}, \cdots, K_{jn}]$$

即 $[K_{j1}, K_{j2}, \cdots, K_{jn}]$ 为 DFA 当前状态的一个后继状态；

③ 重复步骤②，直到不出现新的状态为止；

④ 上面所得到的所有状态构成 DFA 的状态集 K'；

⑤ 在 DFA 的状态中，凡含有 NFA 的终止状态的状态构成 DFA 的终止状态集 F'。

【**例 3.9**】　对例 3.7 中的 NFA 构造等价的 DFA 如下：

$$\text{DFA}\quad N' = (K', \{a, b\}, \delta', [S], F')$$

第一步，由算法 3.2，构造 DFA 的初始状态 $[S] = S$。

第二步，由

$$\delta(S, a) = \{A\} \qquad \delta(S, b) = \{B\}$$

得出

$$\delta'([S], a) = [A] \qquad \delta'([S], b) = [B]$$

第三步，由

$$\delta(A, a) = \{Z\}\quad \delta(A, b) = \{B\}\quad \delta(\{B\}, a) = \{AB\} \qquad \delta(\{B\}, b) = \{Z\}$$

得出

$$\delta'([A], a) = [Z] \qquad \delta'([A], b) = [B]$$

$$\delta'([B], a) = [AB] \qquad \delta'([B], b) = [Z]$$

同理，由

$$\delta(\{Z\}, a) = \{AZ\} \qquad \delta(\{Z\}, b) = \phi$$

$$\delta(\{AB\}, a) = \{ABZ\} \qquad \delta(\{AB\}, b) = \{BZ\}$$

得出

$$\delta'([Z], a) = [AZ] \qquad \delta'([Z], b) = \phi$$

$$\delta'([AB], a) = [ABZ] \qquad \delta'([AB], b) = [BZ]$$

由

$$\delta\,(\{AZ\},a) = \{AZ\} \qquad \delta\,(\{AZ\},b) = \{B\}$$
$$\delta\,(\{BZ\},a) = \{ABZ\} \qquad \delta\,(\{BZ\},b) = \{Z\}$$
$$\delta\,(\{ABZ\},a) = \{ABZ\} \qquad \delta\,(\{ABZ\},b) = \{B\}$$

得出

$$\delta'\,([AZ],a) = [AZ] \qquad \delta'\,([AZ],b) = [B]$$
$$\delta'\,([BZ],a) = [ABZ] \qquad \delta'\,([BZ],b) = [Z]$$
$$\delta'\,([ABZ],a) = [ABZ] \qquad \delta'\,([ABZ],b) = [B]$$

至此不再有新的状态产生。

第四步，DFA 的状态集为 $K' = \{[A], [B], [S], [Z], [AB], [AZ], [BZ], [ABZ]\}$。

第五步，DFA 的终止状态集 $F' = \{[Z], [AZ], [BZ], [ABZ]\}$。

另外，从 NFA 到 DFA 的转换，也可以采用下述列表方式。首先从相应 DFA 的初始状态出发，得出状态转换后新的状态，再从新的状态出发得出状态转换后新的状态，依次类推，直到再无新的状态被添加。

例如，对例 3.9 可列出表 3.4 所示的状态转换表。

表 3.4　例 3.9 状态转换表

输入 转换为 状态	a	b
[S]	[A]	[B]
[A]	[Z]	[B]
[B]	[AB]	[Z]
[Z]	[AZ]	
[AB]	[ABZ]	[BZ]
[AZ]	[AZ]	[B]
[BZ]	[ABZ]	[Z]
[ABZ]	[ABZ]	[BZ]

表 3.4 列出了 DFA 的映射 δ'，还有一切状态及在输入字符下状态的转换(如果考虑相应 NFA 状态集合的一切子集，此 DFA 将包含 15 个状态)。

表 3.4 对应的状态转换图如图3.6所示。

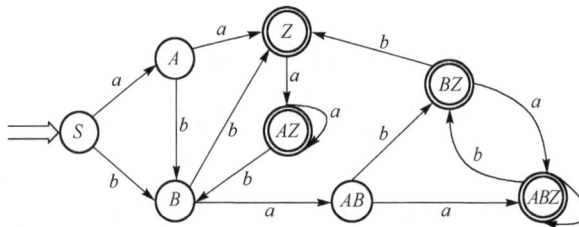

图 3.6　例 3.9 状态转换图

由图3.6可以看出，开始状态为[S]，终止状态为[Z]，[AZ]，[BZ]，[ABZ]。于是 DFA 为

$$\text{DFA } N' = (K', \{a,b\}, \delta', [S], F')$$

其中，

$$K' = \{[S], [A], [B], [Z], [AB], [AZ], [BZ], [ABZ]\}$$

$$\delta': \quad \delta'([S], a)) = [A] \qquad \delta'([S], b) = [B]$$
$$\delta'([A], a) = [Z] \qquad \delta'([A], b) = [B]$$
$$\delta'([B], a) = [AB] \qquad \delta'([B], b) = [Z]$$
$$\delta'([Z], a) = [AZ] \qquad \delta'([Z], b) = \phi$$
$$\delta'([AB], a) = [ABZ] \qquad \delta'([AB], b) = [BZ]$$
$$\delta'([AZ], a) = [AZ] \qquad \delta'([AZ], b) = [B]$$
$$\delta'([BZ], a) = [ABZ] \qquad \delta'([BZ], b) = [Z]$$
$$\delta'([ABZ], a) = [ABZ] \qquad \delta'([ABZ], b) = [BZ]$$
$$F' = \{[Z], [AZ], [BZ], [ABZ]\}$$

最后申明一点：因为总可以为 NFA 构造一个接受同一正则集的 DFA，所以后面又往往把 NFA 与 DFA 统称为 FA 而不加区别。

3.2　确定有限自动机 DFA 的化简

自动机的化简问题就是对任给的一个确定自动机 A_1，构造另一个确定的有限自动机 A_2，有

$$L(A_1) = L(A_2)$$

并且，A_2 的状态个数不多于 A_1 的状态个数。

定义 3.7　设 A_1 与 A_2 是两个有限自动机，如果 $L(A_1) = L(A_2)$，即接受相同的语言，则称这两个有限自动机 A_1 与 A_2 等价。

化简 DFA 关键在于把它的状态等分成一些两两互不相交的子集，使得任何两个不同的子集中的状态都是可区别的，而同一子集中的任何两个状态都是等价的。这样以一个状态作为代表而删去其他等价状态，也就获得了状态个数最少的 DFA。

为了进行自动机化简，下面介绍等价状态和无关状态的概念。

3.2.1　等价状态和无关状态

定义 3.8　从 S_i 出发能导出的所有符号串集合记为 $L(S_i)$，设有两个状态 S_i 和 S_j，若有 $L(S_i) = L(S_j)$ 则称 S_i 和 S_j 是等价状态。

定义 3.9　对于状态 S_i，若从初始状态不可能到达该状态，则称 S_i 为无用状态。

定义 3.10　对于状态 S_i，若从该状态出发不能到达终止状态，则称 S_i 为死状态。

无关状态包括无用状态和死状态。

设有自动机如图3.7所示，其中状态 A 和 B 有 $L(A) = L(B)$，则称 A 与 B 等价。

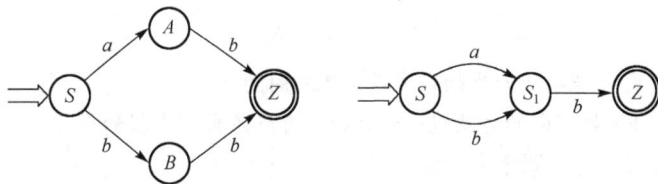

图 3.7　含等价状态的状态转换图

对于图3.8，根据定义，可知 S_1 为无用状态，S_2 为死状态，S_1 和 S_2 均为无关状态。

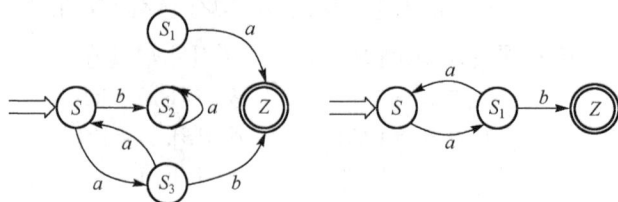

图 3.8　含无关状态的状态转换图

3.2.2　自动机的化简

自动机的化简就是自动机状态最少化问题，也就是在自动机中合并等价状态，删除无关状态。化简 DFA 的关键在于寻找等价状态。

1. 不等价状态的区别

在实际问题中判断状态等价与否并不那么容易，下面将介绍如何判断两个状态是否等价。

对于两个状态 S_i 和 S_j，以及输入符号 a，有

$$\delta(S_i, a) = S_m$$
$$\delta(S_j, a) = S_n$$

若 S_m 与 S_n 等价，则 S_i 与 S_j 也等价，否则 S_i 与 S_j 不等价。这是因为 S_m 与 S_n 若等价，则产生相同的符号串 β，此时 S_i 与 S_j 产生的符号串均为 $a\beta$，即

$$L(S_i) = L(S_j) = a\beta$$

故 S_i 与 S_j 等价。

若 S_m 与 S_n 不等价，则 S_m 与 S_n 产生的符号串不相同，设分别为 β_1 和 β_2，显然

$$L(S_i) = a\beta_1$$
$$L(S_j) = a\beta_2$$

符号串 $a\beta_1$ 与 $a\beta_2$ 也不相同，故 S_i 与 S_j 不等价。

此外，对于状态 S_i 和 S_j，输入符号串分别为 a 和 b，若有

$$\delta(S_i, a) = S_k$$
$$\delta(S_j, b) = S_k$$

则 S_i 与 S_j 不为等价状态。

2. 自动机的化简

算法 3.2　自动机的化简

① 首先将自动机的状态划分成两个集合：终止状态集 S_1' 和非终止状态集 S_2'，且

$$S = S_1' \cup S_2'$$

显然，终止状态和非终止状态所产生的符号串是不相同的。

② 对各状态集每次按下面的方法进一步划分，直到不再产生新的划分。

设第 i 次划分已将状态集划分为 k 组，即

$$S = S_1^{(i)} \cup S_2^{(i)} \cup \cdots \cup S_k^{(i)}$$

对于状态集 $S_j^{(i)}$（$j = 1, 2, \cdots, k$）中的各个状态逐个检查，设有两个状态 S_j'，$S_j'' \in S_j^{(i)}$，且对于输入符号 a，有

$$\delta(S_j', a) = S_m$$
$$\delta(S_j'', a) = S_n$$

如果 S_m 和 S_n 属于同一状态集合，则将 S_j' 和 S_j'' 放在同一集合中；否则将 S_j' 和 S_j'' 分为两个集合。

③ 重复步骤②，直到每一个集合不能再划分为止，此时每个状态集合中的状态均是等价的。

④ 合并等价状态，即在等价状态集合中取任一状态作为代表，删去其他一切等价状态。

⑤ 若有无关状态，则将其删除。

【例 3.10】　对图 3.9 所示的有限自动机进行化简。

首先将状态划分为终止状态集和非终止状态集：

$$S = \{S_0, S_1, S_2\} \cup \{S_3, S_4\}$$

进而对各状态集进一步划分。对于非终止状态集 $\{S_0, S_1, S_2\}$，因为

$$\delta(S_0, a) = S_1 \qquad \delta(S_0, b) = S_2$$
$$\delta(S_1, a) = S_3 \qquad \delta(S_1, b) = S_2$$
$$\delta(S_2, a) = S_1 \qquad \delta(S_2, b) = S_4$$

故状态集 $\{S_0, S_1, S_2\}$ 又划分为状态集：

$$\{S_0, S_1, S_2\} = \{S_0, S_2\} \cup \{S_1\}$$

对于状态集 $\{S_0, S_2\}$，因为

$$\delta(S_0, b) = S_2 \qquad \delta(S_0, a) = S_1$$
$$\delta(S_2, b) = S_4 \qquad \delta(S_2, a) = S_1$$

故 $\{S_0, S_2\}$ 又可划分为状态集：

$$\{S_0, S_2\} = \{S_0\} \cup \{S_2\}$$

对于终止状态 $\{S_3, S_4\}$

$$\delta(S_3, a) = S_3 \qquad \delta(S_3, b) = S_4$$
$$\delta(S_4, a) = S_3 \qquad \delta(S_4, b) = S_4$$

故状态集 $\{S_3, S_4\}$ 不能再划分，于是有

$$S = \{S_0\} \cup \{S_1\} \cup \{S_2\} \cup \{S_3, S_4\}$$

由于 S_3 与 S_4 是等价状态，合并 S_3 和 S_4 得到化简后的自动机，如图 3.10 所示。

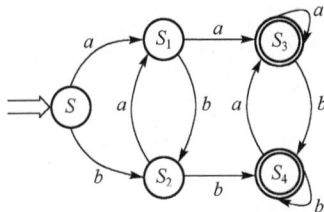

图 3.9　化简前的状态转换图　　　　　　图 3.10　化简后的状态转换图

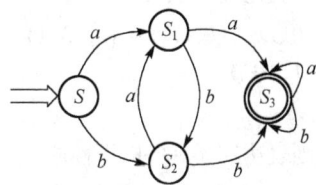

需要说明，正则文法、正则表达式和有限自动机都是描述正则集的工具，它们的描述能力都是等价的。3.3 节将介绍正则表达式。

3.3　正则表达式形式定义

在数学中可以用运算符"加"和"乘"来构造算术表达式，如(5+3)×4，算术表达式的值是一个数(32)。

类似地，我们也可以用正则运算符来构造描述语言的表达式，称作正则表达式。

例如，$(0\cup1)0^*$是一个正则表达式，这个表达式的值是由 0 和 1 的所有字符串组成的语言。正则表达式的运算符有：星号(闭包，*)，连接(·)，并(∪或|)，运算顺序是"星号"→"连接"→"并"，也可以通过括号改变运算优先顺序。正则表达式的形式定义如下。

定义 3.11　正则表达式的形式定义：

如果 R_1 和 R_2 是正则表达式，则以下①~⑥项都是正则表达式。

① a；$a\in\Sigma$；

② ε；

③ ϕ；

④ $(R_1\cup R_2)$，这里 R_1 和 R_2 是正则表达式；

⑤ $(R_1\cdot R_2)$，这里 R_1 和 R_2 是正则表达式；

⑥ (R_1^*)，这里 R_1 是正则表达式。

在第①、②项中，正则表达式 a 和 ε 分别表示语言$\{a\}$和$\{\varepsilon\}$。在第③项中，正则表达式中的ϕ表示空语言。在第④、⑤、⑥项中，正则表达式分别表示语言 R_1 和 R_2 做并运算或连接运算，或 R_1 做星号运算得到的语言。不要混淆正则表达式ε和ϕ，表达式ε表示只包含一个字符串ε的语言，而ϕ表示不包含任何字符串的语言。

正则表达式 R 表示的集合称为正则集或语言，也可记为 $L(R)$。

例如，字母表$\Sigma=\{0,1\}$上的一些正则集如下：

① $0^*10^*=\{\omega|\omega$ 恰好有一个 $1\}$

② $\Sigma^*1\Sigma^*=\{\omega|\omega$ 至少有一个 $1\}$

③ $\Sigma^*001\Sigma^*=\{\omega|\omega$ 含有子串 $001\}$

④ $(\Sigma\Sigma)^*=\{\omega|\omega$ 是偶长度的字符串$\}$

⑤ $(\Sigma\Sigma\Sigma)^*=\{\omega|\omega$ 的长度是 3 的整数倍$\}$

⑥ $01\cup10=\{01,10\}$

⑦ $0\Sigma^*0\cup1\Sigma^*1\cup0\cup1=\{\omega|\omega$ 以相同的符号开始和结束$\}$

⑧ $(0\cup\varepsilon)1^*=01^*\cup1^*$

⑨ $(0\cup\varepsilon)\cup(1\cup\varepsilon)=\{\varepsilon,\ 0,1\}$

⑩ $1^*\phi=\phi$

⑪ $\phi^*=\{\varepsilon\}$

正则表达式还具备以下性质：

● $R\cup\phi=R$，即把空语言和任一语言并运算不改变这个语言。

● $R\cdot\varepsilon=R$，即把空串和任一字符串连结运算不改变这个字符串。

但是，

● $R\cup\varepsilon\neq R$，例如，若 $R=0$，那么 $L(R)=\{0\}$，而 $L(R\cup\varepsilon)=\{0,\ \varepsilon\}$。

● $R\cdot\phi\neq\varepsilon$，例如，若 $R=0$，那么 $L(R)=\{0\}$，而 $L(R\cdot\phi)=\phi$。

正则表达式在编译程序中是非常有用的工具。例如，包括小数部分和正负号的数值常量可以描述成下列形式的正则表达式：

$$\{+, -, \varepsilon\} (DD^* \cup DD^*.D^* \cup D^*.DD^*)$$

其中，$D = \{0, 1, 2, 3, 4, 5, 6, 7, 8, 9\}$。那么 72、3.1415926、+7、−0.01 是生成的几个字符串。

此外，正则表达式与有限自动机在描述语言方面具有等价性。

3.4　下推自动机 PDA

3.4.1　下推自动机的机器模型

下推自动机的机器模型类似于有限自动机，但是它增加了一个额外的设备，叫做栈。栈在控制器的有限存储量之外提供了附加的存储，如图3.11 所示。栈使得 PDA 能够识别某些非正则语言。

图 3.11　下推自动机的机器模型

下推自动机中的栈能够存储符号。由于栈是一个"先进后出"的存储设备，写一符号，意味着把栈中其他的所有符号"下推"。在任何时刻，可以读和删去栈顶的符号，其余的符号向上移动，在栈上写一个符号，常常叫"推入"这个符号，而删去一个符号叫做"溢出"它。对栈的所有访问，不论是读，还是写，都只能在栈顶进行。

由于存储的有限性，有限自动机不能保存很大的数，所以它不能识别一些语言，如 $\{0^n 1^n \mid n \geq 0\}$，而栈能保存的信息量是没有限制的，所以 PDA 可以用栈保存任意数量所需要的 0，从而能够识别这个语言。

下面非形式化地描述识别以上语言的 PDA 的工作原理：读输入符号，每读到一个 0，就把 0 "推入"栈。如果读到 1，那么每读一个 1，就把一个 0 "弹出"栈。如果栈中的 0 被排空时恰好读完输入串，则接受这个输入串。否则，如果在 1 没有读完时栈变成空的，或者在栈中还有 0 时 1 已经读完了，或者 0 出现在 1 的后面，则都拒绝这个输入串。

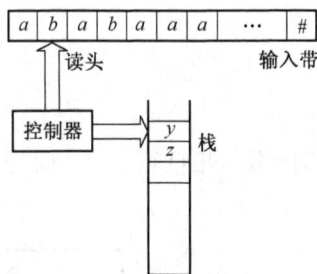

3.4.2　PDA 的形式定义

定义 3.12　PDA 定义为一个七元组：

$$P = (K, \Sigma, \Gamma, \delta, S, x_0, F)$$

其中，K 是状态集合；Σ 是输入字母表；Γ 是下推字母表，即栈符号的有限集合；δ 是一个从 $K \times (\Sigma \cup \{\varepsilon\}) \times \Gamma$ 到 $K \times \Gamma^*$ 的一个映射；S 为初始状态集，$S \subset K$；x_0 是下推栈中的初始下推符号，$x_0 \in \Gamma$；F 是终止状态集，$F \subset K$。

转换函数为

$$\delta(K_i, a, x_k) = (K_j, \beta)$$

其中，$K_i, K_j \in K, a \in \Sigma, x_k \in \Gamma, \beta \in \Gamma^*$，表示在当前状态 K_i，输入符号为 a，且下推栈的栈顶符号为 x_k 时，进入(转换成)状态 K_j，下推栈的栈顶符号 x_k 由符号串 β 代替，同时读头右移一格(即向右扫描一个字符)。

这里约定符号串 β 的最左符号放在栈顶，即以符号串 β 的逆串 β^{-1} 存放到下推栈。

对 δ，特别当 $\beta = \varepsilon$ 时，则有 $\delta(K_i, a, x_k) = (K_j, \varepsilon)$，表示进入状态 K_j，下推栈的栈顶符号被弹出(退栈)，同时读头右移一格。当 $a = \varepsilon$ 时，则有 $\delta(K_i, \varepsilon, x_k) = (K_j, \beta)$，表示不处理当前输入符号，读头不移动，但控制器的状态可以改变，下推栈也可以调整。

【例 3.11】 文法如下：

$$Z \rightarrow Z(Z) \mid \varepsilon$$

语言为成对括号串集合：

$$L(G[Z]) = \{\varepsilon, \ (), ((()), \ ()\ (), ((()())\ (), \cdots\}$$

构造 PDA 如下：

$$P = (K, \Sigma, \Gamma, \delta, S, x_0, F)$$

其中，

$$K = \{S_0\} \qquad S = \{S_0\} \qquad \Sigma = \{(,)\} \quad x_0 = a \qquad \Gamma = \{a, (\} \qquad F = \{S_0\}$$

$$\delta: \ \delta(S_0, (,a) = (S_0, (a)$$
$$\delta(S_0, (,() = (S_0, (()$$
$$\delta(S_0,), () = (S_0, \varepsilon)$$
$$\delta(S_0, \varepsilon, a) = (S_0, \varepsilon)$$

对于输入串 $(()(()))$，用上述 PDA 进行识别，其识别过程如表 3.5 所示。

表 3.5　$(()(()))$识别过程表

当 前 状 态	下 推 栈	输 入 符 号
S_0	a	$(()(()))$
S_0	$a($	$()(()))$
S_0	$a(($	$)(()))$
S_0	$a($	$(()))$
S_0	$a(($	$()))$
S_0	$a((($	$)))$
S_0	$a(($	$))$
S_0	$a($	$)$
S_0	a	ε
S_0		ε

【例 3.12】 文法如下：

$$G[Z]: \ Z::=aZb \mid \varepsilon$$

定义的语言：

$$L(G[Z]) = \{a^n b^n \mid n \geqslant 0\}$$

构造 PDA 如下：

$$P = (K, \Sigma, \Gamma, \delta, S, x_0, F)$$

其中，$K = \{S_0, S_1, S_2\}$，$\Sigma = \{a, b\}$，$\Gamma = \{Z, a\}$，$S = \{S_0\}$，$x_0 = Z$，$F = \{S_0\}$。
转换函数定义为

$$\delta(S_0, a, Z) = (S_1, aZ)$$
$$\delta(S_1, a, a) = (S_1, aa)$$
$$\delta(S_1, b, a) = (S_2, \varepsilon)$$
$$\delta(S_2, b, a) = (S_2, \varepsilon)$$
$$\delta(S_2, \varepsilon, Z) = (S_0, \varepsilon)$$

该下推自动机对输入串 $aaabbb$ 进行识别的过程如表 3.6 所示。

表 3.6　$aaabbb$ 识别过程表

当 前 状 态	下 推 栈	输 入 符 号
S_0	Z	$aaabbb$
S_1	Za	$aabbb$
S_1	Zaa	$abbb$
S_1	$Zaaa$	bbb
S_2	Zaa	bb
S_2	Za	b
S_2	Z	ε
$S0$		ε

可见输入串 $aaabbb$ 可被上述下推自动机所接收。

本章主要介绍了有限自动机和下推自动机，有限自动机能识别 3 型文法（正则文法），而下推自动机能识别 2 型文法（上下文无关文法）。

习题 3

3.1　已知正则文法 $G[W]$：

$W{\rightarrow}Ua|Vb$

$U{\rightarrow}Va|c$

$V{\rightarrow}Ub|c$

画出相应的状态转换图。

3.2　已知文法 $G[Z]$：

$Z{\rightarrow}Za|Aa$　　　$A{\rightarrow}Aa|a$

画出相应的状态转换图。

3.3　写出下面的正则表达式所识别的语言，并构造其等价的正则文法。

(1) $(0|1)^*000$　　　(2) $a(a|b)^*b$　　　(3) ab^*a

3.4　设有文法 $G[A]$：

$A{\rightarrow}B$

$B{\rightarrow}X|Ba$

$X{\rightarrow}Xa|Xb|a|b$

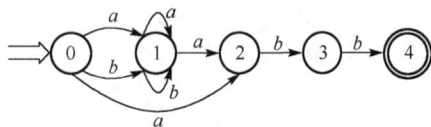

求出文法 $G[A]$ 产生的语言对应的正则表达式。

3.5　化简图 3.12，使 DFA 的状态最少（提示：首先将 NFA 转化成 DFA）。

图 3.12　习题 3.5

3.6　设有正则表达式 $(a|b)^*(aa|b)$，构造其最小化的 DFA。

3.7　设字母表 $\Sigma=\{a, b\}$，给出 Σ 上的正则式 $R=(a|ba)^*$

(1) 构造 NFA M'，使得 $L(M')=L(R)$。

(2) 将 NFA M' 确定化、最小化，得到 DFA M，使得 $L(M)=L(M')$。

3.8　设计一个 DFA M，它所识别的语言能被 5 整除。

3.9　设计一个 DFA，其输入字母表是{0，1}，它能接受以 0 开始以 1 结尾的所有序列。

3.10　有 NFA $A=(\{q_0, q_1, q_2\}, \{a, b\}, M, \{q_0\}, \{q_1\})$，其中 M 为

$M(q_0, a)=\{q_1, q_2\}$　　　　$M(q_0, b)=\{q_0\}$

$M(q_1, a)=\{q_0, q_1\}$　　　　$M(q_1, b)=\phi$

$M(q_2, a)=\{q_0, q_2\}$　　　　$M(q_2, b)=\{q_1\}$

构造其 DFA，它能接受 $bababab$ 与 $abababb$ 吗?

第4章 词法分析

词法分析是编译程序的基础，即编译过程的第一步，该任务由词法分析程序来实现，词法分析程序又称词法分析器或扫描器，是编译程序的主要组成部分，也是下一步进行语法分析的必要准备。本章主要讨论词法分析程序的设计和实现等有关问题，最后简单讨论词法分析程序的自动生成。

4.1 词法分析概述

4.1.1 词法分析的功能

词法分析的任务由词法分析程序来完成。词法分析程序的主要功能是读入源程序字符串，从左至右逐个扫描，并从其中识别出一系列具有独立意义的最小语法单位——单词(token)。通常把所识别的各个单词转换为长度统一的属性字，并依次输出。这种输出将作为语法分析程序的输入和编译程序后继相关工作阶段的处理对象。

在不同的编译程序设计中，词法分析程序在处理上有所不同，一般有两种：一种词法分析程序不包括处理源程序中的说明部分，单纯地进行单词识别并转换为属性字，而没有让说明信息与标识符相关联。实际上，这种词法分析程序没有把单词的全部属性都识别出来；另一种词法分析程序包括处理源程序的说明部分，不仅识别了说明部分中的单词，还把其中关于标识符的类型等属性信息登录在符号表等表格中，即把单词的全部属性都识别出来。

严格地讲，词法分析程序应只进行与词法分析有关的工作，分析处理源程序的说明部分应在语法分析阶段完成，但如果词法分析程序中包括了处理源程序的说明部分，源程序将变成由属性字组成的不再明显出现说明部分的中间程序。这种词法分析程序对后面的语法分析工作是有好处的。

本书所介绍的词法分析程序包括处理源程序的说明部分。

4.1.2 词法分析的两种处理结构

具体设计一个编译程序时，可以把词法分析工作作为独立的一趟来完成，则词法分析程序是主程序；另外，也可以把词法分析程序作为一个供语法分析程序调用的子程序来编制。

如果词法分析作为单独一趟实现，即词法分析程序作为主程序，从而把词法分析与语法分析明显分开，这时词法分析程序实现了整个源程序的全部词法分析任务：读入源程序字符串，加工成等价的由属性字形式的单词符号串表示的源程序的中间形式。作为语法分析程序开始工作时的输入，其工作过程如图4.1所示。

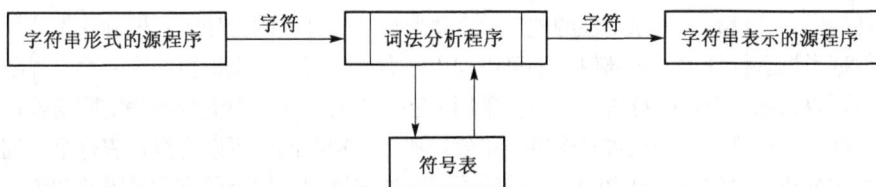

图 4.1　词法分析程序作为主程序

如果把词法分析程序编制成子程序，则在进行语法分析时，每当语法分析程序需要读一个新的语法符号时便调用这个子程序，此时词法分析程序从输入字符串中识别出一个单词，转换成属性字，并将它回送给语法分析程序，直到结束。其工作过程如图4.2所示。

图 4.2　词法分析程序作为子程序

4.1.3　单词符号的种类

词法分析程序简单地说就是读单词程序，它的输入是用高级语言编写的源程序，而源程序仅仅是一个长长的字符串，这些字符串由单词符号组成。因此，单词符号是语言的基本语法单位，具有确定的语法意义。一般程序设计语言的单词符号包括保留字、标识符等。

1．保留字

例如 const、if、else、while、do、for、return 等。这些字保留了语言所规定的含义，是编译程序识别各类语法成分的依据，所以，几乎所有的程序语言都规定用户自己定义的标识符不能与保留字同名。

2．标识符

标识符是用来标记常量、类型、变量、过程或函数等的名字，由用户自己定义。例如 sum，a1，P1 等。

3．无符号数

例如 128、0.123、123.0、1.5E-3、3E2 等。

4．界限符

界限符在语言中是作为语法上的分界符号使用的。例如，出现在文章中的句号、逗号等。一般语言中界限符分为单字符界限符和双字符界限符，例如+、-、*、/、(、)和++、--、<=、>=、==等。此外，在 C 语言中还可以出现三字符界限符，如>>=、<<=等。界限符又称特殊符号。

4.1.4　词法分析程序的输出形式

如前所述，词法分析程序的输入是源程序字符串，输出是与源程序等价的符号序列。作为词法分析程序的符号序列可以有各种不同的内部表示形式，原则是不同的符号能彼此区别开且有唯一的表示。

符号类别	符号值

图 4.3　词法分析程序的输出形式

为了便于编译程序的进一步加工(语法分析)，内部表示的符号都按属性字形式，因此，词法分析程序的输出即是属性字序列，一般采用二元式来表示一个单词符号的内部形式，如图4.3所示。

符号类别一般常用整数码表示，对于一个语言来讲，怎样对其符号分类、分成几类、如何编码都属于技术性问题，并没有一个原则性的规定，主要取决于处理上的方便。一般标识符分为一类；常数一般按其数据类型进行分类，全部保留字可以列为一类，也可以一个保留字为一类；界限符可单独作为一类，也可以采用一个界限符作为一类；采用一字一类或一符一类的分类法实际上处理起来比较方便。因为，如果一个符号类别只含一个单词符号，那么类别编码就可以完全代表这个单词符号自身的值，这样词法分析程序就不需要再输出它的值了。有的编译程序把保留字和界限符列为一类。在分类问题上，各个编译程序不尽相同，均以处理上的方便为原则。

符号值的输出同样取决于今后处理上的方便，对于采用一字一类或一符一类的符号，不需再给出单词的值，但如果一个类别中含有多个单词符号，除了给出类别号之外，还应按某种编码给出相应的值，以利于把同一类中的各个单词符号区分开来。对于保留字和界限符，则可采用整数形式的内部编码或其自身字符串的编码，对于标识符和常数，则用标识符的内部码(如 ASCII 码)和常数本身的值(二进制、逻辑值等)表示，常数也可以用本身的字符串形式的编码。

有的编译程序，对标识符和常数的单词符号值用指向该标识符或常数在相应符号表中登记项的指示字来表示它们的值。这就意味着在词法分析阶段就建造了符号表。

4.2 词法分析程序的设计与实现

一般情况下，可以通过两种途径来设计词法分析程序。一种是用手工方式构造，另一种是所谓词法分析程序的自动生成。先介绍手工方式，下面以一个简单语言程序为例，根据对语言中各类单词某种描述的定义，用手工方式构造词法分析程序。

4.2.1 词法分析程序流程图

如前所述，词法分析程序的主要任务就是扫描源程序、识别单词、转换并输出属性字。下面给出单独成趟词法分析控制流程图，如图4.4所示。

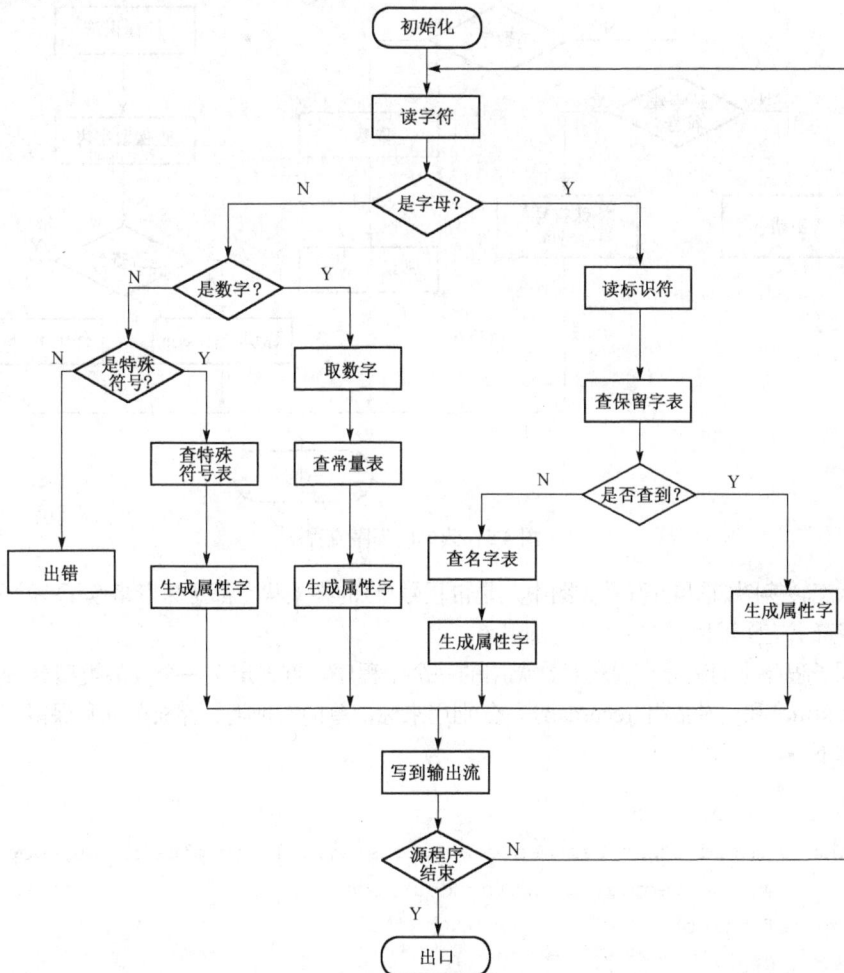

图 4.4 单独成趟的词法分析控制流程图

4.2.2　读单词

所定义语言中单词符号包括标识符、保留字(可以看做标识符子集)、无符号整数和特殊符号(单字符界限符+、-、*、/等和双字符界限符:=、<=等),其词法规则如下:

　　　　<标识符>→字母|<标识符>字母|<标识符>数字

　　　　<无符号整数>→数字|<无符号整数>数字

　　　　<特殊符号>→+|-|*|/|:=|<=…

词法分析控制流程图中的核心是读单词,下面给出读单词程序流程图,如图4.5所示,将完成读某一个单词的功能。

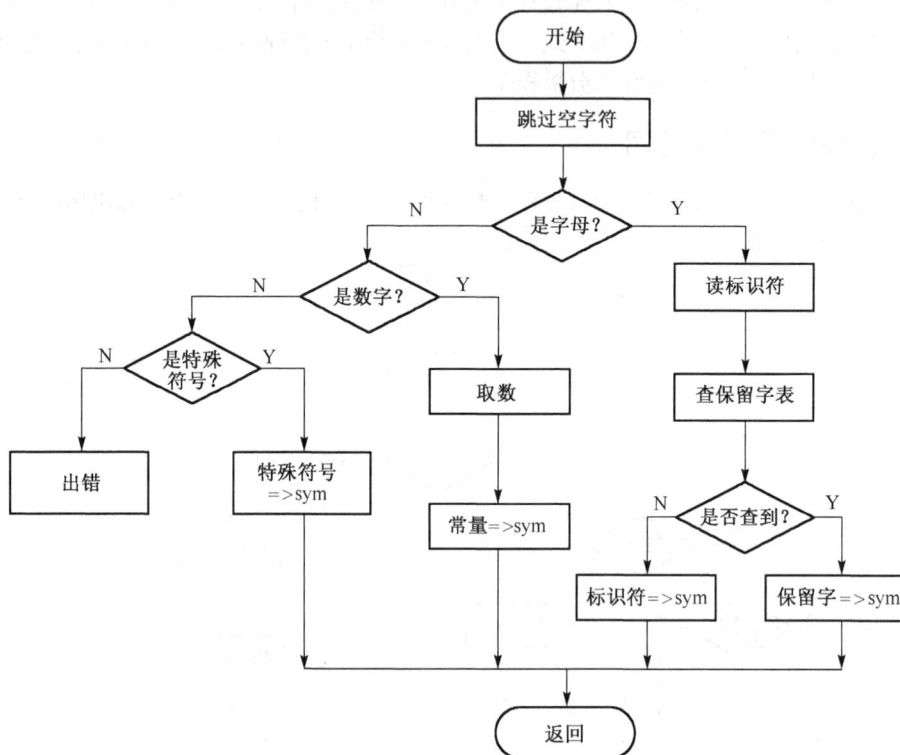

图 4.5　读单词程序流程图

单词状态转换图如图4.6所示。图中凡是带星号(*)的终止状态都意味着多读了一个不属于现行单词符号的字符,应予退回。

读单词子程序是词法分析程序经常调用的一个子程序。首先定义一个枚举类型(symword)、一个文本文件(textfile)和记录数组(recordarr),分别用来标记单词的种类、存放单词和保留字。

定义如下:

```c
#include <stdio.h>
enum symword{ident,becomes,colon,constsy,mul,div,plus,minus,eqop,geop,gtop,
             neop,leop,…,ifsy,dosy,tosy};
typedef struct
{
    char name[12];
```

```
    symword type;
}recoty;
char ch;
symword sym;
recoty recodarr[n];
FILE *lpFile;
```

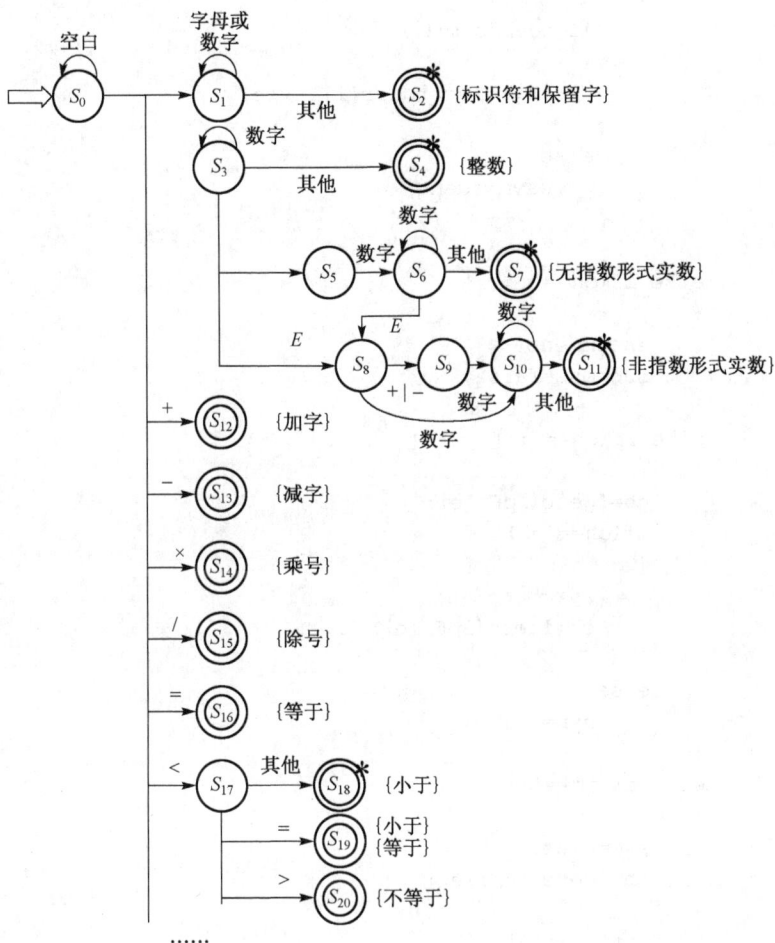

图 4.6　单词状态转换图

在读单词程序流程图中还要调用过程：读标识符（readident）、读数（readnumber）、略去注解（incomment）以及查保留字表函数（foundsym）。从而得到读单词子程序如下：

```
void readsym( )
{
    bool success;
    int i=0;
    while(ch==' '&&ch!=EOF)
    {
        ch=(char)fgetc(lpFile);
    }
    success=true;
```

```
for(;!success;)
{
    if(ch>='0'&&ch<='9')readNumber();
    else if((ch>='A'&&ch<='Z')||(ch>='a'&&ch<='z'))
    {
        readident();
        for(i=0;i<n;i++)
        {
            if(foundsym(i))
            {
                sym=recordarr[i].type;
            }
            else
                sym=ident;
        }
    }
    else if(ch=='{')
    {
        incomment();
        success=false;
    }
    else if(ch==':')
    {
        ch=fgetc(lpFile);
        if(ch=='=')
        {
            sym=becomes;
            ch=fgetc(lpFile);
        }
        else
            sym=colon;
    }
    else if(ch=='+')
    {
        sym=plus;
        ch=fgetc(lpFile);
    }
    else if(ch=='-')
    {
        sym=minus;
        ch=fgetc(lpFile);
    }
    else if(ch='*')
    {
        sym=mul;
        ch=fgetc(lpFile);
    }
}
}
```

作为练习，读者可以用 C 语言的"case"语句或其他高级语言重写读单词子程序。

4.2.3 读无符号数

无符号数的文法规则可定义如下：

<无符号数>→<无符号实数> | <无符号整数>

<无符号实数>→<无符号整数>.<数字串>[E<比例因子>] |<无符号整数> E<比例因子>

<比例因子>→<有符号整数>

<有符号整数>→[+|−]<无符号整数>

<无符号整数>→<数字串>

<数字串>→<数字>{<数字>}

<数字>→0|1|2|3|⋯|9

设无符号数有如下的一般形式：

$$d_m d_{m-1} \cdots d_1 d_0 \ d_{-1} d_{-2} \cdots d_{-n} E \pm b_1 \ b_2 \cdots b_k$$

整数部分　　小数部分　　　　　指数部分

或改写为以下形式

$$d_m d_{m-1} \cdots d_1 d_0 d_{-1} d_{-2} \cdots \ d_{-n} * 10^{\pm b1 \ b2 \cdots bk - n}$$

且引入下列变量：

w——尾数累加器，初值为 0；

p——指数累加器，初值为 0；

j——十进制小数位数计数器，初值为 0，当扫视到小数点后的数字时开始计数；

e——用来记录十进制数的符号，初值为 1，当遇到 E 后面的负号时改为 −1。即

$$e = \begin{cases} 1 & \text{当指数为正时} \\ -1 & \text{当指数为负时} \end{cases}$$

利用上述变量，可将一个无符号数写成

$$num = w * 10^{e * p - j}$$

于是，语义加工可按如下步骤进行。

① 处理整数部分。当遇到整数部分中的每一位数字 d 时，做 w*10+d=>w。

② 处理十进制小数部分。当遇到小数点后的每一位数字 d 时，进行如下处理：

    w*10+d=>w
    j+1=>j;

③ 处理指数部分：

● 若扫描到 E 之后为负号，做−1=>e。

● 当扫描到十进制指数中的每一位数字时，做 p*10+d=>p。

读无符号数的程序流程图如图4.7所示，图中 CJ$_1$ 记类型，CJ$_2$ 记数值。

读无符号数子程序的主要功能是：从输入流中取出一个单词，并存放到单词寄存器中，存放在单词寄存器中的无正负号数已转换成二进制数，构造了属性字的全部或部分信息。待补充的属性字信息是常量编号部分的信息，即该常量在常量表中的位置。这一工作通过查填常量表完成。

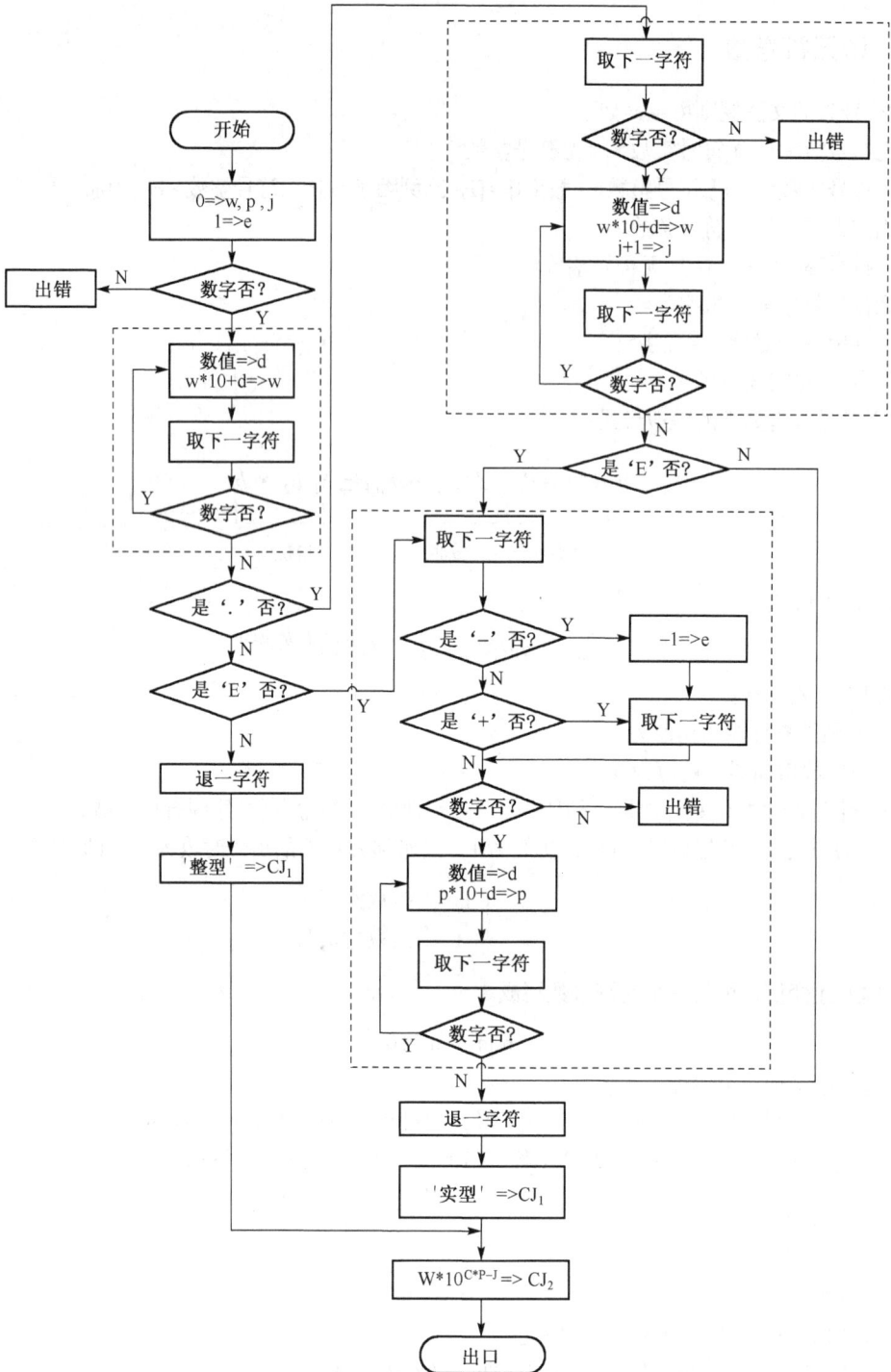

图 4.7　读无符号数的程序流程图

4.2.4　读标识符

当词法分析程序读到单词符号第一个字符为字母时则进入读标识符子程序，做组合标识符的工作。

1. 标识符的文法规则

标识符的文法规则为

<标识符>→<字母>{<字母>|<数字>}

<字母>→A|B|C|…|Z|a|b|c|…|z

<数字>→0|1|2|…|9

2. 标识符的状态转换图

标识符的状态转换图如图4.8所示。

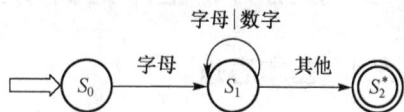

图 4.8 标识符状态转换图

3. 读标识符子程序流程图

读标识符子程序流程图如图4.9所示。其中"char"为工作单元，存放当前读进的字符；"id"数组为结果单元，存放标识符字符串。数组下标"i"用于标识符的字符计数。大多数程序设计语言在具体实现时，都对用户定义的标识符的长度做了限制。规定标识符的长度不超过 6 个或 8 个字母或数字，这样既不影响用户使用，又节省了内存和编译的时间。在实现中也可以规定标识符的长度不超过 6 个字母或数字，但用户自定义标识符如超过规定长度，也不进行出错处理，而是对超过长度的字符采取只读不写，即采取截断的办法来处理。

在实现中，由于所组合的标识符既可能是用户定义的标识符，又可能是保留字，因此需要调用查保留字表子程序来确定。

有的编译程序，区分保留字还是用户定义的标识符是在组合标识符的过程中实现的。采用这种方法的时候，编译程序要预先造好一个保留字表或一棵保留字树(一般用二叉树)。树中节点为保留字中的一个末端节点，在该末端节点中还保存有该保留字的类别编码。保留字树如图4.10所示，图中 Y、N、E、D 为末端(有时也称为树梢)节点。

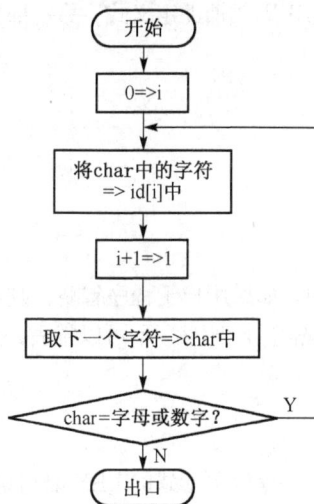

图 4.9 读标识符子程序流程图

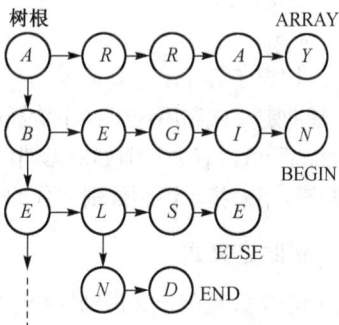

图 4.10 保留字树

在组合标识符的过程中，按照依次读进的字符，从树根节点开始，查保留字树，若能达到某一末端阶段，则可识别为保留字，否则，为用户所定义的标识符。

有的编译程序，为了能用更简单的方法来区分保留字和用户定义的标识符，常在语言一级上做出某种规定。例如，规定用户在编写源程序时，凡是保留字都用一个特殊的分界符(如双引号)将其括起来。这样，当词法分析程序读到左边的双引号时，就可确定为保留字，省去了查保留字表或保留字树的过程。

4.3　词法分析程序的自动生成

4.3.1　基本思想

由于各种不同的高级程序设计语言中单词的总体结构大致相同，基本上都可用一组正则表达式来描述。因此，人们希望构造这样的自动生成系统：只要给出某高级语言各类单词词法结构的一组正则表达式，以及识别各类单词时词法分析程序应采取的语义动作，该系统便可自动产生此高级程序设计语言的词法分析程序。所生成的词法分析程序其作用如同一台有限自动机，可以用来识别和分析单词符号。正则表达式与有限自动机的理论研究产生了词法分析程序自动生成的技术和工具。自 20 世纪 60 年代以来已有多个这样的系统问世，RWORD 及 LEX 就是其中的两个，本节仅介绍其中比较流行的一种——UNIX 操作系统下的软件工具 LEX。

LEX 是由美国 Bell 实验室 M.Lesk 和 Schmidt 于 1975 年用 C 语言研制的一个词法分析程序的自动生成工具。对任何高级程序设计语言，用户必须用正则表达式描述该语言的各个词法类(这一描述称为 LEX 的源程序)，LEX 就可以自动生成该语言的词法分析程序。LEX 及其编译系统的作用如图4.11所示。

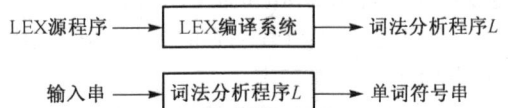

图 4.11　LEX 及其编译系统的作用

4.3.2　LEX 源程序结构

一个 LEX 源程序由以"%%"分隔的三部分组成：一部分为正则式辅助定义式，另一部分为识别规则，最后一部分为用户子程序。其书写格式为

辅助定义式

%%
识别规则

%%
用户子程序

其中，辅助定义式和用户子程序是任选的，而识别规则是必需的。如果用户子程序省略，则第二分隔符号"%%"可以省去；但如果无辅助定义式部分，则第一个分隔符号"%%"不可以省去，因为第一个分隔符号用来指示识别规则部分的开始。

1．辅助定义式

辅助定义式用于定义识别规则中需用到的正则表达式名，由一串以下形式的 LEX 语句组成：

$D_1 \rightarrow R_1$
$D_2 \rightarrow R_2$
　…
$D_n \rightarrow R_n$

其中，每个 $R_i(i = 1, 2, \cdots, n)$ 是一个正则表达式；$D_i(i = 1, 2, \cdots, n)$ 是给每个正则表达式起的名字。并且限定：在 R_i 中只能出现字母表Σ中的字符和前面已定义的 $D_1, D_2, \cdots, D_{i-1}$，不得出现未定义的名字。即 $R_i \subset \Sigma \cup \{D_1, D_2, \cdots, D_{i-1}\}$，用这种辅助定义式(相当于规则)来定义程序语言的单词符号。例如，一般高级程序设计语言中标识符、整常数和实常数的辅助定义式如下。

① 标识符的辅助定义式：

Letter→A|B|C|$\cdots$|Z|a|b|c|$\cdots$|z

digit→0|1|2|$\cdots$|9

ident→Letter(Letter| digit)*

② 整常数的辅助定义式：

integer→digit(digit)*

③ 一般实常数的定义式：

sign→+|−|ε

signinteger→sign integer

decimal→signinteger.integer|sign.integer

其中，"."表示实常数中的小数点。

④ 含有指数部分的实常数的辅助定义式：

exprel→(decimal|signinteger) E signinteger

⑤ 实常数的辅助定义式：

real→decimal|exprel

2．识别规则

识别规则又称转换规则，给出单词符号的识别规则是一个 LEX 程序不可缺少的部分。这些规则由一串如下形式的 LEX 语句所组成：

P_1	$\{A_1\}$
P_2	$\{A_2\}$
$\vdots$	$\vdots$
P_m	$\{A_m\}$

其中，P_i 是定义在 $\Sigma \cup \{D_1, D_2, \cdots, D_n\}$ 上的正则表达式，称为词型，用来描述单词的词型。每个 $\{A_i\}$ 为语义动作，每个动作是一个可执行的语句序列，即一小段程序代码，用花括号括起来(用花括号括起来是 C 语言的风格)，它指出了在识别出词型为 P_i 的单词符号之后词法分析程序应执行的操作。这些识别规则完全决定了词法分析程序的功能。词法分析程序只能识别具有词型 P_1，P_2，$\cdots$，P_m 的单词符号。词法分析程序在识别出一个单词以后，其基本操作是返回单词的类别编码和单词内部值。这可调用 LEX 的一个名为"return"的过程来实现，即 return(c, lexval)。其中"c"为单词的类别编码；如果 P_i 是"标识符"，则"lexval"为 token(字符数组)；如果 P_i 是"整常数"，则使用 LEX 中数值转换函数 dtb，将 token 中的数转换成二进制数，lexval 就是转换后所得到的二进制数；若 P_i 既不是标识符又不是某种常数或其他单词，则 lexval 无定义。

例如，对于前面辅助定义式中的 digit 和 sign 有如下转换规则。其中，d 和 s 分别表示 digit 和 sign。

dd*	$\{A_1\}$
d.dd*	$\{A_2\}$
dEsdd*	$\{A_3\}$
d*.dd*Esdd*	$\{A_4\}$

其中，$A_i (i = 1, 2, 3, 4)$ 是一个程序段，即词法分析程序应执行的操作。

下面主要介绍标识符和整常数的识别规则。

(1) 标识符的识别规则

标识符的识别规则可写成以下形式的语句：

```
Letter(Letter |digit)*    {if (keyword(id)! =0)
                               return  keyword(id);
                           else {return(15);
                           return(id)}}
```

其中，$\{A_i\}$部分是一个 if 语句序列，作为一个可执行的程序段，其功能是查填符号表等；keyword(id)函数是根据单词 id 查保留字表，当其不等于 0 时，表示查到并返回 keyword(id)；否则表示没有查到，这时执行子程序 return 部分做填表等处理；子程序 return 及其参数与整个识别规则的统一要求有关。

(2) 整常数的识别规则

整常数的识别规则可写成以下形式的语句：

```
digit(digit)*    {val=int(id);
                  return(16); return(val)}
```

其中，$\{A_i\}$是一个可执行的程序段，其功能是求整型值，并执行有关子程序，查填常量表等。函数 int(id)求数字串 id 的数值。

3. 用户子程序

用户子程序是 LEX 源程序的第三部分，又称辅助函数部分，这部分包含了识别规则动作代码段中所调用的各个局部函数，这些函数代码由用户编写。

4.3.3 LEX 编译程序工作过程

LEX 编译程序将 LEX 源程序翻译成词法分析程序。其工作过程如下。

① 扫描每一条识别规则 P_i，构造相应的非确定有限自动机 NFA；

② 将各条规则的 n 个 NFA 联成一个完整的新的 NFA；

③ 将新的 NFA 构造状态转换矩阵；

④ 将所得到的状态转换矩阵转换为一个等价的确定有限自动机 DFA 的状态转换矩阵和控制执行程序，由于各种语言的状态转换矩阵形式相同，所以控制执行程序对各种语言都是一样的；

⑤ 根据 DFA，利用所输入的识别规则构造词法分析程序。

4.3.4 LEX 的实现

LEX 的功能是根据 LEX 源程序经 LEX 编译程序编译后得到 LEX 的目标程序，即根据 LEX 源程序构造一个词法分析程序。该词法分析程序由两部分组成：一张状态转换矩阵表(DFA)和一个控制执行程序。其作用如同一台有限自动机，可用于识别和分析由 LEX 源程序所定义的单词符号。

LEX 所产生的词法分析程序可以看成一个形如 $P_1|P_2|\cdots|P_n$ 的有限自动机。当输入的单词与 P_i 匹配时，就执行相应的操作 A_i。与每个 P_i 相对应的操作 A_i 返回 P_i 所定义的单词属性。大多数单词词法分析程序返回的属性就是该单词的内部表示，但对于标识符、常数、字符串单词，除此之外，还要分别返回标识符本身、常数的值、字符串在表中的起始位置和长度。另外，还必须把保留字从标识符中区别出来，这些任务通过用户子程序来完成。

下面给出一个简单语言的单词符号的 LEX 源程序例子，其输出单词的类别编码用整数编码表示：

```
Auxiliary  Definitions          /*辅助定义*/
Letter→A|B|C|…|Z|a|b|c|…|z
digit→0|1|2|3|…|9
%%
Recognition  Rules              /*识别规则*/
1 begin      {return(1, null)}
2 end        {return(2, null)}
3 if         {return(3, null)}
4 then       {return(4, null)}
5 else       {return(5, null)}
6 const      {return(6, null)}
7 (          {return(7, null)}
8 )          {return(8, null)}
9 +          {return(9, null)}
10 -         {return(10, null)}
11 *         {return(11, null)}
12 /         {return(12, null)}
13 :=        {return(13, null)}
14 ;         {return(14, null)}
15 Letter(Letter |digit)*    {  if(keyword(id)==0
                                { return(15, null);
                                  return(id)};
                             else  return(deyword(id))}
16 digit(digit)*  {val=int(id);
                      return(16, null);return(val)}
17 (Letter |digit|(|)|+|-|*|/|:|;)*
    {return(17, null);inslit(id);
     return(pointer, length)}
```

该 LEX 源程序中用户子程序为空。其中识别规则$\{A_{17}\}$语句中调用过程 "inslit(id)" 将字符串常量 id 存放到字符表中，"pointer" 中存放该串的起始位置，"length" 存放该串的长度。

4.3.5 LEX 的使用方式

LEX 可以用两种方式来使用：一种是将 LEX 作为一个单独的工具，用以生成所需的识别程序，而这些识别程序通常都出现在一些非开发编译器的应用领域中，如编辑器设计、命令行解释、模式识别、信息检索以及开关系统等；另一种是将 LEX 和语法分析器自动生成工具（如 YACC 和 OCCS 等）结合起来使用，以生成一个编译程序的扫描器和语法分析器。

以上概要介绍了一个以正则表达式作为输入的词法分析生成程序 LEX，对于任何高级程序设计语言，只要按该语言的词法写出 LEX 语言的源程序，再经过 LEX 编译程序的编译，便可以得到被编译语言的词法分析程序。

习题 4

4.1 词法分析程序的主要功能是什么？试分析下列各题共有几个单词。

(1) a=2*sin(b)+ exp(b)/5

(2) if (a<=b) x=0; else x=1

(3) for (y=1, x=1; y<=50; y++)

(4) write ('X=', X, 'y=', y)

(5) read (a,b,c)

(6) for i:=1 to 100 do sum:=sum+i

4.2　词法分析的两种处理结构是什么? 分别叙述其处理思想。

4.3　试简述词法分析程序自动生成的实现思想, 为此要提供哪些关键信息? 如何提供?

4.4　词法分析程序自动生成的实质是什么?

4.5　试用高级语言编写读标识符的词法分析程序。

4.6　试用高级语言编写无符号整数的词法分析程序。

4.7　对于注解, 各种语言有不同的定义。

(1) C 语言为用 "/*" 与 "*/" 括起来的字符序列, 其中不相继出现 "*" 与 "/"。

(2) Pascal 语言为用 "{" 与 "}" 或者 "(*" 与 "*)" 括起来的字符序列, 当然注解内不允许出现 "*)" 与 "}"。对于这两种语言, 请分别编写处理注解的过程说明。

4.8　上机实习题

(1) 实习内容: 对以下常量说明进行处理:

```
Const
m=100;
a=1.26;
ch='good';
b=true;
```

(2) 要求:

① 从键盘上输入常量说明(包括整型、实型、字符型和布尔型), 最后以 "*" 结束;

② 处理各常量说明, 计算各常量的值和类型;

③ 输出各常量名、常量值和类型。

4.9　上机实习题

(1) 实习内容: 对以下基本数据类型说明进行处理。

```
int i,j;
float a,b;
char c1,c2;
```

(2) 要求:

① 从键盘上输入上述变量说明, 最后以 "*" 结束;

② 给变量分配存储空间, 整型占 2 字节, 实型占 4 字节, 字符型占 1 字节;

③ 变量说明处理形成属性字, 属性字包括名字、类型和地址;

④ 检查标识符是否有重定义, 处理到问号为止。

第 5 章　语法分析——自顶向下分析方法

语法分析是编译过程的核心部分，其基本任务是：根据语言的语法规则分析源程序的语法结构，并在分析过程中，对源程序进行语法检查，若语法没有错误，则给出正确的语法结构，为语义分析和代码生成做准备。本章在讨论语法分析时，基本上不涉及语义方面的问题，语义分析等问题将在第 7 章介绍。

目前，语法分析方法多种多样，大致可分为自顶向下和自底向上两大类。本章主要介绍两种自顶向下的分析方法：LL(K)分析法和递归下降分析法。自底向上分析方法的算符优先分析法和 LR(K)分析法将在第 6 章介绍。

5.1　自顶向下分析技术

顾名思义，自顶向下(top-down)分析就是从文法的开始符号出发，向下推导，如果能推出给定的符号串，那么表示该符号串是符合语言语法的句子，否则不符合语言的语法。

自顶向下的分析方法也称为面向目标的分析方法，通常从文法的开始符号出发，构造一个推导，导出与输入符号串相同的串。即对于文法 G[E]，对已给定的输入符号串，试图用一切可能的办法，自上而下为它构造一棵语法树。或者说从文法的识别符号 E 开始，为符号串建立一个推导序列，若得到所给的句子，则句子得到识别，证明符号串为相应文法的一个句子；反之，符号串不是该文法的句子。

下面通过一个简单例子来说明自顶向下分析方法的思想。

【例 5.1】　设有文法 G[S]:

$S \rightarrow AB$
$A \rightarrow ab$
$B \rightarrow cd|cBd$

分析符号串 abccdd 是否是符合文法 G[S]的句子。

从语法树建立的角度来看，为了自顶向下地构造 abccdd 语法树，首先按文法的识别符号产生根节点 S，然后用 S 的规则发展这棵树，其末端节点按从左向右的顺序如果是给定的句子，则句子得到识别，说明该句子符合文法，否则不符合文法。如图 5.1 所示，从 S 开始建立语法树，末端节点从左向右 abccdd 得到了识别，证明了 abccdd 是给定文法所定义的句子。

上述自顶向下地为输入符号串 abccdd 建立语法树的过程，实际上也是设法建立一个最左推导序列，以便通过一步一步推导将输入串推导出来。显然，对于输入串 abccdd 可以通过如下的推导过程将其推导出来：

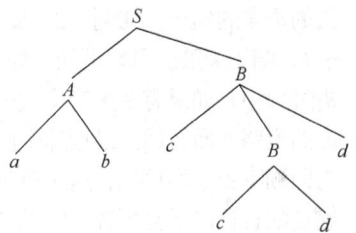

图 5.1　自顶向下分析语法树

$$S \Rightarrow AB \Rightarrow abB \Rightarrow abcBd \Rightarrow abccdd$$

可见，abccdd 是由文法产生的句子，符合该文法。

5.2　不确定的自顶向下分析思想

在例 5.1 中，从文法的开始符号根据输入串尚未匹配的第一个符号，可唯一地选择一个产生式进行直接推导。如果有多个产生式可选择，则会出现另一种情况。

我们把文法中每个非终结符号 A 的右部称为 A 的候选式。一般来讲，为了给输入串寻找一个最左推导，必须对每一步直接推导所使用的产生式中各候选式进行反复试探，以便从中得到一个正确的选择。下面看一个例子。

【例 5.2】　设有文法 $G[E]$：

$$E \rightarrow T|EAT \qquad (1)$$
$$T \rightarrow F|TMF \qquad (2)$$
$$F \rightarrow (E)|i \qquad (3)$$
$$A \rightarrow +|- \qquad (4)$$
$$M \rightarrow *|/ \qquad (5)$$

分析句子 "i+i*i" 是否符合所给文法 $G[E]$。

解：首先从 G 的开始符号 E 出发，此时供选用的是产生式(1)中的两个候选式，对于两个候选式的选择很难确定，只能依次进行试探，首先选用 $E \rightarrow T$，则有

$$E \Rightarrow T$$

如果不能由此达到预期目的，再返回去选用 $E \rightarrow EAT$。下面继续：$E \Rightarrow T \Rightarrow F \Rightarrow (E)$，目前经推导已得到 (E)，但其中由终结符组成的最左符号为 "("，不能与 "i+i*i" 中任何一个符号相匹配，从而可以断定以上所建立的推导是错误的。因此应退回去另选产生式进行试探，即有 $E \Rightarrow T \Rightarrow F \Rightarrow i$，此时推导式已和 "i+i*i" 的第一个符号相匹配，然而所推导的句型中不再含有非终结符号，且 $i \neq i+i*i$，故选用产生式 $F \Rightarrow i$ 的试探同样归于失败。因为关于 F 的两个候选式已被试过，应退回到推导式 $E \Rightarrow T$，并选用 T 的第二个候选式 $T \Rightarrow TMF$ 进行试探，即有 $E \Rightarrow T \Rightarrow TMF$。

进一步试探表明，推导式 $E \Rightarrow T \Rightarrow TMF \Rightarrow FMF \Rightarrow iMF \Rightarrow i*F \Rightarrow i*i$ 同样不能达到预期的结果。因此，可以断言推导式 $E \Rightarrow T$ 本身就是不正确的选择。这样就必须把前面所做的全部工作推倒，重新从 E 出发，选用它的第二个候选式，即从 $E \Rightarrow EAT$ 开始进行试探，最终可以推导出 i+i*i，证明 i+i*i 是文法 $G[E]$ 的一个句子。

对于在推导过程中有多个候选式可供选择的情况，推导失败并不意味着输入串不是给定文法所定义的语言的句子。在例 5.2 中，问题在于非终结符 E 有两种可选择的候选式，而开始选择了产生式 $E \rightarrow T$，归于失败。可以证明，如果选择产生式 $E \rightarrow EAT$，分析将是成功的。也就是说，在自顶向下的分析过程中，如果有多个产生式可选择，则每当一个选择失败就选取下一个选择再行试探。即应沿着所走的道路退回，回到最近那个能做多种选择的地方，做另一种选择，然后继续进行分析。这种过程称为回溯。由上例可见，这种自顶向下分析技术是一个不断试探的过程，必然存在回溯，因此称为 "不确定的自顶向下分析技术" 或 "带回溯的自顶向下分析技术"。这种分析技术最后出现两种可能情况，或者有一条道路分析成功，证明该输入串符合文法；或者所有可能选择的道路都导致推导失败，这时才认为输入串不是文法所定义语言的句子。当然，假定文法是无二义性的。不过由于回溯，就需要把从出错点到迄今为止已做过的大量工作废弃，因此会降低分析的效率。特别是对那些在语法分析过程中就相应地进行语义处理的编译程序，工作效率降低的情况就更加严重。因此，设法避免回溯，是提高自顶向下分析效率的有效途径之一。

现代程序设计语言大都在语言的设计上下功夫，避免回溯。但是，早期出现的语言还来不及从理论上考虑这些问题。例如，Fortran 语言用自顶向下的方法进行分析时就需要回溯。Fortran 语言中解释回溯的一对语句为

```
DO  10  k=3.6
DO  10  k=3,6
```

这两条语句从外形上看差别仅仅是圆点和逗号之差，当进行自顶向下分析时，在遇到圆点和逗号之前，先作为 DO 循环语句处理。但当读到圆点时，就应回溯，把"DO 10 k"作为标识符，把"="作为赋值号，把 3.6 作为实数处理。

根据以上分析，容易编写出程序来实现这种分析的算法，但是这种不确定的自项向下分析算法存在着一定的困难和缺点。缺点主要表现为存在回溯问题。当然，应用不确定的自顶向下分析的算法还必须将文法规则存放于内存中。下面将具体介绍这种分析算法所存在的问题及其解决办法。

为解决所存在的问题及以后各种语法分析讨论的需要，下面介绍三种终结符号集。

5.2.1　三种终结符号集

1. First 集合

要实现无回溯（即确定的）自顶向下的语法分析，对相应的文法应有一定的要求。为了导出文法应满足的条件，首先定义候选式的终结首符号集 First。

定义 5.1　设有文法 $G[S]$，字汇表为 V，则符号串 β 的终结首符号集定义为

$$\text{First}(\beta)=\{\alpha \mid \beta \overset{*}{\Rightarrow} ay,\ a \in V_T,\ Y \in V^*\}$$

特别地，当符号串 β 为空串时，则有

$$\text{First}(\beta)=\varnothing$$

下面看一个例子。

设有表达式文法 $G[E]$：

　　$E \rightarrow E+T \mid T$
　　$T \rightarrow T*F \mid F$
　　$F \rightarrow (E) \mid i$

则有

```
First(E+T)={i,(}
First(T)= {i,(}
First(T*F)= {(,i}
First(F)= {i,(}
First((E))={(}
First(i)= {i}
```

2. Follow 集合

定义 5.2　设有文法 $G[S]$，非终结符 U 的 Follow 集合定义为

$$\text{Follow}(U) = \left\{ a \mid S \overset{*}{\Rightarrow} \cdots Ua \cdots,\ a \in V_T \bigcup \{\#\} \right\}$$

如果紧跟在非终结符 U 后面的符号为空，则把 U 后面的符号看成特殊符号"#"。

由定义可知，U 的向前看集就是由所有含有 U 的句型中紧跟在 U 之后的终结符号或"#"所组成的集合。

【例 5.3】 设有表达式文法 $G[E]$：

$E{\rightarrow}E{+}T|T$

$T{\rightarrow}T{*}F|F$

$F{\rightarrow}(E)|i$

因为 $E\overset{*}{\Rightarrow}E$，$E\overset{*}{\Rightarrow}E{+}T$，$E\overset{*}{\Rightarrow}(E)$，所以 E 的向前看集为

```
Follow(E)={#,+,)}
```

又因为 $E\overset{*}{\Rightarrow}T$，$E\overset{*}{\Rightarrow}T{+}T$，$E\overset{*}{\Rightarrow}T{*}F$，$E\overset{*}{\Rightarrow}(T)$，所以 T 的向前看集为

```
Follow(T)={#,+,*,)}
```

同理，因为 $E\overset{*}{\Rightarrow}F$，$E\overset{*}{\Rightarrow}F{+}F$，$E\overset{*}{\Rightarrow}F{*}F$，$E\overset{*}{\Rightarrow}(F)$。所以 F 的向前看集为

```
Follow(F)={#,+,*,)}
```

3．Select 集合

定义 5.3 设有文法 $G[S]$，且有规则 $A{\rightarrow}B$，则该规则的 Select 集合定义为

$$\text{Select}(A \rightarrow \beta) = \begin{cases} \text{First}(\beta), & \beta \neq \varepsilon \\ \text{Follow}(A), & \beta = \varepsilon \end{cases}$$

【例 5.4】 设有文法 $G[S]$：

$S{\rightarrow}aBc|bB$

$B{\rightarrow}bB|d|\varepsilon$

有

$\text{Select}(S{\rightarrow}aBc)=\text{First}(aBc)=\{a\}$

$\text{Select}(S{\rightarrow}bB)=\text{First}(bB)=\{b\}$

$\text{Select}(B{\rightarrow}bB)=\text{First}(bB)=\{b\}$

$\text{Select}(B{\rightarrow}d)=\text{First}(d)=\{d\}$

$\text{Select}(B{\rightarrow}\varepsilon)=\text{Follow}(B)=\{\#, c\}$

5.2.2 自顶向下分析过程中存在的问题及解决办法

1．存在问题及解决办法

(1) 左递归问题

自顶向下语法分析方法只有把规则排列合适，才能正确工作。

这种方法的一个基本问题是不能处理具有左递归性的文法。而左递归是程序设计语言的语法规则中并不少见的形式，例如，Pascal 语言中的表达式不采用扩充表示法时可用以下规则：

<简单表达式>→<简单表达式><减法运算符>〈项〉

如果对左递归文法采用不确定的自顶向下分析技术，即首先以"$E{-}T$"中的 E 为目标，对"$E{-}T$"进行试探，进而又以其中的 E 为目标，仍然对选择"$E{-}T$"进行试探。$E{-}T\Rightarrow E{-}T{-}T\Rightarrow E{-}T{-}T{-}T\Rightarrow E{-}T{-}T{-}T{-}T\Rightarrow\cdots$如此继续，将永无止境。要能对某个文法应用不确定的自顶向下的分析技术，必须避免左递归。自顶向下分析技术的致命弱点之一是不能应用于左递归文法。

对左递归的消除问题可以通过第 2 章介绍的文法的实用限制和扩充的 BNF 方法得到解决。

（2）回溯问题

回溯问题是采用自顶向下分析方法需要解决的第二个问题。对于某个非终结符号的规则，当其右部有多个候选式时，应该选哪个规则去匹配输入串呢？前面所介绍的不确定的自顶向下分析方法，实际上采用了一种穷尽一切可能的选择性试探法。

例如，$A \to x_1|x_2|x_3|\cdots|x_m$，可以从 $x_1 \sim x_1$ 逐个地选择，把每种可能都找遍，这种盲目寻找的方法虽然可行，但代价高，效率低，使这种分析技术具有理论意义而无实际价值。要改变这种情况，根本方法是消除回溯。

在自顶向下分析过程中，对每个候选式的选择都可以由当前某个输入符号 a 来决定。

首先对文法中每条规则求可选集：

$$\mathrm{Select}(A \to \beta) = \begin{cases} \mathrm{First}(\beta), & \beta \neq \varepsilon \\ \mathrm{Follow}(A), & \beta = \varepsilon \end{cases}$$

当 $\beta = \varepsilon$ 时，求终结符 A 的向前看集 Follow(A)；当 $\beta \neq \varepsilon$ 时，如果当前输入符号 a 属于首符号集，即 $a \in \mathrm{First}(\beta)$，那么在推导过程中可取候选式 β，即选用规则 $A \to \beta$ 进行推导。

问题是对于某一个非终结符号可能有 n 个候选式，那么就有 n 条规则，n 个候选式的首符号可能不相同，也可能相同，下面就此两种情况分别介绍。

① 首符号不相同的解决办法。对于文法有

$$A \to X_1|X_2|X_3|\cdots|X_n$$

如果规则右部的 n 个候选式的首符号不相同，即 A 的任何两个不同候选式 X_i 和 X_j 有

$$\mathrm{First}(X_i) \cap \mathrm{First}(X_j) = \varnothing \qquad (i \neq j)$$

那么，当要求 A 匹配输入串时，A 就可以根据它所面临的第一个输入符号 a，准确地指派某一个候选式前去执行任务。这个候选式就是那个终结首符号集合包含 a 的 X_k：

$$a \in \mathrm{First}(X_k)$$

则选择规则 $A \to X_k$ 来推导，候选式即为 X_k。

根据以上分析，对 A 的两条规则其首选规则显然应该是 $A \to bA$，具体推导为

$$A \Rightarrow bA \Rightarrow bbA \Rightarrow bbaB \Rightarrow bbabaA \Rightarrow bbabaaB \Rightarrow bbabaac$$

可见符号串 bbabaac 符合该文法。

② 首符号相同的解决方法。应该指出，许多文法都存在这样的非终结符，它的所有候选式的终结符号集并不是两两不相交的，例如，文法 $G[A]$：

$$A \to X_1|X_2|X_3|\cdots|X_n$$

$$\mathrm{First}(X_i) \cap \mathrm{First}(X_j) = \varnothing \qquad (i \neq j)$$

即对于 A 的 n 个候选式的首符号相同。还有通常关于条件语句的产生式：

　　　条件语句 → if 条件 then 语句 1　 else 语句 2 | if 条件 then 语句 1

也是这样一种情况。

对于这种情况，无法根据当前输入符号准确决定选用哪个候选式，而只能采用试探的方法，自然造成回溯现象。

如何把一个文法改造成满足任何非终结符的所有候选式的首符号集两两不相交这一条件呢？其办法是，通过修改文法，即构造一个等价文法使其满足上述条件。对不满足上述条件的规则，右部反复左提"左因子"。例如，对于文法 $G[U]$ 有

$$U \rightarrow \alpha X_1 | \alpha X_2 | \alpha X_3 | \cdots | \alpha X_n$$

可改写为 $U \rightarrow \alpha \ (X_1 | X_2 | X_3 | \cdots | X_n)$。

为了表示得更清楚，可以引入一个新的非终结符号 V，上述规则可写为

$$U \rightarrow \alpha V$$

$$V \rightarrow X_1 | X_2 | X_3 | \cdots | X_n$$

这样，对于非终结符 U，其规则右部只有一个选择，且引入的新的非终结符 V 具有 n 个选择 $X_1 \sim X_n$，如果这 n 个选择能推出的终结符号串所组成的首符号集合不相交，则改写文法的任务已经完成；如果首符号集合相交，那么，还需要进一步提取左因子，直到各选择的首符号集合不相交为止。

程序设计语言的文法规则中有些具有多个选择，这些选择所推出的终结符号串的 First 集合一般是不相交的，但也有相交的，此时，可采取提取左因子的方法来对文法进行修改。

例如，设有文法 $G[S]$：

S→if B then s1 else s2 | if B then sl

对于非终结符 S 来讲，其规则右部有两个选择，这两个选择所推出的终结首符号串的首符号集合是相交的，且有相同的左因子：

if B then s1

为了避免回溯，可以用左提"左因子"的方法修改文法。修改后的等价文法为

S→if B then s1 S'

$S' \rightarrow$ else s2 | ε

综上所述，对于非终结符号，如果其 n 个候选式的首符号相同，可修改文法，消除回溯现象，从而可以唯一确定推导过程中使用的规则。

5.3 确定的自顶向下分析思想

本节简单讨论确定的(即无回溯的)自顶向下分析的基本思想。为了实现确定的自顶向下分析，要求描述某语言的文法满足下述两个条件。

① 文法是非左递归的，即不存在这样的非终结符号 U：$U \rightarrow U \cdots$。

② 无回溯性。对文法的任一非终结符号，当其规则右部有多个候选式可选择时，各选择式所推出的终结符号串的首符号要两两不相交。

当一个语言的文法满足上述两个条件时，就有可能为该语言构造一个确定的自顶向下的分析程序。如果不满足，要对文法进行等价变换，使变换后的等价文法满足上述两个条件。对于左递归的消除，可以采用前述的等价变换方法，有时，回溯性可能在消除左递归的同时被消除。如果没有被消除，则应根据文法的具体情况进行等价变换。例如，$U \rightarrow xV | xW$ 引进新的非终结符 S，上述规则即可写为

U→xS

S→V|W

5.4 LL(K)分析方法

LL(K)分析方法是一种不带回溯的确定的自顶向下分析技术。如此命名该分析方法的原因在于，相应的语法分析将从左到右顺序扫描输入符号串，并在此过程中从文法的识别符号开始产生一个句子的最左推导，每一步推导都需要向前查看 K 个输入符号才能唯一地确定所选用的规则，那么就将这种分析方法称为 LL(K)分析方法。不过，由于 LL(K)文法及 LL(K)分析($K > 1$ 时)在实际中极少使用，

实际应用大多为 $K=1$ 的情况，当 $K=1$ 时，表示在分析过程中，每进行一步推导，只要向前查看一个输入符号，便能确定当前应选用的规则。这就是 LL(1) 分析方法，LL(1) 方法简单易懂，又比较实用。

5.4.1　LL(1) 分析思想

下面通过一个简单的例子来阐明 LL(1) 分析方法的基本思想。设有文法 $G[A]$：

$A{\rightarrow}aBc$

$B{\rightarrow}bB|d$

下面对符号串 $abbdc$ 进行分析。从左到右扫描符号串，按照规则，首先根据当前输入符号 a 来选用规则，很明显，从文法的识别符号 A 开始。只有选用规则"$A{\rightarrow}aBc$"进行推导才能得到句子的第一个符号，即有

$$A \Rightarrow aBc$$

接着，由于符号串的第二个符号为 b，这时 b 为当前输入符号，则只有选用规则"$B{\rightarrow}bB$"进行推导才可以得到 b，即有

$$A \Rightarrow aBc \Rightarrow abBc$$

符号串的第三个输入符号为 b，故仍选用规则"$B{\rightarrow}Bb$"来推导，得到

$$A \Rightarrow aBc \Rightarrow abBc \Rightarrow abbBc$$

重复上述步骤，符号串的第四个输入符号为 d，故选用规则"$B{\rightarrow}d$"来推导，则有

$$A \Rightarrow aBc \Rightarrow abBc \Rightarrow abbBc \Rightarrow abbdc$$

至此已推出符号串 $abbdc$，其推导的语法树如图5.2所示。

通过以上分析得知，LL(1) 分析方法的基本思想是根据被分析符号串的当前输入符号来唯一确定一条规则进行推导，当符号串中的第一个符号与推导的第一个符号相同时，再取符号串的第二个符号，进而确定下一个推导应选的规则。如此下去，直到推导出分析的符号串为止，这就是 LL(1) 分析方法。

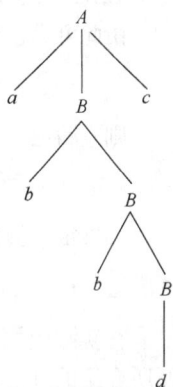

图 5.2　推导语法树

5.4.2　LL(1) 分析方法的逻辑结构

用 LL(1) 方法进行语法分析，可借助于一张分析表及一个语法分析栈，在一个总控程序控制下很方便地实现。

在逻辑上，一个 LL(1) 分析器由一个控制程序(表驱动程序)、一张 LL(1) 分析表(也称预测分析表)

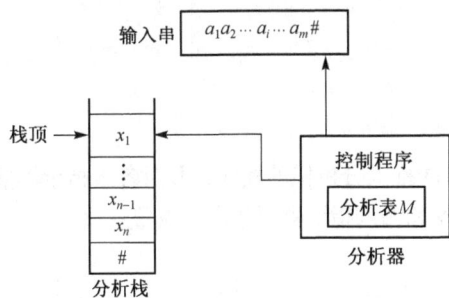

图 5.3　LL(1) 分析器的逻辑结构

和一个分析栈组成，如图5.3所示。其中，输入串是待分析的符号串，它以定界符号"#"作为结尾($\# {\in} V_T$，末尾放置"#"仅为了分析算法格式的统一)。

在各种分析技术的实现中，总是让输入符号串后面紧跟一个"#"，标志输入串的结束。在输入符号串之前也有标志符号"#"，LL(1) 分析器的控制程序将把"#"事先推入分析栈。因此"#"称为左右端标志符号，它不是文法符号，而是由分析程序自动添加的。

"分析表"可用一个矩阵(或二维数组)来表示，它概括了相应文法的全部信息。矩阵的每一行与文法的一个非终结符号相关联，而每一列与文法的一个终结符号或一个界符"#"相关联。

分析表 $M[A, a]$(A 为分析栈中元素，a 为输入元素)指明当前推导所应使用的产生式，或输入串中含有的语法错误。

LL(1)分析器对每个输入串的分析在总控程序序下进行。具体分析时根据当前输入符号 a_i 和分析栈顶 x_1 决定所选规则，按分析表进行相应的操作。可以看出，LL(1)分析思想是用下推自动机来识别输入符号串的。

5.4.3　LL(1)分析方法

1. LL(1)文法

LL(1)分析方法是一种不带回溯的确定的自顶向下分析方法。采用 LL(1)分析方法，对于某文法 $G[A]$，要求其每个非终结符号的不同规则具有不相交的 Select 集。满足此要求的文法称为 LL(1)文法。一个 LL(1)文法是无二义性的，它所定义的语言正好是它的分析表所能识别的全部句子。

由此可见，对于 LL(1)文法，设有规则

$$U \rightarrow x_1|x_2|x_3|\cdots|x_i|\cdots|x_n$$

则应满足

$$\text{Select}(U \rightarrow x_i) \cap \text{Select}(U \rightarrow x_j) = \varnothing \qquad (i \neq j)$$

如果每个 x_i 都不为 ε，则上式等价于

$$\text{First}(x_i) \cap \text{First}(x_j) = \varnothing \qquad (i \neq j)$$

在实际应用中，当 x_i 和 x_j 首符号相同时，分析中将无法确定应选的推导规则。这时可根据前面所介绍的办法将文法进行修改，使其成为 LL(1)文法，以达到利用 LL(1)分析方法进行分析的目的。

2. LL(1)分析表的生成

(1) LL(1)分析器的工作过程

显然，LL(1)分析方法的实现关键在于 LL(1)分析表，这里主要讨论 LL(1)分析表是如何生成的，在此之前，首先介绍 LL(1)分析的工作过程。

LL(1)分析器对每一输入串的分析是在总控程序控制下进行的。为书写方便，在以后的讨论中，把分析栈按顺时针方向旋转 90°。

设分析过程中当前句型的右端部分为

$$x_1 x_2 \cdots x_m \qquad (x_i \in V)$$

输入串(待分析串)的右端部分为

$$a_1 a_2 \cdots a_n \qquad (a_i \in V_T)$$

分析开始时，首先将符号"#"及文法的开始符号 A 依次推入分析栈的栈底，并对各条指示器置初值，此时分析栈和输入串有以下格局(箭头表示栈顶指示器和输入指示器所指向的位置)：

然后反复执行以下操作。

设在分析的某一步，分析栈及余留的输入符号串处于如下格局：

$$\boxed{\#\quad X_m X_{m-1} \cdots X_2 X_1 \qquad a_i a_{i+1} \cdots a_n \#}$$

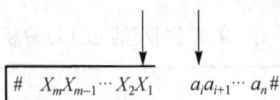

根据栈顶的文法符号 x_1 的不同，分别有以下几种情形。

① 若 $x_1 \in V_N$，则以 x_1 及 a_i 组成符号对 (x_1, a_i) 查分析表 M，若 $M[x_1, a_i]$ 中存放着关于 x 的一个产生式 $x_1 \rightarrow y_1 y_2 \cdots y_k$，则首先将 x_1 从分析栈中退出，并将规则右部的逆（即把 $y_1 y_2 \cdots y_k$）按反序推入栈中（即用该产生式推导一步），以便下一步分析。得到新的格局如下：

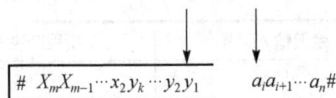

$$\boxed{\#\quad X_m X_{m-1} \cdots x_2 y_k \cdots y_2 y_1 \qquad a_i a_{i+1} \cdots a_n \#}$$

② 若 $x_1 \in V_T$，则检查 x_1 与 a_i 是否相同，如果 $x_1 = a_i \neq \#$，则表明栈顶符号已与当前正扫描的输入符号相匹配，分别删去 x_1 和 a_i，然后继续向前分析；否则不匹配（即 $x_1 \neq a_i$），进行语法出错处理。

③ 若 $x_1 = a_i = \#$（即两个字符串均为空），则表明输入符号串已完全得到匹配，此时分析成功，结束工作。

LL(1) 分析程序的总控程序可描述如下：

```
BEGIN
    首先把 "#" 及文法的开始符号 "Z" 入栈;
    即 Push(#); Push(Z);
    把待分析串的第一个输入符号读进 aᵢ;
    Flag:=true; {Flag 是布尔量, 作为循环结束条件}
    WHILE Flag DO
    x₁:=Top(stack); {栈顶符号送入 x₁}
    IF  x₁∈V_T  then
       IF  x₁=a  then
         IF  a=#  then
              Flag:=false
         ELSE  把待分析串的下一个输入符号读进 aᵢ
       ELSE 出错处理
    ELSE  {x₁∈V_N}
    IF  M[x₁, aᵢ]= "x₁→y₁y₂…yₖ" then
    将规则右部的逆推进栈
    ELSE  出错处理
    END {END of while}
    STOP  {分析成功即结束}
END
```

在介绍 LL(1) 分析表构造之前。首先通过一个具体例子介绍 LL(1) 分析方法的分析过程。例如，设有文法 $G'\,[A]$:

　　　$A \rightarrow aBc$

　　　$B \rightarrow bB|eB|d$

输入串为 $abbedc$。

根据前面 LL(1) 分析方法的讨论，我们可以直接给出文法 $G'[A]$ 相应的 LL(1) 分析表，如表 5.1 所示。

表 5.1　文法 $G'[A]$ 的 LL(1) 分析表(一)

	a	b	c	d	e
A	$A \rightarrow aBc$				
B		$B \rightarrow bB$		$B \rightarrow d$	$B \rightarrow eB$

根据分析表 5.1 有分析过程，如表 5.2 所示。

表 5.2　输入串 abbedc 的分析过程

分　析　栈	余留输入符号	所用产生式	匹　配　删　除
A	$abbedc$		
cBa	$abbedc$	$A \rightarrow aBc$	
cB	$bbedc$		a
cBb	$bbedc$	$B \rightarrow bB$	
cB	$bedc$		b
cBb	$bedc$	$B \rightarrow bB$	
cB	edc		b
cBe	edc	$B \rightarrow eB$	
cB	dc		e
cd	dc	$B \rightarrow d$	d
c			c

首先文法的开始符号 A 进分析栈，对于输入串 $abbedc$ 的分析表明 $abbedc$ 是文法所定义的句子，分析成功。

(2) LL(1) 分析表的构造

可以看出，LL(1) 分析方法的实现关键在于 LL(1) 分析表，LL(1) 分析表是指分析栈中的元素与输入串中元素的一种匹配关系，记为 $M[x, a]$，其中 x 为分析栈中元素，a 为输入符号。

表 5.1 中，$M[A, a]=$ "$A \rightarrow aBc$" 与 $M[B, b] =$ "$B \rightarrow bB$" 表明可以有推导 "$A \Rightarrow aBc$" 和 "$B \Rightarrow bB$"。即 a 和 b 分别是相当于 A 和 B 短语的首符号集。$M[A, b]$ 不是一个重写规则，正是由于 b 不是相对于 A 短语的首符号集。

以上是一个很简单且无空规则的特殊情形，因而分析表显得尤其简单，但是对于较复杂且有一些特殊情形文法的分析表并非如此。

为了方便简明地构造所有 LL(1) 文法的 LL(1) 分析表，在详细介绍 LL(1) 分析表构造之前，有如下三个约定：

- C 表示继续读下一个符号。
- R 表示重读当前符号，即不读下一个符号。
- RE(β) 表示用 β 的逆串替换栈顶符号。

构造 LL(1) 分析表的算法如下。

① 对于 $A \rightarrow D\beta \ (D \in V_N)$，且有

$$\text{Select}(A \rightarrow D\beta) = \{b_1, b_2, \cdots, b_n\}$$

则 $M[A, b_i]=\text{RE}(D\beta)/R \ (i = 1, 2, \cdots, n)$。其中，"$\text{RE}(D\beta)/R$" 表示用 $D\beta$ 的逆串替换 A 后，重读当前符号。

② 对于 $A \rightarrow a\beta \ (a \in V_T)$，则令

$$M[A, a] = \text{RE}(\beta)/C$$

其中，"$\text{RE}(\beta)/C$" 表示用 β 的逆串替换 a 后，继续读下一个符号。

③ 对于 $A \rightarrow \varepsilon$，且有

$$\mathrm{Select}(A \rightarrow \varepsilon) = \{b_1, b_2, \cdots, b_n\}$$

则 $M[A, b_i] = \mathrm{RE}(\varepsilon)/R$ $(i = 1, 2, \cdots, n)$。

④ 对于所有的 $a \in V_T$ 且 a 不出现在任何规则右部的首部，则令 $M[a, a] = \mathrm{RE}(\varepsilon)/C$。

⑤ 对于#，令 $M[\#, \#] = \mathrm{succ}$，表示分析成功且结束，所分析输入串得到识别。

⑥ 其他情况属于出错，置"error"，在分析表中用空白表示。

【例 5.5】　对于以上文法 $G'[A]$ 有

　　　　$A \rightarrow aBc$

　　　　$B \rightarrow bB|eB|d$

采用构造 LL(1) 分析表算法构造文法 $G'[A]$ 的分析表。

首先求文法 $G'[A]$ 各规则的 Select 集：

　　　　$\mathrm{Select}(A \rightarrow aBc) = \mathrm{First}(aBc) = \{a\}$

　　　　$\mathrm{Select}(B \rightarrow bB) = \mathrm{First}(bB) = \{b\}$

　　　　$\mathrm{Select}(B \rightarrow eB) = \mathrm{First}(eB) = \{e\}$

　　　　$\mathrm{Select}(B \rightarrow d) = \mathrm{First}(d) = \{d\}$

根据前面讲述的算法，终结符 c 不出现在任何规则右部的首部，构造文法 $G'[A]$ 的分析表如表 5.3 所示。

表 5.3　文法 $G'[A]$ 的 LL(1) 分析表（二）

	a	b	c	d	e	#
A	cB/C					
B		B/C		ε/C	B/C	
C			ε/C			
#						succ

对于符号串 $abbedc$，根据分析表 5.3 可知其具体分析过程如表 5.4 所示。

表 5.4　输入串 $abbedc$ 的分析过程

分　析　栈	余留输入串	动　作
#A	abbedc#	cB/C
#cB	bbedc#	B/C
#cB	bedc#	B/C
#cB	edc#	B/C
#cB	dc#	ε/C
#c	c#	ε/C
#	#	succ

下面再举一个例子说明如何构造 LL(1) 分析表，以及如何应用 LL(1) 分析表对输入串进行分析。

【例 5.6】　设有表达式文法 $G[E]$：

　　　　$E \rightarrow EAT \mid T$

　　　　$T \rightarrow TMF \mid F$

　　　　$F \rightarrow (E) \mid i$

$A\to+|-$

$M\to*|/$

显然，$G[E]$文法是左递归文法，我们知道对于左递归文法，自顶向下分析将不能正常进行，即分析将会陷入死循环，推导无法进行下去，因此首先修改 $G[E]$ 文法，消除左递归。修改后的文法为

$E\to TE'$

$E'\to ATE'\ |\varepsilon$

$T\to FT'$

$T'\to MFT'|\varepsilon$

$F\to(E)|i$

$A\to+|-$

$M\to*|\ /$

首先求各规则的 Select 集。

$\text{Select}(E\to TE')=\text{First}(TE')=\{(,i\}$

$\text{Select}(E'\to ATE')=\text{First}(ATE')=\{+,-\}$

$\text{Select}(E'\to\varepsilon)=\text{Follow}(E')=\{\#,)\}$

$\text{Select}(T\to FT')=\text{First}(FT')=\{(,\ i\}$

$\text{Select}(T'\to MFT')=\text{First}(MFT')=\{*,/\}$

$\text{Select}(T'\to\varepsilon)=\text{Follow}(T')=\{+,-,),\#\}$

$\text{Select}(F\to(E))=\text{First}((E))=\{(\}$

$\text{Select}(F\to i)=\text{First}(i)=\{i\}$

$\text{Select}(A\to+)=\text{First}(+)=\{+\}$

$\text{Select}(A\to-)=\text{First}(-)=\{-\}$

$\text{Select}(M\to*)=\text{First}(*)=\{*\}$

$\text{Select}(M\to/)=\text{First}(/)=\{/\}$

由于在终结符中，右圆括号")"不在任何规则的右部出现，于是根据 LL(1)分析表构造算法得到文法 $G[E]$ 的 LL(1)分析表，如表 5.5 所示。

表 5.5　文法 $G[E]$ 的 LL(1)分析表

	i	$+$	$-$	$*$	$/$	$($	$)$	$\#$
E	$E'T/R$					$E'T/R$		
E'		$E'TA/R$	$E'TA/R$				ε/R	ε/R
T	$T'F/R$					$T'F/R$		
T'		ε/R	ε/R	$T'FM/R$	$T'FM/R$		ε/R	ε/R
F	ε/C					E/C		
A		ε/C	ε/C					
M				ε/C	ε/C			
$)$							ε/C	
$\#$								SUCC

对于输入符号串"$i+i*i$"的分析过程如表 5.6 所示。

表 5.6　输入符号串 "$i+i^*i$" 的分析过程

分　析　栈	余留输入串	动　作
#E	$i+i^*i\#$	E' T/R
#E'T	$i+i^*i\#$	T' F/R
#E'T'F	$i+i^*i\#$	ε $/C$
#E'T'	$+i^*i\#$	ε $/R$
#E'	$+i^*i\#$	E' A/R
#E'TA	$+i^*i\#$	ε $/C$
#E'T	$i^*i\#$	T' F/R
#E'T'F	$i^*i\#$	ε $/C$
#E'T'	$^*i\#$	T' FM/R
#E'T'FM	$^*i\#$	ε $/C$
#E'T'F	$i\#$	ε $/C$
#E'T'	$\#$	ε $/R$
#E'	$\#$	ε $/R$
#	$\#$	SUCC

可见符号串 "$i+i^*i$" 符合文法。

应当指出，对于任何 LL(1)文法 G，总能按上述算法为 G 构造一个 LL(1)分析表，所构造出的分析表决不会有多重定义的元素。然而对于非 LL(1)文法，例如 G 存在左递归或二义性等，尽管可以按照上述算法构造一个分析表，但表中必然会出现多重定义的元素。

例如，对文法 $G[S]$ 有

$S \rightarrow abB$

$A \rightarrow SC \,|\, BAA \,|\, \varepsilon$

$B \rightarrow AbA$

$C \rightarrow B \,|\, c$

因为

Select$(S \rightarrow abB)$=First(abB)={a}

Select$(A \rightarrow SC)$=First(SC)={a}

Select$(A \rightarrow BAA)$=First(BAA)={a,b}

Select$(A \rightarrow \varepsilon)$=Follow$(A)$={$a,b,\#$}

Select$(B \rightarrow AbA)$=First(AbA)={a,b}

Select$(C \rightarrow B)$=First(B)={$a,\ b$}

Select$(C \rightarrow c)$=First(c)={c}

可以看出，分析表元素 $M[A, a]$ 中含有 "$A \rightarrow SC$" 及 "$A \rightarrow BAA$"，再观察产生式 $A \rightarrow BAA$ 和 $A \rightarrow \varepsilon$，因为 $b \in$First(B)，$b \in$Follow(A)，因此，分析表元素 $M[A, b]$ 中含有 "$A \rightarrow BAA, A \rightarrow \varepsilon$"。可见在此文法的分析表中，元素 $M[A, a]$ 及 $M[A, b]$ 都是多重定义的。出现此种情况的原因，在于文法 $G[S]$ 不满足无回溯的条件，即 $G[s]$ 不是一个 LL(1)文法。实际上可以证明，对于任何文法 G，当且仅当它是一个 LL(1)文法时，才能为其构造一个无多重定义的 LL(1)分析表，而且此分析表能分析且仅能分析文法 $G[S]$ 中的全部句子。然而，对于某些非 LL(1)文法而言，通过消除左递归和反复提取左因子，仍有可能将其改造为 LL(1)文法，但是并非所有非 LL(1)文法都能改造为 LL(1)文法。

例如，对于文法 $G[Z]$ 有

$Z{\rightarrow}AU|BR$

$A{\rightarrow}aAU|b$

$B{\rightarrow}aBR|b$

$U{\rightarrow}c$

$R{\rightarrow}d$

因为对于规则 "$Z{\rightarrow}AU|BR$",有 First$(AU)\cap$First$(BR)=\{a, b\}\neq\varnothing$。所以,$G[Z]$不是一个 LL(1)文法,为了对规则的两个候选式左提左因子,可先将其中的非终结符号 A、B 分别用相应的规则右部进行替换,得

$Z{\rightarrow}aAUU|bU|aBRR|bR$

经左提左因子后,得到与原文法等价的文法

$Z{\rightarrow}a\,Z'\,|\,b\,Z''$

$Z'{\rightarrow}AUU\,|\,BRR$

$Z''{\rightarrow}U\,|\,R$

$A{\rightarrow}aAU\,|\,b$

$B{\rightarrow}aBR\,|\,b$

$U{\rightarrow}c$

$R{\rightarrow}d$

显然,它仍不是一个 LL(1)文法,且不难看出,无论将上述操作重复多少次都不能把它改造为 LL(1)文法。能由某一 LL(1)文法产生的语言称为 LL(1)语言。已经证明,LL(1)文法及 LL(1)语言具有许多重要的性质。下面,不加证明地列出其中的一些主要结论:

结论 1 任何 LL(1)文法都是无二义性的。

结论 2 左递归文法必然不是 LL(1)文法。

结论 3 存在一种算法,它能断定任一文法是否为 LL(1)文法。

结论 4 存在一种算法,它能判定任意两个 LL(1)文法是否产生相同的语言。

结论 5 不存在这样的算法,它能判定任意上下文无关语言能否由 LL(1)文法产生。

结论 6 非 LL(1)语言是存在的。

5.5   递归下降分析法

前面已经讨论了自顶向下进行语法分析的 LL(1)分析法,本节将介绍另一种语法分析——递归下降分析法。

5.5.1   递归下降分析法的实现思想

递归下降分析法是一种确定的自顶向下分析技术,它的实现思想是,对文法中分别代表一种语法成分的每个非终结符号编写一个子程序(过程或函数),以完成非终结符号所对应的语法成分的分析任务。在分析过程中调用一系列过程或函数,对源程序进行语法语义分析,直到整个源程序处理结束。实际中有些高级语言的许多语法成分都是递归定义的,比如 C、Pascal。不过自顶向下分析不能处理左递归文法,若是左递归,则应修改文法予以消除;但是,消除了左递归不等于消除了文法的所有递归性质,此时,文法仍可能有右递归性或自嵌入性。由此,对文法的非终结符号所编出的分析程序要编成递归子程序,称为递归子程序法或递归下降法。

5.5.2　递归子程序及其性质

通常把具有独立功能的、能以某种方式被其他程序调用的程序称为子程序。常用到的子程序有三类：简单子程序、嵌套子程序和递归子程序。设 $A1$、$A2$ 为任意两个子程序，若 $A1$ 中不调用任何子程序，则称 $A1$ 为简单子程序，如图5.4所示。

若 $A1$ 中调用子程序 $A2$，但不直接或间接地调用 $A1$ 本身，则称 $A1$ 为嵌套子程序，如图5.5所示。

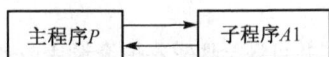

图 5.4　简单子程序

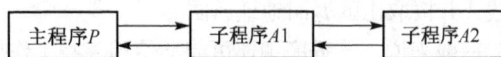

图 5.5　嵌套子程序

若子程序 $A1$ 中直接或间接地调用 $A1$ 本身，则称 $A1$ 为递归子程序。递归有直接递归和间接递归两种，分别如图5.6 和图5.7所示。

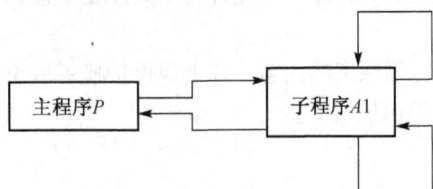

图 5.6　直接递归子程序

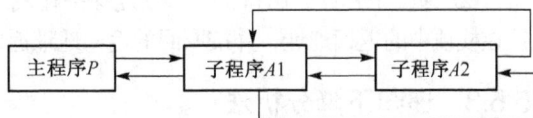

图 5.7　间接递归子程序

考虑下述三个过程：

```
void A1(…);
{
        ⋮
    void A2(…);
    r:A2(…);
    r': …;
}
void   A2(…)
{
        ⋮
    void A3();
    t: t: A3();
        t':…;
}
void  A3(…)
{
        ⋮

    }
```

这三个过程之间存在下述调用关系，过程 $A1$ 在过程体某一处调用过程 $A2$，$A2$ 又在其过程体的某一处调用过程 $A3$，$A3$ 不调用其他过程。称 $A3$ 为简单子程序；$A1$、$A2$ 为嵌套子程序；若在 $A1$ 和 $A2$ 中直接调用自身 $A1$ 和 $A2$，则 $A1$ 和 $A2$ 为直接递归；若 $A1$ 调用 $A2$，$A2$ 又调用 $A1$，则为间接递归。

任何一个子程序都必须保证在每次调用结束时能正确地返回到原来的调用点处继续往下执行。为此，必须在每次进入子程序时把返回地址保护在一个特定的单元中，或采用其他类似的措施。可以看出，所有简单子程序可以共用一个返回地址保护单元，而嵌套子程序应该各有各的返回地址保护单元，上例中 A1 执行到 r 时调用 A2，执行到 A2 中 t 处调用 A3，执行完 A3 返回到 A2 的 t′ 处继续执行，A2 执行结束后返回到 A1 的 r′ 处继续执行。因此，A1 的返回地址为 r′，A2 的返回地址为 t′，不能随意公用。对于递归子程序，由于自身要调用自身，所以一个递归子程序仅有一个返回地址保护单元是不行的，必须有一组返回地址保护单元才可以。为了方便，一般采用的办法是开辟一个保护栈，由于栈的操作是先进后出的，故符合递归调用时先调用后返回的原则，在每次进入递归子程序时就把当前这次的返回地址送入保护栈中，每次退回递归子程序时就把保护栈的栈顶单元中的返回地址取出来上退保护栈，并按取出的返回地址返回。

一般来说，子程序中还可能会使用一些工作单元或其他信息。并且还会要求在嵌套调用或递归调用的过程中其内容不被破坏。因此，每次进入递归子程序时还必须把那些不允许破坏的工作单元或其他信息的内容用栈来保存，而在每次退出递归子程序时恢复这些工作单元原来的内容，并上退保护栈。从而可知任何递归子程序的入口和出口工作如下。

① 递归子程序的入口工作：返回地址送入保护栈；该递归子程序中不允许将在其嵌套或递归调用中破坏的工作单元等内容送入保护栈。

② 递归子程序的出口工作：恢复保护在栈顶中工作单元等原来的内容，并上退保护栈；取出保护在栈顶中的返回地址，并按取回的返回地址返回，同时上退保护栈。

5.5.3 递归下降分析法

我们已经知道，一个语言的各个语法范畴(文法中用非终结符号表示)常常是按某种递归定义方式来定义的，这就决定了这组子程序必然以相互递归的方式进行调用，因此，在实现递归下降分析法时，应使用支持递归调用的语言来编写程序。

例如，对简单赋值语句文法 $G[S]$ 有

$$S \rightarrow V := E$$
$$V \rightarrow i|i(E)$$
$$E \rightarrow E+T \,|\, E-T \,|\, T$$
$$T \rightarrow T*F \,|\, T/F \,|\, F$$
$$F \rightarrow F \uparrow P \,|\, P$$
$$P \rightarrow (E)|i$$

其中，S 表示语句，V 表示变量(简单变量标识符 i 和数组下标变量 $i(E)$，为避免混淆采用 $i(E)$，实际中大多数语言采用 $i(E)$，E 表示表达式，T 表示项，F 表示因子，P 表示初等量。

可以看出，所给文法 $G[E]$ 中包含直接左递归规则，如果文法中存在左递归规则，在进行自顶向下分析过程中将会陷入死循环。因此，要实现自顶向下分析就必须消除文法中的左递归规则。

消除左递归后的等价文法 $G'[s]$ 为

$$S \rightarrow V := E$$
$$V \rightarrow i\{(E)\}$$
$$E \rightarrow T\{(+|-)\,T\}$$
$$T \rightarrow F\{(*|/)\,F\}$$
$$F \rightarrow P\{\uparrow P\}$$
$$P \rightarrow (E)|i$$

文法 $G'[s]$ 共有 6 个非终结符号，所以，要相应地编出 6 个子程序。由分析可知，经修改以后的文法 $G'[s]$ 仍有递归性，因此要编成递归子程序。

我们约定，当调用某个子程序时，它所要分析的第一个单词符号已经读进 sym 中，即 sym 为当前

读到的单词符号；同样地，在从子程序返回报告成功之前，已经把跟在分析过的子符号串之后的那个符号读进 sym 中了。"op"为编译程序用来标记的运算符；"readsym"为读单词子程序，"error"为出错处理过程。简单赋值语句的文法中 6 个非终结符号 S、V、E、T、F 和 P 的分析处理流程图和相应子程序如下。

1. 赋值语句处理

（1）赋值语句处理流程图

赋值语句处理流程图如图5.8所示。

（2）赋值语句处理子程序

```
void Main S()
{
    if (sym!= '变量')
    {
        error;
    }
    else
    {
        readsym;    //调用读单词子程序
        if (sym!= ':=')
    {
        error;
    }
    else
    {
        readsym;
        E;       //调用表达式处理子程序，生成赋值表达式。
    }
}
```

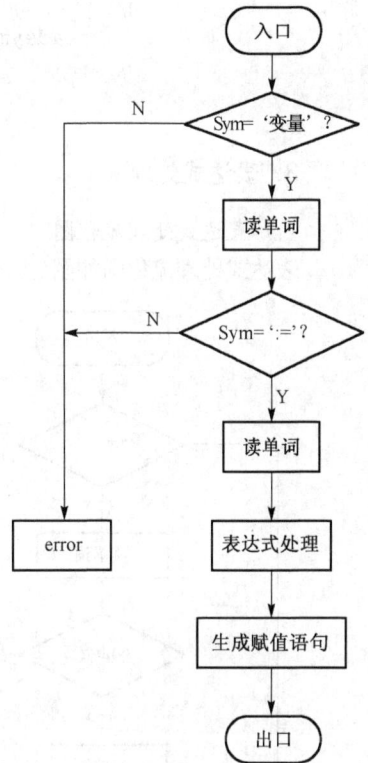

图 5.8　赋值语句处理流程图

2. 变量处理

（1）变量处理流程图

变量处理流程图如图5.9所示。

（2）变量处理子程序

```
void V() {
    if (sym!= 'i')
    {
        error;
    }
    else
    {
        readsym;
        if (sym!= '(' )
        {
            简单变量且转出口;
        }
        else
        {
            readsym;
            E;
        if (sym!= ')' )
        {
```

```
        error;
    }
    else
    {
        readsym;
    }
    }
}
```

3. 表达式处理

(1) 表达式处理流程图

表达式处理流程图如图5.10所示。

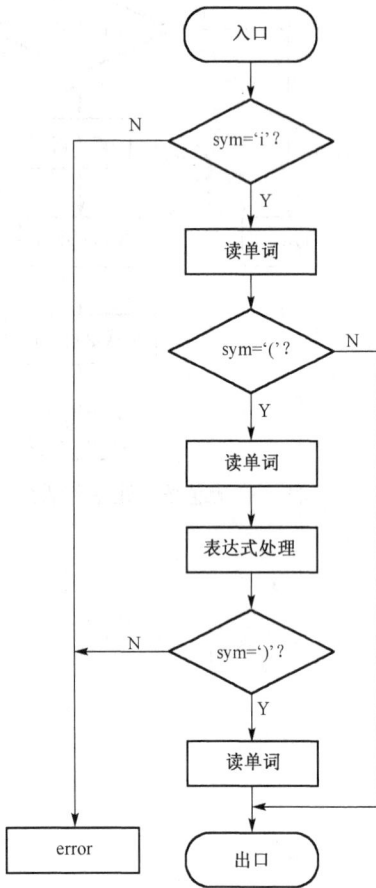

图 5.9 变量处理流程图

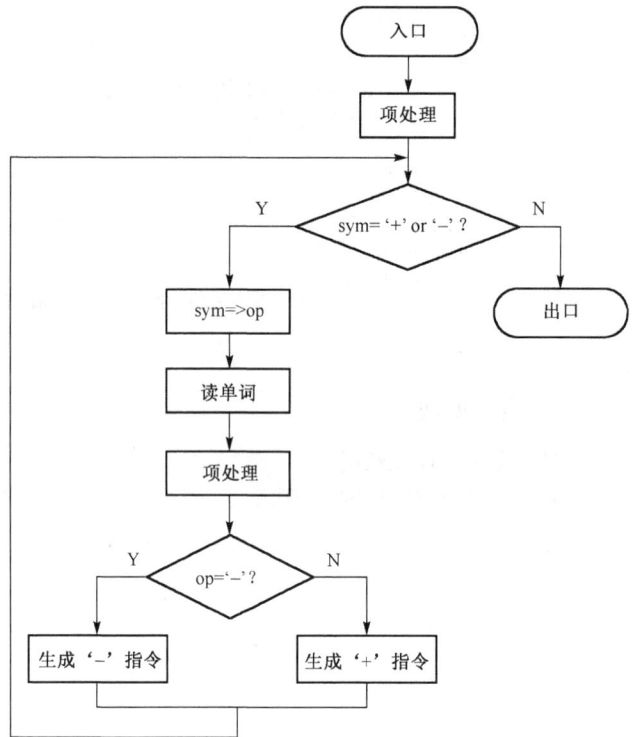

图 5.10 表达式处理流程图

(2) 表达式处理子程序

```
void  E() {
    T;                      //调用项处理子程序 T
    while (sym= '+'  ‖ sym='-')
    {
        op= sym;
        readsym;
```

```
        T;
        if (op='-')
        {
                生成减指令;
        }
        else
        {
                生成加指令;
        }
    }
}
```

4. 项处理、因子处理、初等量处理流程图

下面分别给出项处理流程图(图5.11)、因子处理流程图(图5.12)和初等量处理流程图(图5.13)。相应的处理子程序作为练习留给读者完成。

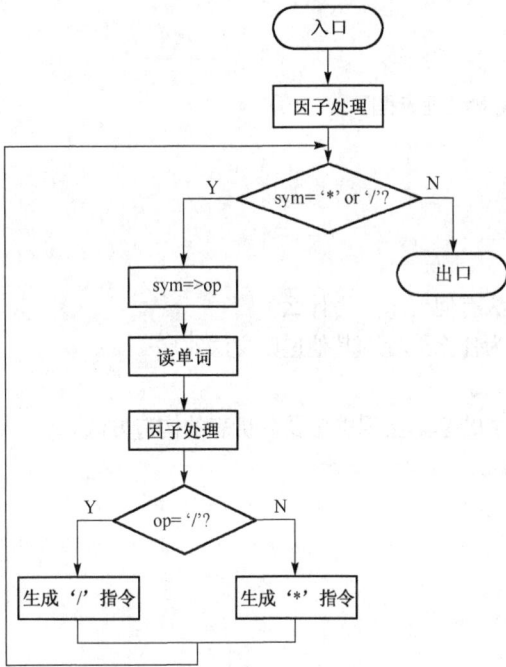

图 5.11　项处理流程图

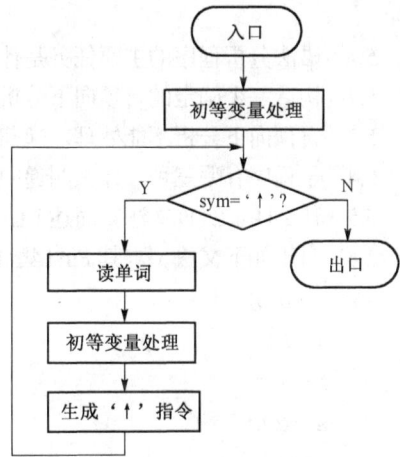

图 5.12　因子处理流程图

递归下降分析法的优点是：程序结构和层次清晰明了，易于手工实现；就语义加工来说，这种方法是十分灵活的，我们可以在过程的任何地方插入有关语义加工程序，进行语义处理，而不一定要在查出短语之后再插入。

该方法与那些能使用部分自动化系统的方法(后面介绍)相比，其主要缺点是需要做更多的编写程序和调试程序工作，进出递归程序时必须下推上退一些信息，因而编写时间略长，但是，如果硬件提供堆栈存储器的话，则速度便可加快。使用本方法时一定要把诸递归子程序的界面搞清楚。例如，对于上述简单算术表达式处理子程序而言，进入每个分析处理子程序时第一个字符已经读入 sym 中，而在退出处理子程序时，又读出了下一个单词到 sym 中。因此，任何别的递归子程序，若要调用简单算术表达式处理子程序，都必须遵守这一要求，否则将会发生混乱，无法把语法分析进行下去。

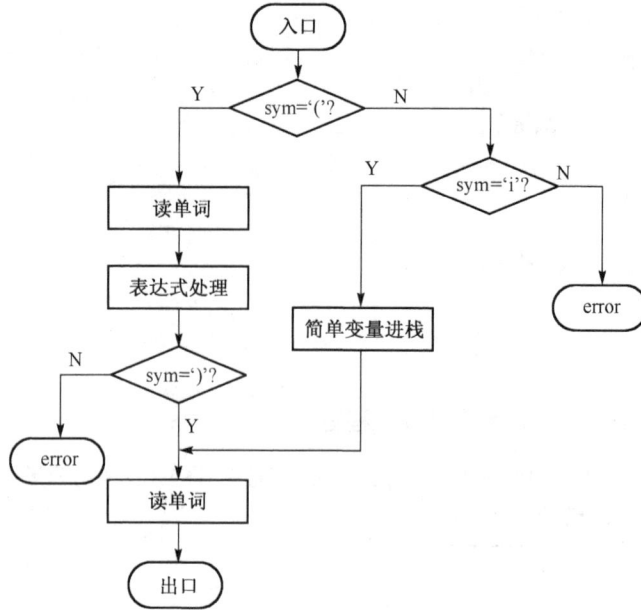

图 5.13　初等量处理流程图

习题 5

5.1　语法分析程序的主要任务是什么?

5.2　构造一个确定的自顶向下分析程序对文法有何要求? 为什么?

5.3　自顶向下分析不能处理左递归文法, 但为什么能处理其他递归文法?

5.4　子程序有哪三种? 什么叫递归子程序?

5.5　什么叫 LL(1)文法? 简述 LL(1)分析技术的基本实现思想及分析表的构造方法。

5.6　对于如下文法, 求其 First 集和 Follow 集。

$S \to aAB$

$S \to bA$

$S \to \varepsilon$

$A \to aAb$

$A \to \varepsilon$

$B \to bB$

$B \to \varepsilon$

5.7　设有文法 $G[S]$:

$S \to AB$

$A \to Aaa|a$

$B \to Bbb|b$

(1) 将此文法改造为 LL(1)文法;　　　　.

(2) 构造相应的 LL(1)分析表。

5.8　对于文法 $G[S]$:

$S \to Sb$

$S \rightarrow Ab$

$S \rightarrow b$

$A \rightarrow Aa$

$A \rightarrow a$

(1) 构造一个与 $G[S]$ 等价的 LL(1) 文法 $G'[S]$；

(2) 对于文法 $G'[S]$，构造 LL(1) 分析表。

5.9　设已知文法 $G[S]$：

$S \rightarrow SaB|bB$

$A \rightarrow S|a$

$B \rightarrow Ac$

(1) 将此文法改造为 LL(1) 文法；

(2) 构造其 Select 集；

(3) 试为 $G[S]$ 构造相应的 LL(1) 分析表。

5.10　设有表达式文法 $G[E]$：

$E \rightarrow E+T \mid E-T \mid T$

$T \rightarrow T*F \mid T/F \mid F$

$F \rightarrow F \uparrow P \mid P$

$P \rightarrow (E) \mid i$

试为其构造 LL(1) 分析表，并对输入串 $i*i \uparrow i\text{-}i/i$ 进行分析。

5.11　对下面的文法 $G[E]$：

$E \rightarrow TE'$

$E' \rightarrow +E \mid \varepsilon$

$T \rightarrow FT'$

$T' \rightarrow T \mid \varepsilon$

$F \rightarrow PF'$

$F' \rightarrow *F' \mid \varepsilon$

$P \rightarrow (E) \mid a \mid b$

(1) 计算这个文法的 Select 集；

(2) 证明这个文法是 LL(1) 文法；

(3) 构造文法 $G[E]$ 的 LL(1) 分析表；

(4) 构造它的递归下降分析程序。

5.12　对于如下文法，用某种高级语言写出递归下降分析程序。

　　<程序>→begin <语句> end

　　<语句>→<赋值语句>|<条件语句>

　　<赋值语句>→<变量> := <表达式>

　　<条件语句>→if <表达式> then <语句>

　　<表达式>→<变量>|<表达式> + <变量>

　　<变量>→i

5.13　设有文法 $G[S]$：

$S \rightarrow aBc|bAB$

$A{\rightarrow}aAb|b$

$B{\rightarrow}b|\varepsilon$

(1) 构造其 LL(1)分析表;

(2) 分析符号串 *baabbb* 是否该文法的句子。

5.14　设 if-then-else 语句的映射文法为

$S{\rightarrow}iCtS|iCtSeS|a$

$C{\rightarrow}b$

且规定 else 与最近的一个 then 相结合,试建立相应的 LL(1)分析表。

5.15　文法 G 的规则集为

$P{\rightarrow}$begin d;X end

$X{\rightarrow}d$;　$X|sY$

$Y{\rightarrow}$;$sY|\varepsilon$

构造该文法的 LL(1)分析表。

5.16　上机实习题。

实习内容:根据习题 5.10 对文法 $G[S]$构造的 LL(1)分析表,对输入串"$i+i*i{\uparrow}i-i/i$"进行语法分析,判断其是否符合文法 $G[S]$。

要求:

(1) 根据习题 5.9 文法规则建立 LL(1)分析表;

(2) 输出分析过程。

第 6 章　语法分析——自底向上分析方法

本章介绍自底向上语法分析方法。自底向上语法分析方法与自顶向下语法分析方法的分析过程的方向相反，它是从给定的符号串出发，逐步进行"归约"，直至归约到文法的开始符号，因此自底向上分析法又称"移进-归约"分析法。本章着重讨论优先分析方法和 LR(K) 分析方法两种重要的自底向上分析方法。

6.1　自底向上语法分析技术

本节主要讨论自底向上语法分析方法的基本思想以及自底向上语法分析的难点。

6.1.1　自底向上语法分析思想

自底向上分析方法的基本思想是，从待分析的符号串开始，自左向右进行扫描，自下而上进行分析，通过反复查找当前句型的句柄(最左简单短语)，并使用产生式规则将找到的句柄归约为相应的非终结符，这样，一步一步进行分析归约，试图逐步归约为文法的开始符号。在自底向上分析过程中，关键是在分析的每一步如何寻找或确定当前句型的句柄。

自底向上分析方法又称为"移进-归约"分析法，这是因为，在自底向上分析过程中，普遍采用一个先进后出的分析栈，分析开始后，将输入符号自左而右逐个移进分析栈，边移入边分析，当栈顶符号串形成某个句型的句柄时，就进行一次归约，即用相应产生式的左部非终结符替换当前句柄。接着查看栈顶是否形成新的句柄：若栈顶是句柄，就再进行归约；若栈顶不是句柄，则继续移进后续输入符号……，重复上述过程，直到将整个输入符号串处理完毕，此时分析栈中若只有文法的开始符号，说明分析成功，也就确认输入符号串是文法的一个句子；否则，分析失败，表明输入符号串不是文法的一个句子，其中必定存在语法错误。

现举一个简单例子说明这种分析过程。

【例 6.1】 已知文法 $G[S]$:

(1) $S \rightarrow aAbB$

(2) $A \rightarrow c|Ac$

(3) $B \rightarrow d|dB$

对输入串 $accbdd$ 进行分析，检查该符号串是否是 $G[S]$ 的句子。

在分析前，先用特殊符号 "#" 作为定界符分别放在待分析符号串的两侧。按照上述方法，对输入符号串 "#$accbdd$#" 进行分析。首先，设立一个分析栈，并把句子左括号 "#" 放入栈底，接着把 a、c 依次进栈，此时栈顶符号 c 构成规则 $A \rightarrow c$ 的右部，于是把栈顶的 c 归约成 A；再移进下一个 c，栈顶两个符号 Ac 形成新的句柄，于是又把栈顶 Ac 归约为 A；移进 b 后，又依次移进 d、d，栈顶 d 归约为 B；此后栈顶 dB 归约为 B；最后栈里的符号为 $aAbB$，用第一条规则将它归约为 S。显然，输入串最后归约到识别符号 S，可见输入串 $accbdd$ 是文法所定义的句子。具体分析过程如表 6.1 所示。

表 6.1 自底向上分析法对输入串 *accbdd* 的分析过程

步　骤	分　析　栈	句　　柄	输入符号串	动　　作
1	#		accbdd#	移进
2	#a		ccbdd#	移进
3	#ac		cbdd#	移进
4	#aA	c	cbdd#	归约($A{\rightarrow}c$)
5	#aAc		bdd#	移进
6	#aA	Ac	bdd#	归约($A{\rightarrow}Ac$)
7	#aAb		dd#	移进
8	#aAbd		d#	移进
9	#aAbdd		#	移进
10	#aAbdB	d	#	归约($B{\rightarrow}d$)
11	#aAbB	dB	#	归约($B{\rightarrow}dB$)
12	#S	aAbB	#	归约($S{\rightarrow}aAbB$)

上述分析过程共 12 步，其中"移进"用了 7 步，"归约"用了 5 步。在归约过程中，分别使用了五条规则，进行了五次归约，每次归约都是归约当前句型的句柄，因此这个分析过程是一种规范归约过程。

归约序列如下：

$$accbdd \underset{\Delta}{\Rightarrow} aAcbdd \underset{\Delta}{\Rightarrow} aAbdd \underset{\Delta}{\Rightarrow} aAbdB \underset{\Delta}{\Rightarrow} aAbB \underset{\Delta}{\Rightarrow} S$$

对上述分析过程，可看成自底向上构造语法树的过程。每一步归约都可以画成一棵子树，当五次归约相继完成后，这些子树被连成一棵完整的语法树。构造语法树的过程如图 6.1 所示。

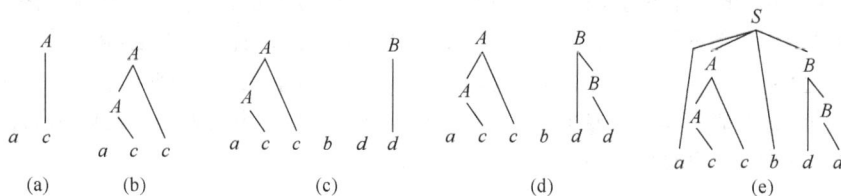

图 6.1 自底向上构造语法树的过程

从建立语法树的过程可以清楚地看出，自底向上分析过程的每一步归约确实都是归约当前句型的句柄，也就是说，句柄一旦形成，总是出现在分析栈的栈顶，而不会出现在栈的中间，由此看来，"移进-归约"分析法似乎很简单，其实不然，在分析过程中仍然有难题存在。

6.1.2 自底向上分析难点

在自底向上分析过程中，有时会遇到貌似句柄的符号串出现在分析栈的栈顶，如果判断错误，就会导致错误的分析结果。例如，对于上面的例子，分析进行到第 5 步，栈顶符号为 *c*，而栈内符号串为 *aAc*，根据已知文法，我们有两条规则 $A{\rightarrow}Ac$ 和 $A{\rightarrow}c$ 可选择，在表 6.1 中，我们选择了规则 $A{\rightarrow}Ac$ 进行归约，从而最后分析结束，确定符号串 *accbdd* 是文法的一个句子；假如我们选择 $A{\rightarrow}c$ 进行归约，也就是把 *c* 看成句柄，那么，最终就达不到归约到 *S* 的目的，因而，也就无从得知输入串 *accbdd* 是一个符合文法的句子。出现两种分析结果的原因在于，虽然符号串 *Ac* 和 *c* 都是某条规则的右部，但只有 *Ac* 是当前句型的句柄，因此在这一步只能按规则 $A{\rightarrow}Ac$ 进行归约。同理，当分析进行到第 8 步时，栈顶符号为 d，成为规则 $B{\to}d$ 的右部，但因为 d 不是当前句型的句柄，所以不能轻易进行归约。

以上分析表明，如何正确地确定句型的句柄，实为实现自底向上语法分析的关键所在，也是自底向上分析的难点之一，因为我们不可能依靠预先给出句子的最右推导或画出语法树来寻找句柄。

在自底向上分析过程中如何正确识别和确定句型的句柄，不同的分析方法有不同的解决途径，在下面的章节中，我们将逐步介绍。

当一个文法无二义性时，我们知道该文法定义的句子的规范推导一定是唯一的，规范归约也必然是唯一的，如何寻找和确定一个句型的句柄这一问题一旦解决，那么对于任何输入串，我们都可以一步一步按照上述例子的方法进行自底向上的归约，直到输入串全部分析结束；若归约成功，则证明输入串是一个句子；否则不是一个句子。

此外，对于某一文法若有两条以上规则，其右部符号相同，如果符号串又正好构成句型的句柄，选用哪条规则进行归约也是自底向上分析方法的难题。

例如，某一个文法中有三条规则：

(1) $A{\to}e$

(2) $B{\to}e$

(3) $C{\to}e$

此时在分析过程中，如果当前句型的句柄为 e，我们无法直接确定选择(1)、(2)、(3)中的哪条规则进行归约。自底向上分析算法有多种，解决方法各不相同。下面，我们将结合具体的自底向上分析方法介绍上述问题的解决办法。应该指出的是，不同的自底向上分析方法基本原理都是相同的，即"移进-归约"原理。

6.2 自底向上优先分析方法

优先分析方法是按照符号的优先级别进行语法分析的一类方法，又可分为简单优先分析法和算符优先分析法。

6.2.1 简单优先分析方法

简单优先分析法是一种分析准确、规范但效率较低的自底向上分析方法。简单优先分析法的基本思想是依据一定原则预先确定文法的各个符号(包括终结符和非终结符)之间的优先关系，然后按照这种优先关系确定归约过程中的句柄并进行归约。

1. 简单优先关系

首先给出三种符号：=、>、<，它们分别表示文法中两个符号之间"相等"、"大于"、"小于"三种优先关系。例如：

- $A{=}B$，表示 A、B 优先级相等；
- $A{<}B$，表示 A 的优先级小于 B 的优先级；
- $A{>}B$，表示 A 的优先级大于 B 的优先级。

这三种优先关系不同于数学中的"="、">"、"<"运算符，它们仅表示任意的两个可能相继出现的文法符号 A、B 之间的相邻关系。例如，$A{>}B$ 并不一定意味着 $B{<}A$；同样 $A{<}B$ 不一定意味着 $B{<}A$；$A{=}B$ 也不一定意味着 $B{=}A$。下面我们给出这三种优先关系的具体定义。

假定 G 是一个简单文法，A、B 是 G 中的任意两个符号(终结符或非终结符)，G 中存在着规范句型 $\alpha{=}{\cdots}AB{\cdots}$。

① 若 G 中存在形如 $P \rightarrow \cdots AB \cdots$ 的产生式规则，A、B 可以同时被归约，这样我们就说 A 和 B 有相同的优先关系，记为 $A = B$。

② 若 G 中存在形如 $P \rightarrow \cdots AX \cdots$ 的产生式规则，且 $X \overset{+}{\Rightarrow} B \cdots$，使 B 先于 A 被归约，我们就说符号 A 的优先级低于 B，记为 $A < B$。

③ 若 G 中存在形如 $P \rightarrow \cdots XB \cdots$ 的产生式规则，且 $X \overset{+}{\Rightarrow} \cdots A$，使 A 先于 B 被归约，我们就说 A 的优先级高于 B，记为 $A > B$。

2. 简单优先文法

定义了上述三种优先关系之后，我们可以给出简单优先文法的定义如下：

定义 6.1 若一个文法 G 满足下列条件，则称 G 为简单优先文法。
① 文法符号集中的任意两个符号之间至多存在一种优先关系。
② 文法中任意两个产生式均无相同的右部。

根据定义判断一个文法是否是简单优先文法，首先要分析确定文法中各符号之间的优先关系。

【例 6.2】 已知文法 $G[E]$：

$$E \rightarrow E_1$$
$$E_1 \rightarrow E_1 + T_1 | T_1$$
$$T_1 \rightarrow T$$
$$T \rightarrow T*F | F$$
$$F \rightarrow (E) | i$$

试判断该文法是否是简单优先文法。

解： ① 求 $=$ 关系。

从文法中的一些产生式，如 $E_1 \rightarrow E_1 + T_1$，$T \rightarrow T*F$，$F \rightarrow (E)$，可以直接看出：

$$E_1 = +,\ + = T_1,\ T = *,\ * = F,\ (= E,\ E =)$$

② 求 $<$ 关系。

由 $E_1 \rightarrow E_1 + T_1$，且 $T_1 \overset{+}{\Rightarrow} F$，$T_1 \overset{+}{\Rightarrow} (E)$，$T_1 \overset{+}{\Rightarrow} i$，$T_1 \overset{+}{\Rightarrow} T$ 可得

$$+ < F,\ + < (,\ + < i,\ + < T$$

由 $T \rightarrow T*F$，且 $F \overset{+}{\Rightarrow} (E)$，$F \overset{+}{\Rightarrow} i$，可得

$$* < (,\ * < i$$

由 $F \rightarrow (E)$，且 $E \Rightarrow E_1$，$E \overset{+}{\Rightarrow} T_1$，$E \overset{+}{\Rightarrow} T$，$E \overset{+}{\Rightarrow} F$，$E \overset{+}{\Rightarrow} (E)$，$E \overset{+}{\Rightarrow} i$，可得

$$(< E_1,\ (< T_1,\ (< T,\ (< F,\ (< (,\ (< i$$

③ 求 $>$ 关系。

由 $E_1 \rightarrow E_1 + T_1$，且 $E_1 \overset{+}{\Rightarrow} E_1 + T$，$E_1 \overset{+}{\Rightarrow} T_1$，$E_1 \overset{+}{\Rightarrow} F$，$E_1 \overset{+}{\Rightarrow} (E)$，$E_1 \overset{+}{\Rightarrow} i$，可得

$$T > +,\ T_1 > +,\ F > +,\ ) > +,\ i > +$$

由 $T_1 \rightarrow T*F$，且 $T \overset{+}{\Rightarrow} T*F$，$T \overset{+}{\Rightarrow} (E)$，$T \overset{+}{\Rightarrow} i$，可得

$$F > *,\ ) > *,\ i > *$$

由 $F \rightarrow (E)$，且 $E \overset{+}{\Rightarrow} E_1$，$E \overset{+}{\Rightarrow} T_1$，$E \overset{+}{\Rightarrow} T$，$E \overset{+}{\Rightarrow} F$，$E \overset{+}{\Rightarrow} (E)$，$E \overset{+}{\Rightarrow} i$，可得

$$E_1>), T_1>), T>), F>),)>), i>)$$

上述关系也可以用语法树的结构表示，如图6.2所示。

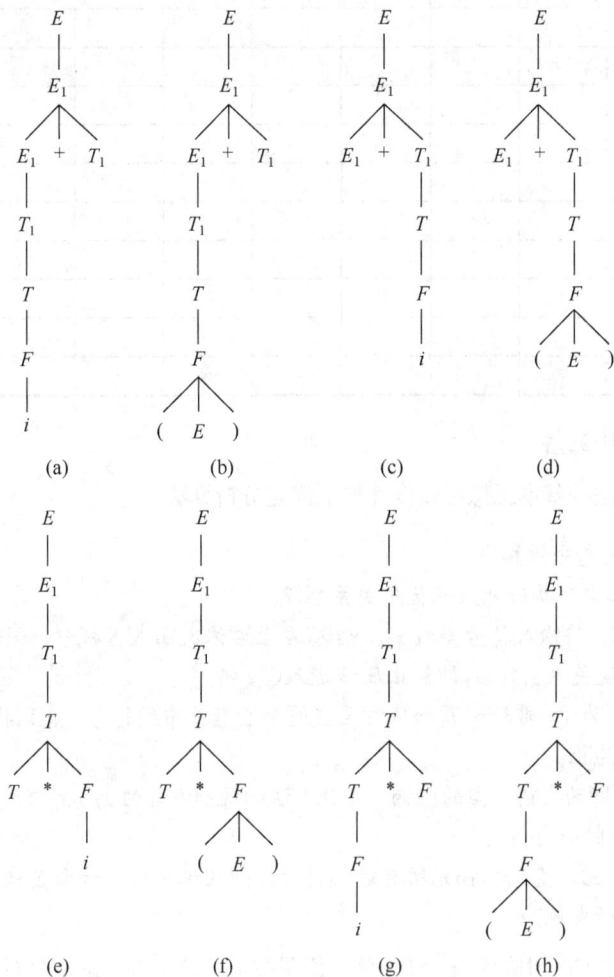

图 6.2　语法树的结构

从语法树层次可以看出，当 E_1+T_1 为某句型的句柄时，它们将同时被归约，$T*F$，（E）也是如此。

从图 6.2（a）可以看出，T_1、T、F、i 总是先于+被归约，因而 T_1、T、F、i 的优先级高于+。

从图 6.2（c）可以看出，T、F、i 总是先于+被归约，因而+的优先级低于 T、F、i。

通过分析，可以得到文法符号的全部优先关系，一个文法的全部优先关系用矩阵表示，称为优先关系矩阵。

例 6.2 文法的优先关系矩阵可用表 6.2 表示。

由表 6.2 的优先关系矩阵可以看出，例 6.2 文法中的各文法符号相互之间的优先关系是唯一的，共有四种情况=、>、<、空，其中"空"表示文法 G 中不会出现这两个符号的相邻关系，例如第 3 行第 2 列为空，说明 T 与 E_1 之间不存在任何优先关系。任意两个文法符号之间只存在一种优先关系，文法中任意两个产生式均无相同的右部，由此，我们可以断定例 6.2 中的文法 G 是一个简单优先文法。另外，"#"作为语句定界符，其优先级最低。

表 6.2　例 6.2 文法的优先关系矩阵

	E	E_1	T	T_1	F	+	*	(	)	i
E									=	
E_1						=			>	
T						>	=		>	
T_1						>			>	
F						>	>		>	
+			<	=	<			<		<
*				=				<		<
(	=	<	<	<	<			<		<
)						>	>		>	
i						>	>		>	

3. 简单优先分析算法

由简单优先分析法的基本思想可以设计如下优先分析算法。

算法 6.1　简单优先分析算法

① 首先根据已知文法构造相应的优先关系矩阵。

② 设立符号栈 S，将输入符号串#$x_1x_2…x_n$#从左至右依次压入 S 栈中，同时检查相邻符号 x_i 与 x_{i+1} 的优先关系，一旦出现关系 $x_i > x_{i+1}$ 即停止压栈进入③。

③ 栈顶当前符号为 x_i，再从 x_i 开始从右至左逐个检查栈中的符号，直到找到某相邻的两个符号间存在优先关系 $x_{k-1} < x_k$ 为止。

④ 符号串 $x_k…x_i$ 即为当前句型的句柄，查找文法的规则右部为 $x_k…x_i$ 的产生式，若找到则将 $x_k…x_i$ 归约为左部，若找不到则为出错。

⑤ 重复步骤②～④，直到扫描完所有输入符号，归约结束后，如果 S 栈中只剩文法的开始符号，则分析成功，否则分析失败。

下面以例 6.2 文法 $G[E]$ 中的句子 $i*i$ 为例，说明按上述算法进行语法分析的过程。

表 6.3　简单优先分析算法分析句子 $i*i$ 的过程

步　骤	S　栈	优先关系	输入符号串	句　柄
1	#	<	$i*i$#	
2	#i	>	*i#	i
3	#F	>	*i#	F
4	#T	=	*i#	
5	#$T*$	<	i#	
6	#$T*i$	>	#	i
7	#$T*F$	>	#	$T*F$
8	#T	>	#	T
9	#T_1	>	#	T_1
10	#E_1	>	#	E_1
11	#E		分析成功	

6.2.2　算符优先分析方法

算符优先分析法是一种分析速度较快、广为使用的自底向上分析方法。算符优先分析法的基本思想是，依据一定原则预先确定算符之间的优先关系（即只考虑终结符之间的优先关系），然后借助于这种优先关系确定"句柄"并进行归约。

算符优先分析法与简单优先分析法的基本区别在于：简单优先分析法要考虑所有符号（包括终结符和非终结符）的优先关系，它的归约过程是一种规范归约；算符优先分析法只考虑终结符之间的优先关系，不考虑非终结符之间的优先关系，它的归约过程不是一种规范归约。

算符优先分析法特别适用于表达式的分析，下面首先介绍简单表达式的表示、分析和处理。

1．简单表达式的表示法

简单表达式是指包含加、减、乘、除、幂运算的算术表达式。

通常我们使用的算术表达式是一种中缀表达方式，即双目运算符放在运算分量的中间，例如：

$a+b$
$a*b/c$
$a*(b+c)$

除了我们常用的这种中缀表达式以外，有时还会用到另外两种方式的表达式：前缀表达式和后缀表达式。

前缀表达式是指运算符放在运算分量前面的表达式，又称波兰表达式。例如：

$+ab$
$/*abc$
$*a+bc$

后缀表达式是指运算符放在运算分量后面的表达式，又称逆波兰式。例如：

$ab+$
$ab*c/$
$abc+*$

对比以上表达式的三种表示方式，可以看出这三种表达式的功能是等价的。其中逆波兰表达式有这样一些特点，即表示形式简洁、运算次序与运算符的顺序一致等。

波兰式和逆波兰式是由波兰逻辑学家卢卡西维奇（J·Lukasiewicz）于 1929 年发明的，早在编译程序出现之前，它们已用于表示算术表达式。由于逆波兰式中各个运算是按运算符出现的先后顺序进行的（无须用括号来指示某些运算的运算次序），因此逆波兰式的运算很容易机械地实现，从而易于计算机处理。在编译程序中逆波兰表达式成为一种常用的中间代码表示形式（参见 7.2.2 节）。

逆波兰表达式的运算处理起来非常简单，仅需一个栈。自左至右扫描逆波兰式，遇到运算分量则压栈暂存；遇到运算符（双目或单目）时，则取出栈顶的两个（或一个）运算分量进行相应的运算，并用运算结果替换栈顶两个（或一个）元素，然后继续处理表达式的余留符号，直到整个表达式处理完毕。最后的运算结果将留在栈顶。

2．逆波兰表达式的生成

众所周知，做算术运算时我们要遵守一定的运算规则，如先乘除后加减，这说明了乘除运算的优先级高于加减运算的优先级；而同优先级的运算符则先左后右（左结合），即先做左边运算符的运算，后做右边运算符的运算；对于含有括号的算式，规定先做括号内的运算，后做括号外的运算；单目减的优先级低于乘幂。依据上述法则，任何算术表达式的计算过程和结果都是唯一的。

算符优先分析法正是依照算术运算的过程而设计的一种语法分析方法。在介绍算符优先分析法之前，我们先来讨论逆波兰表达式的生成过程，即如何把一个中缀表达式转变成逆波兰式。实际上，逆波兰表达式的生成过程同样涉及运算符的优先级，为了讨论问题的需要，在表 6.4 中先列出几个常用运算符的优先关系。

表 6.4 所示的优先关系矩阵表示了 +，−，*，/，↑，(，) 七种运算符之间的相互优先关系。矩阵的最左边一列代表所比较的运算符对中左边的一个，最上面的一行代表所比较的运算符对中右边的一个。">，<，="三种符号分别代表"大于"、"小于"、"相等"三种优先关系，例如"+ > +"，说明左边的加法运算符的优先级高于右边的加法运算符，"+ < *"说明左边的"+"运算符的优先级低于右边的"*"运算符，"(=)"说明左括弧的优先级与右括弧的优先级相等。左边的")"与右边的"("之间没有优先关系存在，所以表中为空白。

表 6.4 常用运算符优先关系矩阵

左 ＼ 右	+	−	*	/	↑	(	)
+	>	>	<	<	<	<	>
−	>	>	<	<	<	<	>
*	>	>	>	>	<	<	>
/	>	>	>	>	<	<	>
↑	>	>	>	>	>	<	>
(	<	<	<	<	<	<	=
)	>	>	>	>	>		>

图 6.3 给出了逆波兰表达式生成算法的流程图(为了便于比较相邻运算符的优先级，需要设立一个工作栈，用来存放暂时不能处理的运算符，所以又称运算符栈)。

逆波兰表达式生成算法的关键在于比较当前运算符与栈顶运算符的优先关系，若当前运算符的优先级高于栈顶运算符，则当前运算符入栈，若当前运算符的优先级低于栈顶运算符，则栈顶运算符退栈。

现举一个简单实例说明如何将一个中缀表达式转变成逆波兰式。

例如，设有表达式：

$$(a+b)*c/d$$

表 6.5 将其转换成逆波兰式，即

$$ab+c*d/$$

值得注意的是，运算符")"始终不会入栈。

表 6.5 逆波兰式生成过程

步 骤	输 入 串	当 前 符 号	运 算 符 栈	输 出 串
1	$(a+b)*c/d$	(	(	
2	$a+b)*c/d$	a	(	a
3	$+b)*c/d$	+	(+	a
4	$b)*c/d$	b	(+	ab
5	$)*c/d$	)	(	$ab+$
6	$*c/d$	)		$ab+$
7	$*c/d$	*	*	$ab+$
8	c/d	c	*	$ab+c$
9	$/d$	/	/	$ab+c*$
10	d	d	/	$ab+c*d$
11				$ab+c*d/$

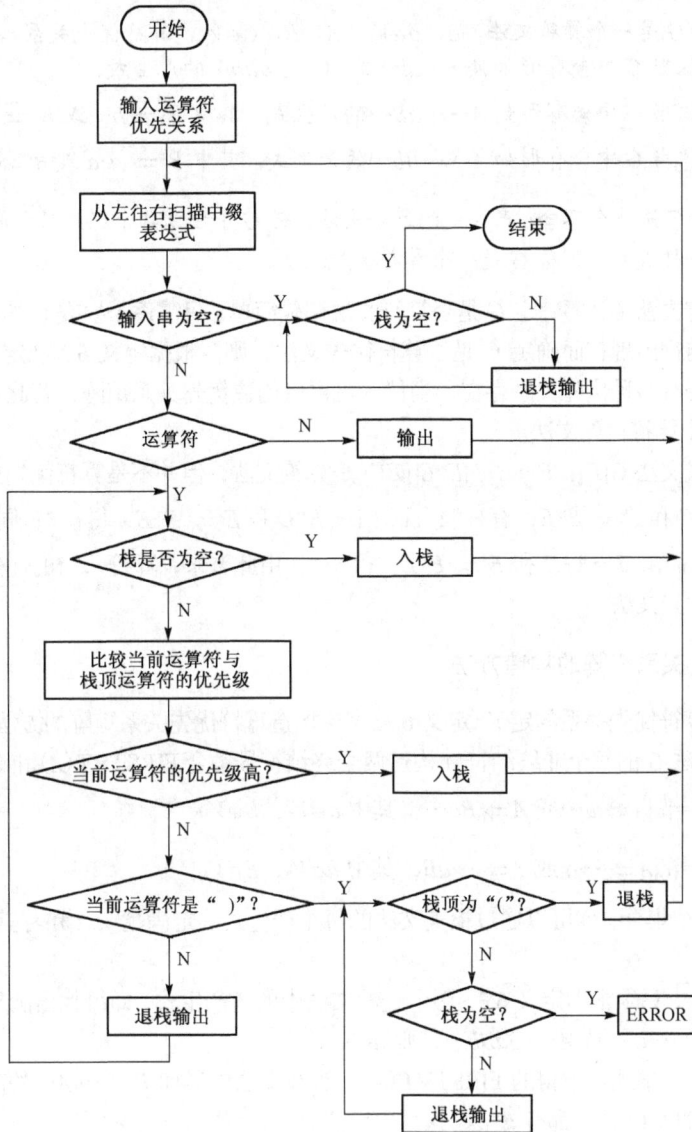

图 6.3 逆波兰表达式生成算法

3. 算符优先文法

在定义算符优先文法之前，首先定义算符文法。

定义 6.2 设有一个文法 G，其中 A、$B \in V_N$，若 G 中不含有形如 $U \rightarrow ...AB...$ 的产生式，则称 G 为算符文法。

例如，算术表达式文法 "$E \rightarrow E+E|E*E|(E)|i$"，在文法 $G[E]$ 的任何一个产生式中都不含有两个非终结符相邻的情况，因此该文法是一个算符文法。

对于算符文法而言，既不含有两个非终结符相邻的产生式，也不含有两个非终结符相邻出现的句型，这就意味着在算符文法的任何句型中，两相邻终结符之间的非终结符至多有一个。

定义 6.3 设 G 是一个算符文法，a，$b \in V_T$，A，B，$C \in V_N$，算符优先关系=，<，>定义如下：

① $a=b$ 当且仅当 G 中含有形如 $A \to \cdots ab \cdots$ 或 $A \to \cdots aBb \cdots$ 的产生式。

② $a<b$ 当且仅当 G 中含有形如 $A \to \cdots aB \cdots$ 的产生式，其中 $B \overset{+}{\Rightarrow} b\cdots$ 或 $B \overset{+}{\Rightarrow} Cb\cdots$。

③ $a>b$ 当且仅当 G 中含有形如 $A \to \cdots Bb \cdots$ 的产生式，其中 $B \overset{+}{\Rightarrow} \cdots a$ 或 $B \overset{+}{\Rightarrow} \cdots aC$。

定义 6.4 设 G 是一个不含 ε 产生式的算符文法，若 G 中任意两个终结符之间，至多只有=，<，>三种优先关系的一种成立，则称 G 是一个算符优先文法。

对于一个给定文法 G，要确定 G 是否算符文法比较简单，只需逐个检查 G 的各产生式的右部，看是否有相邻非终结符出现；而确定 G 是否算符优先文法，则需根据定义 6.3 和定义 6.4 来查看任意两个终结符之间是否有多种优先关系存在，当然，也可以构造优先关系矩阵，若此矩阵中无多重定义，则可确认 G 是一个算符优先文法。

例如，表达式文法 $G[E]$：$E \to E+E|E*E|(E)|i$ 是算符文法，但并不是算符优先文法。因为对算符+，*来说，由 $E \to E+E$ 和 $E \overset{+}{\Rightarrow} E*E$，有+<*；而由 $E \to E*E$ 和 $E \overset{+}{\Rightarrow} E+E$，得+>*；同样由 $E \overset{+}{\Rightarrow} E*E$ 和 $E \overset{+}{\Rightarrow} E+E$，有*<+，而由 $E \to E+E$ 和 $E \overset{+}{\Rightarrow} E*E$，得*>+，由此看来，算符+，*的优先关系不唯一，所以该文法不是算符优先文法。

4. 算符优先关系矩阵的构造方法

下面给出由算符优先关系的定义(定义 6.3)直接构造算符优先关系矩阵的方法。

① 首先对文法 G 的每个非终结符 A 构造两个终结符号集合 FIRSTVT(A) 和 LASTVT(A)。

FIRSTVT(A)=$\{a|A \overset{+}{\Rightarrow} a\cdots$ 或 $A \overset{+}{\Rightarrow} Ba\cdots$，其中 $a \in V_T$，$B \in V_N\}$

LASTVT(A)=$\{a|A \overset{+}{\Rightarrow} \cdots a$ 或 $A \overset{+}{\Rightarrow} \cdots aB$，其中 $a \in V_T$，$B \in V_N\}$

② 有了这两个集合，就可以通过检查文法的每个产生式确定满足=，<和>三种优先关系的所有终结符对。

- 对于关系=，只须根据定义 6.3，逐个查看文法中的各产生式，即可找出满足关系=的终结符对。例如若 $A \to \cdots ab \cdots$ 或 $A \to \cdots aBb\cdots$，则 $a=b$。
- 对于关系<，根据已求得的 FIRSTVT(A)，查找文法中形如 $P \to \cdots aA \cdots$ 的产生式，那么，对任何 $b \in$ FIRSTVT(A)，都有 $a<b$。
- 对于关系>，根据已求得的 LASTVT(A)，查找文法中形如 $P \to \cdots Ab \cdots$ 的产生式，那么，对任何 $a \in$ LASTVT(A)，都有 $a>b$。

下面，仍以表达式文法为例，说明构造算符优先关系矩阵的步骤。

$G[E]$：

$E \to E+T|T$

$T \to T*F|F$

$F \to (E)|i$

① 首先计算非终结符 E，T，F 的 FIRSTVT 集合和 LASTVT 集合。

```
FIRSTVT(E)={+,*,(,i}
FIRSTVT(T)={*, (, i}
FIRSTVT(F)={(, i}
LASTVT(E)={+, *, ),i}
```

$\text{LASTVT}(T)=\{*,), i\}$

$\text{LASTVT}(F)=\{), i\}$

② 由产生式 $F \rightarrow (E)$，得 $(=)$。

③ 求 < 关系。

由 $E \rightarrow E+T$ 有 $+ < \text{FIRSTVT}(T)$

由 $T \rightarrow T*F$ 有 $* < \text{FIRSTVT}(F)$

由 $F \rightarrow (E)$ 有 $(< \text{FIRSTVT}(E)$

④ 求 > 关系。

由 $E \rightarrow E+T$ 有 $\text{LASTVT}(E) > +$

由 $T \rightarrow T*F$ 有 $\text{LASTVT}(T) > *$

由 $F \rightarrow (E)$ 有 $\text{LASTVT}(E) >)$

从而可以构造优先关系矩阵，如表 6.6 所示。

表 6.6 文法 $G(E)$ 的优先关系矩阵

	+	*	(	)	i	#
+	>	<	<	>	<	>
*	>	>	<	>	<	>
(	<	<	<	=	<	
)	>	>		>		>
i	>	>		>		>
#	<	<	<		<	=

在表 6.6 中，#作为表达式的左右定界符（即相当于#E#），也被考虑了它与其他各终结符之间的优先关系。

5．算符优先分析算法

上面介绍了对已知文法构造其算符优先关系矩阵的方法，有了优先关系矩阵，即可对给定符号串进行归约分析，但是，利用算符优先分析法，每次归约未必是归约当前句型的句柄。在算符优先文法中，由于仅考虑了终结符号之间的优先关系，没有考虑非终结符号，所以不能像简单优先分析法那样，每次都找出一个句型的句柄，然后进行归约，那么在算符优先分析过程中，每次识别和归约的符号串又是什么呢？

可以证明，算符优先分析法仍然是一种自底向上的分析算法，但不是严格从左到右的规范分析，它的归约过程与规范归约是不同的，在每一步分析中，它将识别和归约那些所谓的最左素短语。

在介绍最左素短语的定义前，先介绍什么是素短语。素短语是指这样一个短语，它至少包含一个终结符号，并且，除它自身之外，不再包含其他的素短语。

例如文法 $G[E]$ 的句型 $T+T*F+i$，它的语法树如图6.4所示。从语法树中可以看出：T，$T*F$，$T+T*F$，i，$T+T*F+i$ 都是句型的短语，

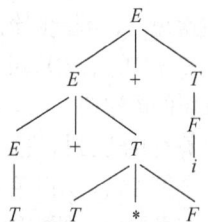

图 6.4 句型 $T+T*F+i$ 的语法树

但只有 $T*F$，i 是素短语，这是因为 T 不包含终结符号，所以它不是素短语，而 $T+T*F$ 和 $T+T*F+i$ 都含有其他素短语，所以也不是素短语，只有 $T*F$ 和 i 满足素短语的定义。

定义 6.5 文法的句型的素短语是一个短语，它至少包含一个终结符，并除自身外不包含其他素短语。所谓最左素短语是指处于句型最左边的素短语。

图6.4中 $T*F$ 是句型 $T+T*F+i$ 的最左素短语。

我们可以把句型的一般形式写成

$$\#N_1a_1N_2a_2\cdots N_na_nN_{n+1}\#$$

其中#放在两边作为定界符，a_i 是终结符号，N_i 是可有可无的非终结符号，那么上述句型含有 n 个终结符号，且任何相继的两个终结符号之间至多只有一个非终结符号。由算符文法的性质可以知道，任何算符文法的句型都是这种形式。

可以证明，一个算符优先文法的任何句型的最左素短语是满足如下条件的最左子串 $N_ia_i\cdots N_ja_jN_{j+1}$，即各终结符之间的关系为

$$a_{i-1} < a_i$$
$$a_i = a_{i+1}, \quad a_{i+1} = a_{i+2}, \quad \cdots, \quad a_{j-1} = a_j$$

$$a_j > a_{j+1}$$

因此，算符优先分析过程与简单优先分析过程相仿，为了寻找被归约的符号串(即最左素短语)，总是从左至右扫描各符号，依次查看两个相继的终结符间的优先关系，首先找到满足关系 $a_j > a_{j+1}$ 的终结符 a_j，再从 a_j 开始向左扫描，直到找到满足条件 $a_{i-1} < a_i$ 的终结符 a_i 为止。此时，形如

$$N_ia_iN_{i+1}a_{i+1}\cdots N_ja_jN_{j+1}$$

的子串即为句型应归约的最左素短语(注意:出现在 a_i 左端或 a_j 右端的非终结符一定属于这个素短语)。

按照上述方法，对句型 $T+T*F+i$ 的分析过程如下。

表 6.7　$T+T*F+i$ 的分析过程

步　　骤	当前句型	优先关系	最左子串	归约符号
1	#T+T*F+i#	#<+, +<*, *>+	T*F	T
2	#T+T+i#	#<+, +>i	T+T	E
3	#E+i#	#<+, +<i, i>#	i	F
4	#E+F#	#<+, +>#	E+F	E
5	#E#			

由图 6.4 的语法树和最左素短语的定义可以看出，上述分析过程中每次归约的子串都是当前句型的最左素短语，而不一定是当前句型的句柄。实际上，在每次查找最左素短语时，起主导作用的是终结符号间的优先关系，非终结符的具体名字在这里无关紧要，不需要关心两个终结符之间究竟是哪个非终结符，而只要知道是非终结符即可。由于单个的非终结符号不是最左素短语，因此归约过程中不会包含按单产生式进行的归约(如 $E \to T$，$T \to F$ 的归约)，由此看来，算符优先分析法的分析过程并不能得到真正的语法树，而只能建立如图 6.5 所示的语法树的树架。

算符优先分析法是一种自底向上的分析法，在分析过程中可以设置一个符号栈，用于存放当前句型的某一前缀，一旦栈顶形成了句型的最左素短语，便立即进行归约。归约成功的标志是，当输入符号串识别完毕只剩定界符#时，符号栈中也只剩定界符#和一个非终结符。

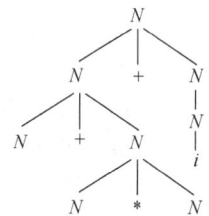

图 6.5　$T+T*F+i$ 的语法树树架

图6.6给出了算符优先分析算法的基本框图。

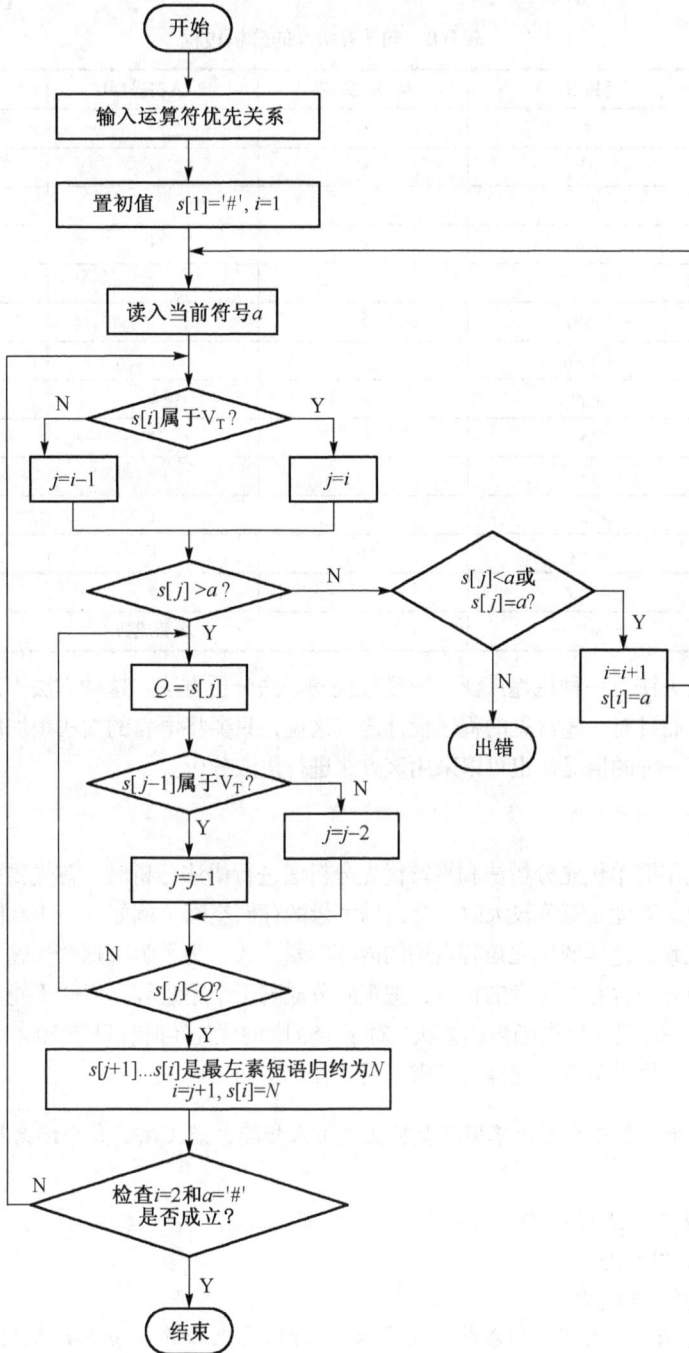

图 6.6 算符优先分析算法基本框图

下面举一个例子，说明利用算符优先分析法分析句子的过程，如表 6.8 所示。

从句子 $(i+i)*i$ 的分析过程来看，每次归约并不考虑归约到哪个具体的非终结符，所有非终结符都用 "N" 来表示。虽然算符优先分析法也属于一种自底向上的语法分析方法，但不是规范归约，每次归约的是句型的最左素短语，从而每步得到的句型也不会是规范句型。显然，算符优先分析法比规范归约分析速度快，因为它省略了单产生式的归约步骤。

表 6.8　句子 $(i+i)*i$ 的分析过程

步　骤	符号栈 $S[i]$	优 先 关 系	输入符号(a)	待 分 析 串
1	#	<	(	$i+i)*i$#
2	#(	<	i	$+i)*i$#
3	#(i	>	+	$i)*i$#
4	#(N	<	+	$i)*i$#
5	#(N+	<	i	$)*i$#
6	#(N+i	>	)	$*i$#
7	#(N+N	>	)	$*i$#
8	#(N	=	)	$*i$#
9	#(N)	>	*	i#
10	#N	<	*	i#
11	#N*	<	i	#
12	#N*i	>	#	
13	#N*N	>	#	
14	#N	分析成功		

　　算符优先分析方法是一种用途广泛、速度较快的语法分析方法。这种方法不仅方便有效地用于表达式文法的分析，而且对一些常见的程序设计语言来说，只要将语言的文法稍加修改，解决了终结符之间优先关系多于一种的情况，也可以采用该方法进行语法分析。

6. 优先函数

　　一般来说，利用简单优先分析法和算符优先分析法进行语法分析时，首先要根据语言的文法规则建立优先关系矩阵。当优先矩阵较大时，会占据大量的存储空间。例如一个 100 阶的优先矩阵，就会有 10000 个矩阵元素，这样的优先矩阵占用的内存容量太大。为了解决这个问题，可以采用压缩矩阵的方法，如根据矩阵中含有空元素的特点，把矩阵分成若干个小矩阵，但并不能从根本上解决问题。因此，有人提出了一种建立优先函数的方法，对于 100 阶的优先矩阵，只需 200 个单元存放优先函数，而不需存放 10000 个优先关系，这样可节省大量的存储空间。

　　定义 6.6　已知一个文法 G，根据其算符优先关系矩阵，若文法的每个终结符号 x 和 y 满足以下条件：

　　① $x>y$ 时，$f(x)>g(y)$。
　　② $x<y$ 时，$f(x)<g(y)$。
　　③ $x=y$ 时，$f(x)=f(y)$。

则称 f 和 g 为优先函数。其中 f 为入栈优先函数(又称内优先函数)，g 为比较优先函数(又称外优先函数)。

　　如果根据优先关系矩阵找到了优先函数 f 和 g，则可用它们代替优先矩阵，这样优先函数与优先关系矩阵一样，可以描述终结符之间的优先关系。

　　下面给出优先函数的构造方法：

　　① 对于所有的终结符 x 和 y(包括#)，令 $f(x)=g(y)=1$(也可以是其他整数)；
　　② 如果 $x>y$，且 $f(x)\leqslant g(y)$，则令 $f(x)=g(y)+1$；
　　③ 如果 $x<y$，且 $f(x)\geqslant g(y)$，则令 $g(y)=f(x)+1$；

④ 如果 $x=y$，而 $f(x)\neq g(y)$，则令 $f(x)=g(y)=\max(f(x)$，$g(y))$；

⑤ 重复步骤②～④，直到满足优先函数条件为止。

例如，对于表达式文法的优先关系矩阵（见表 6.6）可得到如表 6.9 所示的优先函数。

表 6.9　$G(E)$ 的优先函数

优先函数　　　终结符	+	*	(	)	i	#
f	3	5	1	5	5	1
g	2	4	6	1	6	1

对于文法 $G(E)$ 来说，+、*、(、)、i、#六个运算符建立优先关系矩阵需 6×6=36 个元素，而现在用优先函数，其元素只为 2×6=12 个元素，可见利用优先函数节省了存储空间。

关于优先函数，需要说明如下几点。

① 并不是所有的优先关系矩阵都存在对应的优先函数。例如优先关系矩阵：

	a	b	c
a	=	<	<
b	=		=
c		>	>

假定优先函数 f 和 g 存在，则由上述矩阵给出的优先关系，f 和 g 应该满足下列条件：

- $f(a)=g(a)$，$f(a)<g(b)$，$f(a)<g(c)$，$f(b)=g(a)$
- $f(b)=g(b)$，$f(c)>g(b)$，$f(c)>g(c)$

这样导致 $f(a)<f(a)$，显然，造成矛盾，故该优先关系矩阵不存在优先函数。

② 对给定的文法，若优先函数存在，则必定不是唯一的。

例如对于文法 $G(E)$，除表 6.9 的优先函数之外，表 6.10 也是它的优先函数。不难看出，对优先函数的每个元素值都增加同一个常数，其优先关系不变。

表 6.10　$G(E)$ 的另一个优先函数

优先函数　　　终结符	+	*	(	)	i	#
f	4	6	2	6	6	2
g	3	5	2	7	2

③ 由于构造优先函数时，每个终结符都有一对优先函数值。这样一来，原先不存在优先关系的终结符，变成了可比较的终结符，其结果导致在语法分析过程中，可能会掩盖或推迟发现语法错误。例如，从表 6.6 中可以看出，“)”与“i”不存在优先关系，但在表 6.9 中，$f())=5$，$g(i)=6$，因此，$f())<g(i)$，“)”与“i”变成了可比较的终结符。

综上所述，算符优先分析法是根据源语言的文法构造相应的优先关系矩阵或优先函数，然后进行自底向上的语法分析，因此该方法算法简单，编译速度较快。但对于某些文法而言，如果出现终结符号之间优先关系多于一种的情况，必须对源语言进行适当的改造，该方法才能有效。

6.3　LR(K)分析方法

LR(K)分析方法是 1965 年由 D. Knuth 先生提出的一种自底向上的语法分析方法。众所周知，自底向上分析过程就是移进-归约的过程。LR(K)分析法能根据分析栈的当前内容以及向前查看输入串的 K 个符号来决定分析动作移进还是归约。

　　LR(K)分析方法适用范围较广，分析速度较快，并且能准确及时地发现语法错误，因此，LR 分析法是当前最一般的语法分析方法。

　　由于 LR(K)分析方法对文法的限制很少，因而大多数能用上下文无关文法描述的程序设计语言都可用 LR 分析法进行有效分析，而且 LR 的分析效率不亚于不带回溯的自顶向下分析法、算符优先分析法及其他"移进-归约"分析法。不过，这种方法的主要缺点是，对于一般实用的程序设计语言的文法而言，若用手工构造分析程序，则工作量相当大，而且 K 越大，构造越复杂，实现越困难。现在人们可以利用自动生成工具来解决这个问题，例如使用 YACC 工具自动产生语法分析程序。

　　本节首先介绍 LR 分析方法的基本思想及逻辑结构，然后分别介绍 LR(0)、SLR(1)、LR(1)和 LALR(1)四种分析方法。其中 LR(0)分析方法的分析能力最低，局限性极大，但它是其他一般的 LR 分析方法的基础。SLR 是"简单 LR"分析的简称，它是为了解决构造 LR(0)分析表所出现的冲突分析问题而形成的一种方法，这种方法实现起来较容易，分析能力强于 LR(0)分析法，但是有些文法构造不出 SLR 分析表。LR(1)分析方法的分析能力最强，对 LR(K)的理论研究证明，凡是能由 LR(K)文法产生的语言均可由某一 LR(1)文法产生，而且通常的程序设计语言一般均能由 LR(1)文法产生，因此 LR(1)分析法能够适用一大类文法。不过，对于较大一些的文法来说，构造 LR(1)分析器需要大量的工作量且占据相当大的存储空间，也就是说，文法较大时，LR(1)分析方法的实现代价过高。LALR(1)分析法是对 LR(1)分析方法的改进，它的分析能力介于 SLR(1)和 LR(1)之间，并且，这种方法比 LR(1)分析方法节省存储空间。

6.3.1　LR 分析思想及逻辑结构

　　自底向上分析方法的关键问题是在分析过程中如何确定句柄。LR 分析方法给出了一种根据当前分析栈中的符号串(通常以状态表示)和向右顺序查看输入串的 K 个($K \geqslant 0$)符号就可唯一确定分析器的动作移进还是归约，并能确定归约时用哪个产生式归约，即能唯一地确定句柄。

1. LR 分析思想及逻辑结构

　　LR 分析方法的基本思想是从左至右扫描源程序，进行自底向上的语法分析，且在分析的每一步，既要记住当前已移进和归约的全部文法符号，又要向前查看 K 个输入符号，由此确定栈顶的符号串是否构成相对某一产生式的句柄，从而确定当前所应采取的分析动作(移进或归约)。

　　一个自底向上的分析器也是一台下推自动机，该下推自动机具有一个给定的输入符号串、一个下推分析栈和一个有穷的控制机构。因此 LR 分析器作为一种自底向上的分析法，其逻辑结构如图6.7 所示。

　　从图 6.7 可以看出，一个 LR 分析器由三个部分组成：

　　① 一个有待分析的输入符号串。

　　② 一个控制机构，其中包括一个总控程序和一张分析表。对于不同的文法，分析表各不相同，而总控程序都是一样的。

　　③ 一个先进后出的下推分析栈，其中包括文法符号栈和相应状态栈。

　　④ LR 分析器的工作过程就是在总控程序的控制下，从左到右扫描输入符号串，根据分析栈中的文法符号和状态及当前的输入符号，按分析表的指示完成相应的分析动作。

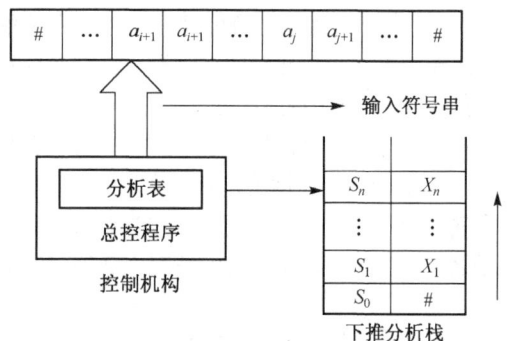

图 6.7　LR 分析方法逻辑结构示意图

2. LR 分析表组成

LR 分析表是整个 LR 分析器的核心部分。一张 LR 分析表又包括两部分，一个是分析动作表（ACTION），另一个是状态转换表（GOTO），它们都可用二维数组表示。

分析动作表和状态转换表分别如表 6.11 和表 6.12 所示。其中 S_1, S_2, $\cdots$, S_n 为分析器的各个状态；a_1, a_2, $\cdots$, a_m 为文法的全部终结符号和句子定界符；X_1, X_2, $\cdots$, X_p 为文法的全部文法符号。

表 6.11　LR 分析动作（ACTION）表

状态 ＼ 输入符号	a_1	a_2	$\cdots$	a_m
S_1	ACTION$[S_1, a_1]$	ACTION$[S_1, a_2]$	$\cdots$	ACTION$[S_1, a_m]$
S_2	ACTION$[S_2, a_1]$	ACTION$[S_2, a_2]$	$\cdots$	ACTION$[S_2, a_m]$
$\vdots$	$\vdots$	$\vdots$	$\vdots$	$\vdots$
S_n	ACTION$[S_n, a_1]$	ACTION$[S_n, a_2]$	$\cdots$	ACTION$[S_n, a_m]$

表 6.12　LR 状态转换（GOTO）表

状态 ＼ 文法符号	X_1	X_2	$\cdots$	X_p
S_1	GOTO$[S_1, X_1]$	GOTO$[S_1, X_2]$	$\cdots$	GOTO$[S_1, X_p]$
S_2	GOTO$[S_2, X_1]$	GOTO$[S_2, X_2]$	$\cdots$	GOTO$[S_2, X_p]$
$\vdots$	$\vdots$	$\vdots$	$\vdots$	$\vdots$
S_n	GOTO$[S_n, X_1]$	GOTO$[S_n, X_2]$	$\cdots$	GOTO$[S_n, X_p]$

在分析动作表中，ACTION$[S_i, a_j]$ 规定了栈顶状态为 S_i，输入符号为 a_j 时所执行的动作。动作有四种可能：

① 移进（S）。把 (S_i, a_j) 的下一个状态移入状态栈，输入符号 a_j 移入文法符号栈。继续扫描，从而下一个输入符号成为当前输入符号。

② 归约（r）。当栈顶形成句柄时，按照相应的产生式进行归约。若产生式的右端长度为 n，则从状态栈和文法符号栈的栈顶退出 n 个符号，并且归约后的文法符号进入符号栈，新的状态进入状态栈。

③ 接受（acc）。当输入串分析结束（只剩 "#"），文法符号栈中只剩文法的开始符号时，则分析成功，终止分析。

④ 报错（error）。当状态栈顶为某一状态下出现不该遇到的文法符号时，说明输入串有错（即该输入串不能被文法所识别），则报告出错信息。

在状态转换表中，GOTO$[S_i, X_j]$ 规定了当栈顶状态为 S_i，文法符号为 X_j 时应转向的下一个状态。

3. LR 分析过程

综上所述，LR 分析器的关键部分是分析表的构造，有了分析表，LR 分析器即可按照分析表的内容决定每次分析应该采取的分析动作，LR 的分析过程如图 6.8 所示。

上述分析过程适用于不同的 LR 分析方法，对于每种 LR 分析法来说只是分析表不同而已。

下面通过一个具体实例说明 LR 方法的分析过程。

【例 6.3】 已知文法 $G[A]$：

(1) $A \rightarrow B, A$

(2) $A \rightarrow B$

(3) $B \rightarrow a$

(4) $B \rightarrow b$

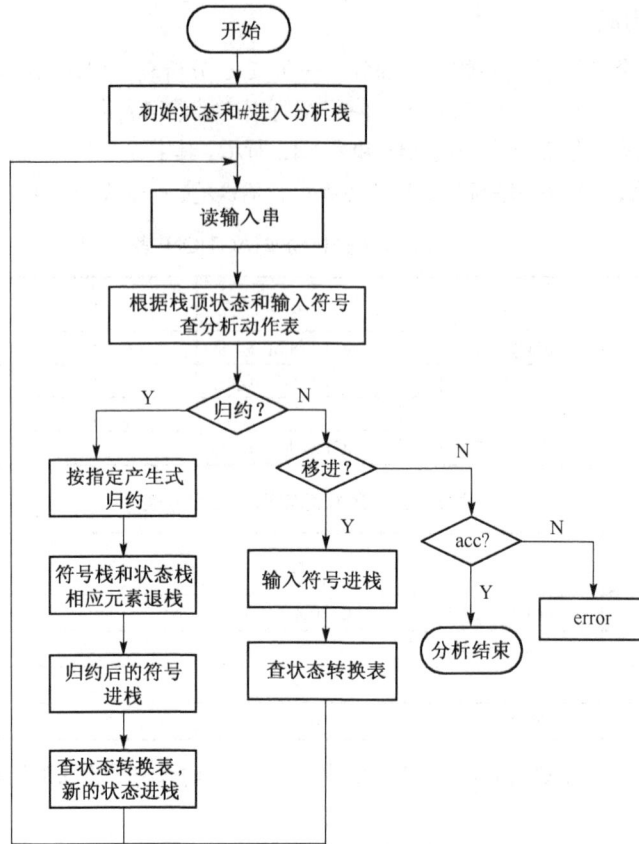

图 6.8　LR 分析过程流程图

根据分析表(如表 6.13 所示),对输入串 a, b 采用 LR 方法进行分析,分析过程如表 6.15 所示。显然上述文法产生的语言是单个的 a 和 b 以及由逗号分隔的任意个 a 和 b 所组成的所有符号串的集合。实际上,为了节省空间,可以将 ACTION 表和 GOTO 表中关于终结符号的各列对应地进行合并,合并表 6.13(a)和表 6.13(b)后的分析表如表 6.14 所示。其中 S_i 表示当前输入符号进符号栈,第 i 个状态进状态栈;r_i 表示按文法的第 i 个产生式归约;i 表示第 i 个状态进状态栈;表中未填内容的空白则表示分析动作为出错。

表 6.13(a)　G[A]的 ACTION 表

输入符号 \ 状态	a	b	,	#
S_0	S	S		
S_1				acc
S_2			S	r_2
S_3			r_3	r_3
S_4			r_4	r_4
S_5	S	S		
S_6				r_1

表 6.13(b)　G[A]的 GOTO 表

文法符号 \ 状态	a	b	,	A	B
S_0	3	4		1	2
S_1					
S_2			5		
S_3					
S_4					
S_5	3	4		6	2
S_6					

表 6.14 G[A]的 LR 分析表

状　　态	ACTION				GOTO	
	a	b	,	#	A	B
S_0	S_3	S_4			1	2
S_1				acc		
S_2			S_5	r_2		
S_3			r_3	r_3		
S_4			r_4	r_4		
S_5	S_3	S_4			6	2
S_6				r_1		

有了上述分析表，即可对输入串进行分析。表 6.15 说明了对输入串#a，b#的分析过程。

表 6.15 LR 分析法分析#a，b#的过程

步　　骤	状 态 栈	符 号 栈	余留符号串	下 一 状 态	ACTION/GOTO
1	S_0	#	a,b#	S_3	S_3
2	S_0S_3	#a	,b#	GOTO$[S_0, B]=S_2$	r_3
3	S_0S_2	#B	,b#	S_5	S_5
4	$S_0S_2S_5$	#B,	b#	S_4	S_4
5	$S_0S_2S_5S_4$	#B, b	#	GOTO$[S_5, B]=S_2$	r_4
6	$S_0S_2S_5S_2$	#B, B	#	GOTO$[S_5, A]=S_6$	r_2
7	$S_0S_2S_5S_6$	#B, A	#	GOTO$[S_0, A]=S_1$	r_1
8	S_0S_1	#A	#		acc

由表 6.15 分析过程可见#a, b#是符合文法 $G[A]$ 的一个句子。

6.3.2 LR(0)分析方法

LR(0)分析法是 LR(K)分析法中 K=0 时的情况，也就是在分析的每一步，只要根据当前的栈顶状态，而无须向前查看输入符号，即可确定分析动作。虽然很少有实用的文法是符合 LR(0)的，但是由于 LR(0)分析器的构造思想和方法是构造其他 LR 分析表的基础，所以首先介绍 LR(0)分析方法。

先来回顾一下本章给出的第一个例题(例 6.1)的文法 $G[S]$：

(1) $S \rightarrow aAbB$

(2) $A \rightarrow c|Ac$

(3) $B \rightarrow d|dB$

对输入串#accbdd#用自底向上的方法进行分析，在第 3 步归约时栈中符号串为#ac，采用产生式 $A \rightarrow c$ 归约，而当分析进行到第 5 步时，栈中符号串为 #aAc ，在归约时采用了产生式 $A \rightarrow Ac$ 进行归约而不是用产生式 $A \rightarrow c$，两次归约虽然栈顶符号都是 c，但采用了不同的产生式，其原因在于栈中存在的符号串前缀各不相同，为了说明前缀的作用，下面给出一些有关概念和术语。

1. 规范前缀和可归前缀

符号串的前缀在第 2 章已有所介绍，即指符号串的任意首部符号，包括 ε。例如，对于符号串 aAb，其前缀有 a、aA、aAb、ε。

定义 6.7 已知文法 $G[S]$，若有规范推导 $S \underset{r}{\overset{*}{\Rightarrow}} \alpha\beta$，$\beta \in V_T^*$，则称 α 为规范前缀，又称为活前缀(不含句柄之后的符号)。若 α 是含句柄的活前缀，而且句柄处在 α 的最右端，则称 α 是可归前缀。

事实上，在自底向上的分析过程中，如果分析的输入串没有语法错误，则在分析的每一步，若将

分析栈中的全部文法符号与余留的输入串进行拼接，得到的一定是所给文法的一个规范句型。也就是说，当前分析栈中的全部文法符号应该是某一规范句型的前缀，而且这种前缀不会含有句柄右边的任何符号(因为栈顶一旦出现句柄，会被立即归约)，这就是我们定义的规范前缀。

对于例题 6-1 的文法 $G[S]$，句子 $accbdd$ 的规范推导是

$$S \underset{r}{\Rightarrow} aAbB \underset{r}{\Rightarrow} aAbdB \underset{r}{\Rightarrow} aAbdd \underset{r}{\Rightarrow} aAcbdd \underset{r}{\Rightarrow} accbdd$$

规范归约为

$$accbdd \underset{\triangle}{\Rightarrow} aAcbdd \underset{\triangle}{\Rightarrow} aAbdd \underset{\triangle}{\Rightarrow} aAbdB \underset{\triangle}{\Rightarrow} aAbB \underset{\triangle}{\Rightarrow} S$$

其相应的语法树如图6.9所示。

由规范前缀和可归前缀的定义可求得：

(1) 规范句型 accbdd 的规范前缀是 a、ac，可归前缀是 ac；

(2) 规范句型 aAcbdd 的规范前缀是 aA、aAc，可归前缀是 aAc；

(3) 规范句型 aAbdd 的规范前缀是 aA、aAb、aAbd、aAbdd，可归前缀是 aAbdd；

(4) 规范句型 aAbdB 的规范前缀是 aAbdB，可归前缀是 aAbdB；

(5) 规范句型 aAbB 的规范前缀是 aAbB，可归前缀是 aAbB。

由此可见，上述规范归约的过程正是不断寻找当前句型的可归前缀的过程，因为每一个可归前缀中都会有当前句型的句柄。一个 LR 分析器，实质上就是一个逐步产生(或识别)所给文法的规范句型之可归前缀的过程。

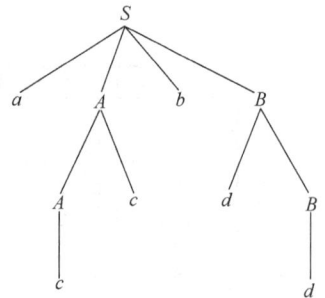

图 6.9　句子 accbdd 的语法树

LR 分析法的创始人 Knuth 先生证明了：一个文法相对应的所有规范推导中出现的所有规范前缀能够为有限自动机接受。因此，如果能构造一个识别所给文法的所有规范前缀的有限自动机，那么就能很方便地构造出相应的 LR 分析表。

对于一个识别规范前缀的有限自动机可以如下设计：

① 将终结符和非终结符都看做输入符号。

② 每当一个符号进栈时，看做已识别了该符号，状态发生变换。

③ 当识别到可归前缀时，认为到达了识别句柄的终态。

对于例 6.1，可归前缀有

　　ac，aAc，aAbdd，aAbdB，aAbB

构造识别其规范前缀及可归前缀的有限自动机如图 6.10 所示。

由图 6.10 可见：

● 从初始状态 S_0 到任一状态形成的符号串构成了某规范句型的规范前缀。

● 从初始状态 S_0 到任一终止状态形成的符号串构成了某规范句型的可归前缀。

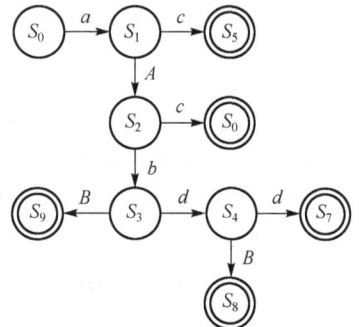

图 6.10　识别规范前缀及可归前缀的自动机

2. LR(0)项目

如前所述，一个规范句型的规范前缀中绝不含有句柄右边的任何符号。因此，规范前缀与句柄的关系只有下述三种情况：

● 规范前缀完全包含句柄。

● 规范前缀只含句柄的一部分符号。

● 规范前缀不含句柄的任何符号。

这三种情况分别代表了将要采取三种不同的分析动作。第一种情况表明栈顶已出现句柄，可以按某产生式进行归约；第二种情况表明栈顶已出现句柄的一部分符号，正期待着从余留的输入符号中看到句柄的其余部分；第三种情况表明栈顶尚未出现句柄，需将余留的输入符号继续移进。为了刻划在分析过程中，文法的产生式右部符号串中已有多少符号被识别，引入了项目的概念。

定义 6.8 对于文法 G，在其产生式的右部标上特殊符号"△"或"·"的产生式称为文法的一个 LR(0) 项目，简称项目。

特殊符号"△"或"·"可以出现在产生式右部的任何地方，表示一个位置。

一般来说，一个产生式可以有多个项目。例如，产生式 $S \rightarrow aAbB$ 对应有 5 个项目：

$S \rightarrow \triangle aAbB$

$S \rightarrow a \triangle AbB$

$S \rightarrow aA \triangle bB$

$S \rightarrow aAb \triangle B$

$S \rightarrow aSBB \triangle$

项目中出现在"△"后面的符号称为该项目的后继符号。后继符号有两种情况。

① 后继符号为终结符或非终结符。例如：

$S \rightarrow \triangle aAbB$ 的后继符号为 a

$S \rightarrow a \triangle AbB$ 的后继符号为 A

$S \rightarrow aA \triangle bB$ 的后继符号为 b

$S \rightarrow aAb \triangle B$ 的后继符号为 B

② 后继符号为空。例如，$S \rightarrow aAbB \triangle$ 的后继符号为空。此时，特别规定将后继符号记做带有"#"的相应产生式，例如，$S \rightarrow aAbB \triangle$ 的后继符号为 #$S \rightarrow aAbB$。

根据项目中"△"所在的位置和项目的后继符号把项目分成以下几种。

① 移进项目。后继符号为终结符的项目称为移进项目，例如：

$A \rightarrow \alpha \triangle x\beta$，其中 α、$\beta \in V^*$，$x \in V_t$

分析时把 x 移进文法符号栈。

② 待约项目。后继符号为非终结符的项目称为待约项目，例如：

$A \rightarrow \alpha \triangle x\beta$，其中 α、$\beta \in V^*$，$x \in V_n$

分析时期待着读入能归约到该非终结符 X 的全部输入符号。

③ 归约项目。后继符号为空的项目称为归约项目，例如：

$A \rightarrow \alpha \triangle$，其中 $\alpha \in V^*$

此时表明该产生式右部(即 α)已分析完，句柄已形成，可以按相应的产生式进行归约。

④ 接受项目。文法的开始符号 S' 的归约项目称为接受项目，例如：

$S' \rightarrow \alpha \triangle$，其中 $\alpha \in V^*$

接受项目是一种特殊的归约项目，它表明该产生式归约后分析将结束。

LR(0) 的 4 种项目实际上可以表示 LR 分析器的四种不同状态。因为状态就是描述哪些输入符号进了分析栈，哪些输入符号分析过了。当分析器从一种状态转换到另一种状态时，"△"就从一个符号的左边移到这个符号的右边。

3. 构造识别规范前缀的有限自动机

文法的全部 LR(0)项目，将是构造识别文法的所有规范前缀的有限自动机的基础。

【例6.4】 已知文法 $G[S]$:

$$S \rightarrow aA|bB$$
$$A \rightarrow bA|c$$
$$B \rightarrow cB|d$$

首先引入一个新的开始符号 S'，增加一条规则 $S' \rightarrow S$，从而得到 $G[S]$的拓广文法 $G[S']$。S' 仅在第一个产生式的左部出现，保证了接受项目的唯一性。

对于文法 $G[S']$，其中 LR(0)项目有

1	$S' \rightarrow \triangle S$	10	$A \rightarrow b \triangle A$
2	$S' \rightarrow S \triangle$	11	$A \rightarrow bA \triangle$
3	$S \rightarrow \triangle aA$	12	$A \rightarrow \triangle c$
4	$S \rightarrow a \triangle A$	13	$A \rightarrow c \triangle$
5	$S \rightarrow aA \triangle$	14	$B \rightarrow \triangle cB$
6	$S \rightarrow \triangle bB$	15	$B \rightarrow c \triangle B$
7	$S \rightarrow b \triangle B$	16	$B \rightarrow cB \triangle$
8	$S \rightarrow bB \triangle$	17	$B \rightarrow \triangle d$
9	$A \rightarrow \triangle bA$	18	$B \rightarrow d \triangle$

由于不同项目反映了分析过程中栈顶的不同情况，因此把上述 18 个 LR(0)项目作为 NFA 的 18 个状态，第一个项目($S' \rightarrow \triangle S$)作为初始状态，归约项目均作为终止状态。对于同一个产生式，"$\triangle$"从某一个符号(如 x)的左边移到该符号右边，对应 NFA 从一种状态 S_i 转换到另一种状态 S_j，那么从状态 S_i 到状态 S_j 连一条标记为 X 的箭弧，如果状态 S_i 的 "$\triangle$"之后的符号是一个非终结符(如 A)，则从状态 S_i 画 ε 弧到所有 $A \rightarrow \triangle \gamma$ 状态(即所有 "$\triangle$"出现在最左边的 A 的项目)。按照这种方法，就可构造出识别规范前缀的 NFA，如图6.11所示。

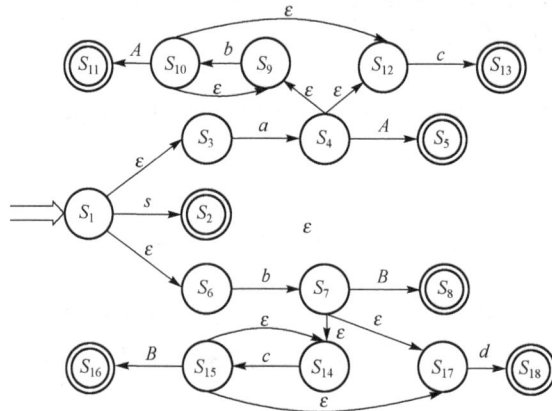

图 6.11　识别规范前缀的 NFA

使用第 3 章讲述过的 NFA 转换成等价 DFA 的方法，可将图6.11所示的 NFA 确定化，确定化后 DFA 的每一个状态是一个项目集合，这个 DFA 就是建立 LR 分析器的基础。

在图6.12的 DFA 中共有 12 个状态(从 $S_0 \sim S_{11}$)，每个状态中又含有一个或多个项目,由此给出 LR(0)项目集规范族的定义。

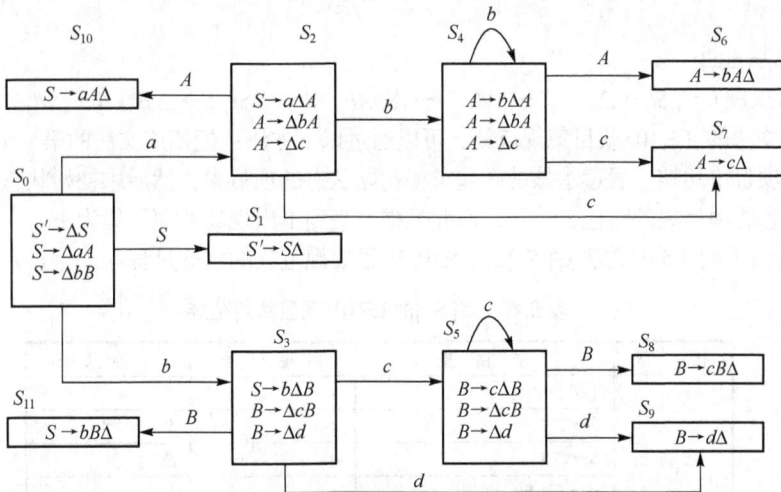

图 6.12　识别规范前缀的 DFA

构成识别一个文法规范前缀的 DFA 的项目集(状态)的全体称为 LR(0)项目集规范族。

4．LR(0)项目集规范族的构造

从图 6.12 不难看出，在每个状态的项目集中，若形如 $A \to \alpha \triangle B\beta (B \in V_N)$ 的项目在某一状态中，则形如 $B \to \triangle \gamma$ 的项目也在此状态内。例如 S_3 状态中项目集为 $\{S \to b \triangle B, \ B \to \triangle cB, \ B \to \triangle d\}$。由此给出构造 DFA 的状态项目集的方法。

首先把一个状态的项目集分为两部分。一部分是基本项目集(BASIC)，另一部分是项目集的闭包(CLOSURE)。BASIC 部分是由其先驱状态的项目集派生而来，CLOSURE 部分是由 BASIC 部分派生而来。

为了使"接受"状态易于识别，在求状态的项目集之前总是先把文法 $G[S]$ 进行拓广，增加一条新产生式 $S' \to S$，得到拓广方法 $G[S']$。

假定 I 是文法 G' 的任一项目集，则有

① BASIC(I)={$A \to \alpha B \triangle \beta | A \to \alpha \triangle B\beta \in J$}，说明 I 是 J 关于符号 B 的后继状态。

② CLOSURE(I)的计算：

● BASIC(I) $\subset$ CLOSURE(I)

● 若 $A \to \alpha \triangle B\beta \in$ CLOSURE(I)，且 $B \in Vn$，则 $B \to \triangle \gamma \in$ CLOSURE(I)

● 重复②直到 CLOSURE(I)不再增加为止。

【例 6.5】 已知文法 $G[S]$:

$S \to A|B$

$A \to aAb|c$

$B \to d$

将文法 G 进行拓广得到 $G[S']$

(0) $S' \to S$

(1) $S \to A$

(2) $S \to B$

(3) $A \to aAb$

(4) $A \to c$

（5）$B{\rightarrow}d$

若 $I=\{S'{\rightarrow}{\triangle}S\}$

则 CLOSURE$(I)=\{S'{\rightarrow}{\triangle}S,\ S{\rightarrow}{\triangle}A,\ A{\rightarrow}{\triangle}aAb,\ A{\rightarrow}{\triangle}c,\ S{\rightarrow}{\triangle}B,\ B{\rightarrow}{\triangle}d\}$。

因此，求文法的 LR(0)项目集规范族，可以通过以下方法：把拓广文法的第一个项目$\{S'{\rightarrow}{\triangle}S\}$作为初始状态项目集的核，通过求核的闭包求得初始状态的项目集，然后求得初始状态的后继状态，再求得各后继状态的项目集的闭包，……，以此类推，直到不出现新的项目集为止。

表 6.16 给出了例 6.5 中文法 $G[S']$的 LR(0)项目集规范族的构造过程。

表 6.16　$G[S']$的 LR(0)项目集规范族

状　态	项　目　集	后 继 符 号	后 继 状 态
S_0	$\{S'{\rightarrow}{\triangle}S$	S	S_1
	$S{\rightarrow}{\triangle}A$	A	S_2
	$S{\rightarrow}{\triangle}B$	B	S_3
	$A{\rightarrow}{\triangle}aAb$	a	S_4
	$A{\rightarrow}{\triangle}c$	c	S_5
	$B{\rightarrow}{\triangle}d\ \}$	d	S_6
S_1	$\{S{\rightarrow}S{\triangle}\}$	#$S'{\rightarrow}S$	S_9
S_2	$\{S{\rightarrow}A{\triangle}\}$	#$S{\rightarrow}A$	S_9
S_3	$\{S'{\rightarrow}B{\triangle}\}$	#$S{\rightarrow}B$	S_9
S_4	$\{A{\rightarrow}a{\triangle}Ab$	A	S_7
	$A{\rightarrow}{\triangle}aAb$	a	S_4
	$A{\rightarrow}{\triangle}c\ \}$	c	S_5
S_5	$\{A{\rightarrow}c{\triangle}\}$	#$A{\rightarrow}c$	S_9
S_6	$\{B{\rightarrow}d{\triangle}\}$	#$B{\rightarrow}d$	S_9
S_7	$\{A{\rightarrow}aA{\triangle}b\}$	b	S_8
S_8	$\{A{\rightarrow}aAb{\triangle}\}$	#$A{\rightarrow}aAb$	S_9
S_9			

需要说明以下两点：

① 同一状态的项目集中，若不同项目其后继符号相同，则后继状态相同。

② 不同状态的项目集中，若出现对应相同的项目，则后继状态也相同。

我们把文法的项目归结为四种：移进项目、归约项目、待约项目、接受项目，一个项目集中可以包含多种不同的项目，满足下列两个条件的项目集称为相容的项目集：

● 无移进项目和归约项目并存。

● 无归约项目和归约项目并存。

例如，若有项目集：

$\{A{\rightarrow}\alpha{\triangle}a\beta,\ B{\rightarrow}\gamma{\triangle}\}$

此时根据项目集无法确定是移进符号 a 还是把 γ 归约为 B。其项目集是不相容的，也称"移进-归约"冲突。

又如，若有项目集：

$\{A{\rightarrow}\alpha{\triangle},\ B{\rightarrow}\beta{\triangle}\}$

此时根据项目集无法确定是把 α 归约为 A 还是把 β 归约为 B。其项目集是不相容的，也称"归约-归约"冲突。

定义 6.9　对于一个文法 G，若它的 LR(0)项目集规范族中不存在"移进-归约"冲突或"归约-归约"冲突，则称 G 为 LR(0)文法。由此构造的分析表为 LR(0)分析表。

5. LR(0)分析表的构造

LR(0)分析表是 LR(0)分析器的重要组成部分,它是总控程序分析动作的依据。

首先设 GO 是一个状态转换函数:

$$GO(S_i, X) = S_j$$

其中,S_i 为包含某一项目集的状态;X 为某一文法符号;S_j 为 S_i 关于文法符号 X 的后继状态,即

$$S_j = \{任何形如 A \rightarrow \alpha X \triangle \beta \text{ 的项目} | A \rightarrow \alpha \triangle X \beta \in S_i\}$$

对于一个 LR(0)文法,可直接从它的项目集规范族和状态转换函数构造出 LR(0)分析表。下面是构造 LR(0)分析表的算法。

算法 6.2 LR(0)分析表构造算法

① 对于 $A \rightarrow \alpha \triangle X \beta \in S_i$,且 $GO[S_i, X] = S_j$,$X \in V_N$,则置 $GOTO[S_i, X] = j$。

② 对于 $A \rightarrow \alpha \triangle a \beta \in S_i$,且 $GO[S_i, a] = S_j$,$a \in V_T$,则置 $ACTION[S_i, a] = S_j$。

③ 对于 $A \rightarrow \alpha \triangle \in S_i$,且 $A \rightarrow \alpha$ 是文法 $G[S']$ 的第 j 个产生式,则对文法中任何终结符 a(包括结束符#),置 $ACTION[S_i, a] = r_j$。

④ 对于 $S' \rightarrow S \triangle \in S_i$,则置 $ACTION[S_i, \#] = acc$。

⑤ 其他情况均置出错。

下面给出例 6.5 的文法 $G[S']$ 的 LR(0)分析表。

对于一个文法构造了它的 LR(0)分析表后,就可按照图 6.8 所示的 LR 分析过程对输入串进行分析,即根据输入串的当前符号和分析栈的栈顶状态查分析表,以确定应采取的分析动作:移进、归约、接受或报错,直到整个输入串分析结束。具体说明如下:

① 若 $ACTION[S_i, a] = S_j$,$a \in V_T$,则 a 入符号栈,S_j 入状态栈。

② 若 $ACTION[S_i, a] = r_j$,$a \in V_T \cup \{\#\}$,则按第 j 个产生式归约,符号栈和状态栈相应元素退栈,归约后的文法符号进符号栈。

③ 若 $ACTION[S_i, a] = acc$,$a = \#$,则为接受,表示分析成功。

④ 若 $GOTO[S_i, X] = j$,$X \in V_N$,则 S_j 入状态栈(前一个动作是归约,归约后的非终结符为 X)。

⑤ 若 $ACTION[S_i, a] = $ 空白,则转向出错处理。

现用表 6.17 的 LR(0)分析表对输入串 #aacbb# 进行分析,其状态栈和符号栈的变化过程如表 6.18 所示。

表 6.17 LR(0)分析表

状 态	ACTION					GOTO		
	a	b	c	d	#	S	A	B
S_0	S_4		S_5	S_6		1	2	3
S_1					acc			
S_2	r_1	r_1	r_1	r_1	r_1			
S_3	r_2	r_2	r_2	r_2	r_2			
S_4	S_4		S_5				7	
S_5	r_4	r_4	r_4	r_4	r_4			
S_6	r_5	r_5	r_5	r_5	r_5			
S_7		S_8						
S_8	r_3	r_3	r_3	r_3	r_3			

表 6.18 对输入符号串#aacbb#的 LR(0)分析过程

步　骤	状 态 栈	符 号 栈	输入符号串	ACTION	GOTO
1	S_0	#	aacbb#	S_4	
2	S_0S_4	#a	acbb#	S_4	
3	$S_0S_4 S_4$	#aa	cbb#	S_5	
4	$S_0S_4 S_4 S_5$	#aac	bb#	r_4	7
5	$S_0S_4 S_4 S_7$	#aaA	bb#	S_8	
6	$S_0S_4 S_4 S_7 S_8$	#aaAb	b#	r_3	7
7	$S_0S_4 S_7$	#aA	b#	S_8	
8	$S_0 S_4 S_7 S_8$	#aAb	#	r_3	2
9	S_0S_2	#A	#	r_1	1
10	S_0S_1	#S	#	acc	

可见输入符号串#aacbb#符合文法规则，分析成功，结束。

6.3.3　SLR(1)分析方法

LR(0)文法是一类非常简单的文法，它要求每个状态的项目集中都不能含有冲突性的项目，但是大多数适用的程序设计语言的文法都不能满足 LR(0)文法的条件；例如，定义算术表达式的文法、描述一个变量说明的文法等都不是 LR(0)的文法。因此本节提出一种 SLR(1)分析方法，它可以利用向前看一个符号解决 LR(0)项目集中的冲突。

SLR(1)方法即简单的 LR(1)方法，其基本思想是由 DeRemer 于 1969 年提出的。这种方法只对有冲突的状态才向前看一个符号，以确定分析动作，而 LR(1)方法则是对所有状态都确定向前看的符号，因此把 SLR(1)方法称为简单的 LR(1)方法。

首先考虑算术表达式的拓广文法 $G[S']$：

(0) $S' \rightarrow E$

(1) $E \rightarrow E+T$

(2) $E \rightarrow T$

(3) $T \rightarrow T*F$

(4) $T \rightarrow F$

(5) $F \rightarrow (E)$

(6) $F \rightarrow i$

这个文法的 LR(0)项目集规范族为

S_0：$\{ S' \rightarrow \triangle E,\ E \rightarrow \triangle E+T,\ E \rightarrow \triangle T,\ T \rightarrow \triangle T*F,\ T \rightarrow \triangle F,\ F \rightarrow \triangle (E),\ F \rightarrow \triangle i\}$

S_1：$\{ S' \rightarrow E\triangle,\ E \rightarrow E\triangle+T\}$

S_2：$\{E \rightarrow T\triangle,\ T \rightarrow T\triangle *F\}$

S_3：$\{T \rightarrow F\triangle\}$

S_4：$\{F \rightarrow (\triangle E),\ E \rightarrow \triangle E+T,\ E \rightarrow \triangle T,\ T \rightarrow \triangle T*F,\ T \rightarrow \triangle F,\ F \rightarrow \triangle (E),\ F \rightarrow \triangle i\}$

S_5：$\{ F \rightarrow i\triangle\}$

S_6：$\{E \rightarrow E+\triangle T,\ T \rightarrow \triangle T*F,\ T \rightarrow \triangle F,\ F \rightarrow \triangle (E),\ F \rightarrow \triangle i\}$

S_7：$\{T \rightarrow T*\triangle F,\ F \rightarrow \triangle (E),\ F \rightarrow \triangle i\}$

S_8：$\{F \rightarrow (E\triangle),\ E \rightarrow E\triangle+T\}$

S_9：$\{E \rightarrow E+T\triangle,\ T \rightarrow T\triangle *F\}$

S_{10}：$\{T \rightarrow T*F\triangle\}$

S_{11}：$\{F \rightarrow (E) \triangle\}$

在这 12 个项目集中，S_1、S_2 和 S_9 的项目集均不相容，它们都含有"移进-归约"的冲突。对 S_1 项目集来说，因为含有 $S' \rightarrow E\triangle$ 接受项目，所以更确切地说是"移进-接受"冲突。构造其 LR(0) 分析表，如表 6.19 所示。

表 6.19　算术表达式文法的 LR(0) 分析表

状　态	ACTION						GOTO		
	i	+	*	(	)	#	E	T	F
S_0	S_5			S_4			1	2	3
S_1		S_6				acc			
S_2	r_2	r_2	r_2/S_7	r_2	r_2	r_2			
S_3	r_4	r_4	r_4	r_4	r_4	r_4			
S_4	S_5			S_4			8	2	3
S_5	r_6	r_6	r_6	r_6	r_6	r_6			
S_6	S_5			S_4				9	3
S_7	S_5			S_4					10
S_8		S_6			S_{11}				
S_9	r_1	r_1	r_1/S_7	r_1	r_1	r_1			
S_{10}	r_3	r_3	r_3	r_3	r_3	r_3			
S_{11}	r_5	r_5	r_5	r_5	r_5	r_5			

由分析可见，S_2 和 S_9 中出现了多重定义的元素，也即出现了"移进-归约"的冲突分析动作，因此该 LR(0) 分析表不能作为 LR 分析器的分析表，需要对 LR(0) 加以改进。

首先假定一个状态 S_i 的项目集为

$$S_i = \{A \rightarrow \alpha\triangle\beta, \ B \rightarrow \gamma\triangle, \ C \rightarrow \delta\triangle\}$$

其中 β 是首符号为终结符的符号串。α、γ、δ 是任意符号串。

在上述项目集中，存在着移进-归约的冲突和归约-归约的冲突。如果下列三个集合 FOLLOW(B)、FOLLOW(C)、FIRST(β) 互不相交，则当状态为 S_i，输入符号为 $a(a \in V_t \cup \text{'\#'})$ 时，利用下列方法可解决冲突动作：

① 若 $a \in \text{FIRST}(\beta)$，则移进 a。

② 若 $a \in \text{FOLLOW}(B)$，则用产生式 $B \rightarrow \gamma$ 进行归约。

③ 若 $a \in \text{FOLLOW}(C)$，则用产生式 $C \rightarrow \delta$ 进行归约。

④ 其他报错。

根据上述解决冲突的方法，给出构造 SLR(1) 分析表的算法如下。

算法 6.3　SLR(1) 分析表构造算法

① 对于 $A \rightarrow \alpha\triangle X\beta \in S_i$，且 $\text{GO}[S_i, X] = S_j$，$X \in V_N$，则置 $\text{GOTO}[S_i, X] = j$。

② 对于 $A \rightarrow \alpha\triangle a\beta \in S_i$，且 $\text{GO}[S_i, a] = S_j$，$a \in V_T$，则置 $\text{ACTION}[S_i, a] = S_j$。

③ 对于 $A \rightarrow \alpha\triangle \in S_i$，且 $A \rightarrow \alpha$ 是文法 G[S'] 的第 j 个产生式，则对任何终结符 a（包括'\#'），若 $a \in \text{FOLLOW}(A)$，则置 $\text{ACTION}[S_i, a] = r_j$。

④ 对于 $S' \rightarrow S\triangle \in S_i$，则置 $\text{ACTION}[S_i, \#] = \text{acc}$。

⑤ 其他情况均置出错。

对于一个文法 G，若按上述算法构造的分析表中不含有冲突动作，则称文法 G 为 SLR(1) 文法。由此构造的分析表为 SLR(1) 分析表。

现在先来分析表达式文法是不是 SLR(1) 文法。对于

$$S_1 = \{S' \rightarrow E\triangle, \ E \rightarrow E\triangle + T\}$$

$FOLLOW(S')=\{\#\}$，$FIRST(+T)=\{+\}$

显然$\{\#\}\cap\{+\}=\phi$，因此S_1中的冲突可解决。

对于

　　$S_2=\{E\to T\triangle,\ T\to T\triangle *F\}$

$FOLLOW(E)=\{+,\ ),\ \#\}$，$FIRST(*F)=\{*\}$

显然$\{+,\ ),\ \#\}\cap\{*\}=\phi$，因此$S_2$中的冲突可解决。

对于

　　$S_9=\{E\to E+T\triangle,\ T\to T\triangle *F\}$

$FOLLOW(E)=\{+,\ ),\ \#\}$，$FIRST(*F)=\{*\}$

显然$\{+,\ ),\ \#\}\cap\{*\}=\phi$，因此$S_9$中的冲突也可解决。

由此看来，表达式文法是一个$SLR(1)$文法，其$SLR(1)$分析表如表6.20所示。

表6.20　算术表达式文法的SLR(1)分析表

状　态	ACTION						GOTO		
	i	+	*	(	)	#	E	T	F
S_0	S_5			S_4			1	2	3
S_1		S_6				acc			
S_2		r_2	S_7		r_2	r_2			
S_3		r_4	r_4		r_4	r_4			
S_4	S_5			S_4			8	2	3
S_5		r_6	r_6		r_6	r_6			
S_6	S_5			S_4				9	3
S_7	S_5			S_4					10
S_8		S_6			S_{11}				
S_9		r_1	S_7		r_1	r_1			
S_{10}		r_3	r_3		r_3	r_3			
S_{11}		r_5	r_5		r_5	r_5			

下面给出利用表6.20的$SLR(1)$分析表对符号串$\#i*(i*i)\#$进行分析的过程，如表6.21所示。由分析结果可见，分析成功，输入串$i*(i+i)$是符合表达式文法规则的符号串。

表6.21　对符号串$\#i*(i+i)\#$的SLR(1)分析过程

步　骤	状　态　栈	符　号　栈	产　生　式	输　入　串	分　析　表
1	S_0	#		$i*(i+i)\#$	S_5
2	S_0S_5	$\#i$		$*(i+i)\#$	r_6、3
3	S_0S_3	$\#F$	$F\to i$	$*(i+i)\#$	r_4、2
4	S_0S_2	$\#T$	$T\to F$	$*(i+i)\#$	S_7
5	$S_0S_2S_7$	$\#T*$		$(i+i)\#$	S_4
6	$S_0S_2S_7S_4$	$\#T*($		$i+i)\#$	S_5
7	$S_0S_2S_7S_4S_5$	$\#T*(i$		$+i)\#$	r_6、3
8	$S_0S_2S_7S_4S_3$	$\#T*(F$	$F\to i$	$+i)\#$	r_4、2
9	$S_0S_2S_7S_4S_2$	$\#T*(T$	$T\to F$	$+i)\#$	r_2、8
10	$S_0S_2S_7S_4S_8$	$\#T*(E$	$E\to T$	$+i)\#$	S_6
11	$S_0S_2S_7S_4S_8S_6$	$\#T*(E+$		$i)\#$	S_5
12	$S_0S_2S_7S_4S_8S_6S_5$	$\#T*(E+i$		$)\#$	r_6、3
13	$S_0S_2S_7S_4S_8S_6S_3$	$\#T*(E+F$	$F\to i$	$)\#$	r_4、9
14	$S_0S_2S_7S_4S_8S_6S_9$	$\#T*(E+T$	$T\to F$	$)\#$	r_1、8
15	$S_0S_2S_7S_4S_8$	$\#T*(E$	$E\to E+T$	$)\#$	S_{11}
16	$S_0S_2S_7S_4S_8S_{11}$	$\#T*(E)$	$F\to(E)$	#	r_5、10
17	$S_0S_2S_7S_{10}$	$\#T*F$		#	r_3、2
18	S_0S_2	$\#T$	$T\to T*F$	#	r_2、1
19	S_0S_1	$\#E$	$E\to T$	#	acc

6.3.4　LR(1)分析方法

SLR(1)分析方法是一种较为实用的方法。其优点是状态数目少，造表算法简单，许多程序设计语言基本上都可用 SLR(1)文法来描述。SLR(1)方法采用向前查看一个符号的办法能够解决某些 LR(0)项目集规范族中不相容项目集的冲突分析动作，但是仍然有很多实用文法不能用 SLR(1)方法解决分析冲突。

【例 6.6】 已知文法 $G[S']$：

(0) $S' \rightarrow S$

(1) $S \rightarrow CbBA$

(2) $A \rightarrow Aab$

(3) $A \rightarrow b$

(4) $B \rightarrow a$

(5) $B \rightarrow Ca$

(6) $C \rightarrow a$

识别该文法的规范前缀的 DFA 如图 6.13 所示。

从图 6.13 中可以看出

● 项目集 $S_6 = \{B \rightarrow a\triangle, C \rightarrow a\triangle\}$，存在"归约-归约"冲突。

● 项目集 $S_8 = \{S \rightarrow CbBA\triangle, A \rightarrow A\triangle ab\}$，存在"移进-归约"冲突。

● 对于 S_6，FOLLOW$(B) = \{b\}$，FOLLOW$(C) = \{a, b\}$，显然 FOLLOW$(B) \cap$ FOLLOW$(C) \neq \phi$。

● 对于 S_8，FOLLOW$(S) = \{\#\}$，FIRST$(ab) = \{a\}$，显然 FOLLOW$(S) \cap$ FIRST$(ab) = \phi$。

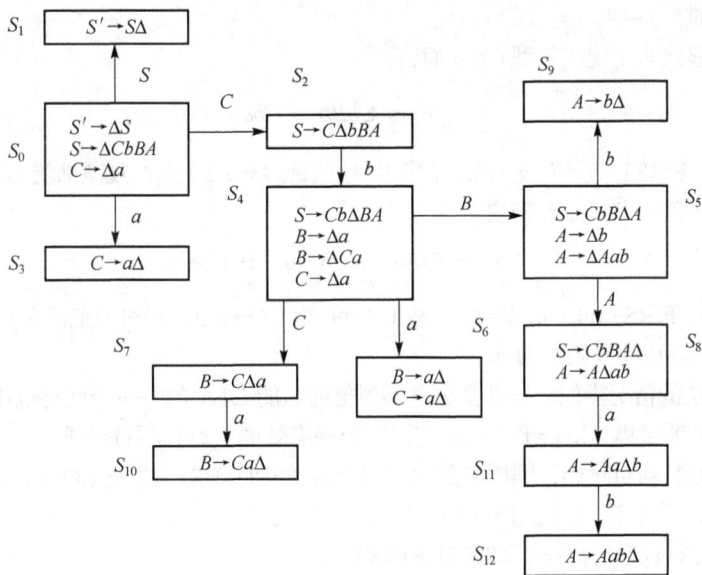

图 6.13　识别 $G[S']$ 的规范前缀的 DFA

由 SLR(1)文法的定义可知该文法不是 SLR(1)文法，即不能用 SLR(1)方法解决 S_6 中的冲突。因此，需要用更强的 LR 分析方法，即 LR(1)分析方法来解决这一问题。

对 SLR(1)方法进行分析可以发现，当出现分析动作冲突时，对于归约项目 $A \rightarrow \alpha\triangle$，它仅考虑当前输入符号 a 是否属于 FOLLOW(A)，以确定是否按产生式 $A \rightarrow \alpha$ 进行归约，而没有考虑 α 在规范句型中的情况。如果栈里的符号串为 $\beta\alpha$，而 $a\in$FOLLOW(A)，用产生式 $A\to\alpha$ 归约后变为 βA，再移进 a，栈里变为 βAa，但若文法中并不存在以 βAa 为前缀的规范句型，那么，这种归约无效。

为了讨论 LR(1) 分析表的构造算法，首先给出 LR(1) 项目的概念。

定义 6.10　对于文法 G，在原来的每一个 LR(0) 项目中放置一个向前搜索符号 a，使之成为以下形式：

$$[A\to\alpha\triangle\beta,\ a]\qquad\text{其中 }a\in\text{FOLLOW}(A)$$

这样的项目称为 LR(1) 项目。

对于例 6.6 来说：

$$[B\to a\triangle,\ b],\ [C\to a\triangle,\ b],\ [C\to a\triangle,\ a]$$

都是文法的 LR(1) 项目。但是，并不是每个 LR(1) 项目都是有效项目。以下是一个规范推导：

$$S'\underset{r}{\Rightarrow}S\underset{r}{\Rightarrow}CbBA\underset{r}{\Rightarrow}CbBb\underset{r}{\Rightarrow}Cbab$$

反过来看，对于规范句型 $Cbab$，当栈顶符号是 a，面临的输入符号是 b 时，只能将 a 归约为 B，而不能将 a 归约为 C。因为 $S'\underset{r}{\Rightarrow}S\underset{r}{\nRightarrow}CbCb$，所以 $CbCb$ 不是该文法的一个规范句型，换句话说，如果把 a 归约成 C，栈中得到的将不是一个规范句型的规范前缀。

定义 6.11　一个 LR(1) 项目 $[A\to\alpha\triangle\beta,\ a]$ 对规范前缀 $\gamma=\delta\alpha$ 有效，是指存在规范推导：

$$S'\underset{r}{\overset{*}{\Rightarrow}}\delta Ay\underset{r}{\Rightarrow}\delta\alpha\beta y,\qquad y\in V_T^*$$

且满足下列条件：

① 当 $y\ne\varepsilon$ 时，$a=$FIRST(y)。

② 当 $y=\varepsilon$ 时，$a=$'#'。

对于前例，显然对于规范句型 $Cbab$ 而言，

$$S'\underset{r}{\overset{*}{\Rightarrow}}CbBb\underset{r}{\Rightarrow}Cbab$$

其中 $\beta=\varepsilon$，$y=b$，FIRST$(y)=b$，$\delta=Cb$，故 LR(1) 项目 $[B\to a\triangle,\ b]$ 对规范前缀 $\gamma=Cba$ 有效。

又如，对于规范句型 $Cbaab$ 来说，

$$S'\underset{r}{\overset{*}{\Rightarrow}}CbBb\underset{r}{\Rightarrow}CbCab\underset{r}{\Rightarrow}Cbaab$$

其中 $\beta=\varepsilon$，$y=ab$，FIRST$(y)=a$，$\delta=Cb$，故 LR(1) 项目 $[C\to a\triangle,\ a]$ 对规范前缀 $\gamma=Cba$ 有效。从而应把 a 归约为 C，而不应将其归约为 B。

与 LR(0) 文法的情况类似，识别文法全部规范前缀的 DFA 的每一个状态也用一个 LR(1) 项目集来表示，而每一个项目集又由若干个对相应规范前缀有效的 LR(1) 项目组成。

为了构造 LR(1) 项目集族，同样需要用到两个函数 CLOSURE(S_i) 及 GO$(S_i,\ X)$。

假定 S_i 是一个项目集，它的闭包 CLOSURE(S_i) 定义如下：

S_i 中的任何 LR(1) 项目都属于 CLOSURE(S_i)。

① 若项目 $[A\to\alpha\triangle X\beta,\ a]\in$CLOSURE$(S_i)$，其中 $X\in V_N$，$X\to\eta$ 是一个产生式，$b\in$FIRST(β)，则 $[X\to\triangle\eta,\ b]\in$CLOSURE$(S_i)$，其 $\eta\in V^*$。

② 重复执行步骤②，直到 CLOSURE(S_i) 不再增加为止。

LR(1) 转换函数 GO 的构造与 LR(0) 的相似：GO$(S_i,\ X)=$CLOSURE(S_j)。其中 S_i 是 LR(1) 的项目集，X 是文法符号。$S_j=\{$任何形如 $[A\to\alpha X\triangle\beta,\ a]$ 的项目 $[A\to\alpha\triangle X\beta,\ a]\in S_i\}$

注意：每一个 LR(1) 项目与其后继项目有相同的向前搜索符号。

有了上述 CLOSURE(S_i) 和 GO(S_i, X) 的定义之后，采用与 LR(0) 文法类似的方法，可构造出所给文法 G 的 LR(1) 项目集族及状态转换图。

例如，对于例 6.6 中的文法 $G[S']$，其 LR(1) 项目集族的构造过程如表 6.22 所示。在构造时，首先把[$S' \to \triangle S$，#]作为初始集的初始项目，然后对其求闭包和转换函数，直到项目集不再增大为止。

表 6.22　$G[S']$ 的 LR(1) 项目集族

状　态	LR(1)项目集	后继符号	后继状态
S_0	$\{S' \to \triangle S$，#，	S	S_1
	$S \to \triangle CbBA$，#	C	S_2
	$C \to \triangle a\quad$，b$\}$	a	S_3
S_1	$\{S' \to S\triangle$，#$\}$	$\#\ S' \to S$	S_{13}
S_2	$\{S \to C\triangle bBA$，#$\}$	b	S_4
S_3	$\{C \to a\triangle$，b$\}$	$\#\ C \to a$	S_{13}
S_4	$\{S \to Cb\triangle BA$，#，	B	S_5
	$B \to \triangle a\quad$，b	a	S_6
	$B \to \triangle Ca$，b	C	S_7
	$C \to \triangle a\quad$，a$\}$	a	S_6
S_5	$\{S \to CbB\triangle A$，#，	A	S_8
	$A \to \triangle Aab$，#/a	A	S_8
	$A \to \triangle b\quad$，#/a$\}$	b	S_9
S_6	$\{B \to a\triangle$，b	$\#B \to a$	S_{13}
	$C \to a\triangle$，a$\}$	$\#C \to a$	S_{13}
S_7	$\{B \to C\triangle a$，b$\}$	a	S_{10}
S_8	$\{S \to CbBA\triangle$，#	$\#S \to CbBA$	S_{13}
	$A \to A\triangle ab$，#/a$\}$	a	S_{11}
S_9	$\{A \to b\triangle\quad$，#/a$\}$	$\#A \to b$	S_{13}
S_{10}	$\{B \to Ca\triangle$，b$\}$	$\#B \to Ca$	S_{13}
S_{11}	$\{A \to Aa\triangle b$，#/a$\}$	b	S_{12}
S_{12}	$\{A \to Aab\triangle$，#/a$\}$	$\#A \to Aab$	S_{13}
S_{13}	$\{\quad\quad\quad\quad\}$		

由上述方法构造的 LR(1) 项目集中，没有出现不相容的情况。对于项目集 S_6 来说，虽然有两个归约项目并存，但两个归约项目的向前搜索符号不同，所以，不会出现分析动作冲突。

下面给出 LR(1) 分析表构造算法。

算法 6.4　LR(1) 分析表构造算法

① 对于[$A \to \alpha\triangle X\beta$，$a$] $\in S_i$，且 GO$(S_i, X) = S_j$，$X \in V_N$，则置 GOTO[S_i, X] $= j$。

② 对于[$A \to \alpha\triangle a\beta$，$b$] $\in S_i$，且 GO$(S_i, a) = S_j$，$a \in V_T$，则置 ACTION[S_i, a] $= S_j$。

③ 对于[$A \to \alpha\triangle$，a] $\in S_i$，且 $A \to \alpha$ 是文法的第 j 个产生式，则置 ACTION[S_i, a] $= r_j$。

④ 对于[$S' \to S\triangle$，#] $\in S_i$，则置 ACTION[S_i, #]=acc。

⑤ 其他情况均置出错。

对于一个文法 G，若按上述算法构造的分析表不会有冲突动作，则称文法 G 是 LR(1) 文法。由此构造的分析表为 LR(1) 分析表。

利用 LR(1) 分析表构造算法可以构造例 6.6 中的文法 $G[S']$ 的 LR(1) 分析表，如表 6.23 所示。

表 6.23　G[S′]的 LR(1)分析表

状　态	ACTION			GOTO			
	a	b	#	S	A	B	C
S_0	S_3			1			2
S_1			acc				
S_2		S_4					
S_3		r_6					
S_4	S_6					5	7
S_5		S_9		8			
S_6	r_6	r_4					
S_7	S_{10}						
S_8	S_{11}		r_1				
S_9	r_3		r_3				
S_{10}		r_5					
S_{11}		S_{12}					
S_{12}	r_2		r_2				

从表 6.23 也可以看出，对于项目集 S_6，存在着两个归约项目，但由于两个归约项目的搜索符号不同，所以不会出现冲突。当栈顶符号为 a，而待输入符号为 b 时，按第 4 个产生式($B→a$)归约，当栈顶符号为 a，待输入符号也为 a 时，按第 6 个产生式($C→a$)归约，没有冲突产生，因此该文法是 LR(1)文法。

6.3.5　LALR(1)分析方法

LR(1)分析方法的分析能力较强，能适应于许多文法，因此也常常把 LR(1)文法的分析器称为规范 LR(1)分析器。LR(1)方法可以解决 SLR(1)方法解决不了的问题，但是 LR(1)有一个主要缺点，即当文法的规模较大时，其构造分析表的工作量及所占的存贮空间也会很大。因此，本节介绍一种更为实用的 LR 分析方法，即 LALR(1)分析方法。这种方法的分析能力不像 LR(1)分析器那么强，但是其分析表所占的空间比 LR(1)的小得多，而且一般程序设计语言的多数语法构造都可用 LALR(1)文法方便地描述。

先来考虑下面的实例。

【例6.7】　已知文法 G[S′]:

(0)　$S′→S$

(1)　$S→AA$

(2)　$A→aA$

(3)　$A→b$

它的 LR(1)项目集族如表 6.24 所示，LR(1)分析表如表 6.25 所示。

从表 6.24 的 LR(1)项目集可以发现一些项目集有非常相似的状态，例如：

　　　　S_3 与 S_6，S_4 与 S_7，S_8 与 S_9

所不同的是向前搜索符号不一样。

如果两个 LR(1)项目集除了向前搜索符号不同之外，其他内容都是相同的，则称这两个 LR(1)项目集具有相同的心(或核)，也把这两个项目集称为同心集、同心状态或等价状态。

表 6.24　LR(1)项目集族

状　态	LR(1)项目集	后继符号	后继状态
S_0	$\{ S' \rightarrow \triangle S, \#,$	S	S_1
	$S \rightarrow \triangle AA, \#$	A	S_2
	$A \rightarrow \triangle aA, a/b$	a	S_3
	$A \rightarrow \triangle b, a/b\}$	b	S_4
S_1	$\{ S' \rightarrow S\triangle, \#\}$	$\# S' \rightarrow S$	S_{10}
S_2	$\{S \rightarrow A\triangle A, \#$	A	S_5
	$A \rightarrow \triangle aA, \#$	a	S_6
	$A \rightarrow \triangle b, \#\}$	b	S_7
S_3	$\{A \rightarrow a\triangle A, a/b$	A	S_8
	$A \rightarrow \triangle aA, a/b$	a	S_3
	$A \rightarrow \triangle b, a/b\}$	b	S_4
S_4	$\{A \rightarrow b\triangle, a/b\}$	$\# A \rightarrow b$	S_{10}
S_5	$\{A \rightarrow AA\triangle, \#\}$	$\# A \rightarrow AA$	S_{10}
S_6	$\{A \rightarrow a\triangle A, \#$	A	S_9
	$A \rightarrow \triangle aA, \#$	a	S_6
	$A \rightarrow \triangle b , \#\}$	b	S_7
S_7	$\{A \rightarrow b\triangle, \#\}$ ·	$\# A \rightarrow b$	S_{10}
S_8	$\{A \rightarrow aA\triangle, a/b\}$	$\# A \rightarrow aA$	S_{10}
S_9	$\{A \rightarrow aA\triangle , \#\}$	$\# A \rightarrow aA$	S_{10}
S_{10}	$\{$　　　　$\}$		

表 6.25　LR(1)分析表

状　态	ACTION			GOTO	
	a	b	$\#$	S	A
S_0	S_3	S_4		1	2
S_1			acc		
S_2	S_6	S_7			5
S_3	S_3	S_4			
S_4	r_3	r_3			
S_5			r_1		
S_6	S_6	S_7			9
S_7			r_3		
S_8	r_2	r_2			
S_9			r_2		
S_{10}					

例如：

S_3: $\{$　　$A \rightarrow a\triangle A$, a/b　　　　S_6: $\{$　　$A \rightarrow a\triangle A$, #

　　　　　　　$A \rightarrow \triangle aA$, a/b　　　　　　　　　$A \rightarrow \triangle aA$, #

　　　　　　　$A \rightarrow \triangle b$, a/b$\}$　　　　　　　　$A \rightarrow \triangle b$, #$\}$

S_3 和 S_6 是同心集，将它们合并后为

　　　S_{36}: $\{A \rightarrow a\triangle A$, a/b/#

　　　　　$A \rightarrow \triangle aA$, a/b/#

　　　　　$A \rightarrow \triangle b$, a/b/#$\}$

同理，S_4 与 S_7 是同心集，S_8 与 S_9 是同心集，将 S_4 与 S_7、S_8 与 S_9 分别合并后，得到

　　　S_{47}: $\{A \rightarrow b\triangle$, a/b/#$\}$

　　　S_{89}: $\{A \rightarrow aA\triangle$, a/b#$\}$

通过把 LR(1)项目集中的同心集进行合并，大大减少了状态数，但是由于增加了各项目向前看符号集中的元素，有可能在合并后的项目集中出现冲突项目，当然，这种冲突在原来的 LR(1)项目集中是没有的。如果同心集合并后仍不包含冲突，则称这样的文法是**LALR(1)文法**。

若文法是 LR(1)文法，则合并同心集后不会产生新的"移进-归约"冲突，但有可能产生"归约-归约"冲突。

例如，假定 S_i、S_j 是某一 LR(1)文法的两个项目集：

　　　S_i: $\{A \rightarrow \alpha\triangle$, u_1

　　　　　$B \rightarrow \beta\triangle$, v_1

　　　　　$C \rightarrow \gamma\triangle a\delta, t_1\}$

S_j: $\{A \rightarrow \alpha\triangle,\ u_2$

$B \rightarrow \beta\triangle,\ v_2$

$C \rightarrow \gamma\triangle a\delta,\ t_2\}$

其中 u_1、u_2、v_1、v_2、t_1、t_2 分别为向前搜索符号集合，$a \in V_t$。

因为该文法是 LR(1) 文法，所以 S_i、S_j 中都不存在"移进-归约"冲突和"归约-归约"冲突，即 S_i 中 $\{u_1\} \cap \{v_1\} \cap \{a\} = \phi$，$S_j$ 中 $\{u_2\} \cap \{v_2\} \cap \{a\} = \phi$。

显然 S_i、S_j 是同心集，将它们合并后得到

S_{ij}: $\{A \rightarrow \alpha\triangle,\ u_1/u_2$

$B \rightarrow \beta\triangle,\ v_1/v_2$

$C \rightarrow \gamma\triangle a\delta,\ t_1/t_2\}$

由于在 S_{ij} 中，$\{u_1\} \cap \{v_1\} \cap \{a\} = \phi$，$\{u_2\} \cap \{v_2\} \cap \{a\} = \phi$，所以不存在新的"移进-归约"冲突。但由于 $\{u_1\} \cap \{v_1\} = \phi$，$\{u_2\} \cap \{v_2\} = \phi$，并不意味着 $(\{u_1\} \cup \{u_2\}) \cap (\{v_1\} \cup \{v_2\}) = \phi$，所以合并后的项目集中仍然可能出现"归约-归约"冲突。

对表 6.24 中的同心集进行合并后得到的 LALR(1) 项目集族如表 6.26 所示。

表 6.26　合并同心集后的 LR(1) 项目集族

状　　态	LR(1) 项目集	后 继 符 号	后 继 状 态
S_0	$\{\ S' \rightarrow \triangle S,\ \#,$	S	S_1
	$S \rightarrow \triangle AA,\ \#$	A	S_2
	$A \rightarrow \triangle aA,\ a/b$	a	S_3/S_6
	$A \rightarrow \triangle b,\ a/b\}$	b	S_4/S_7
S_1	$\{\ S' \rightarrow S\triangle,\ \#\}$	$\#\ S' \rightarrow S$	S_{10}
S_2	$\{S \rightarrow A\triangle A,\ \#$	A	S_5
	$A \rightarrow \triangle aA,\ \#$	a	S_3/S_6
	$A \rightarrow \triangle b,\ \#\}$	b	S_4/S_7
S_3/S_6	$\{A \rightarrow a\triangle A,\ a/b/\#$	A	S_8/S_9
	$A \rightarrow \triangle aA,\ a/b/\#$	a	S_3/S_6
	$A \rightarrow \triangle b,\ a/b/\#\}$	b	S_4/S_7
S_4/S_7	$\{A \rightarrow b\triangle,\ a/b/\#\}$	$\#\ A \rightarrow b$	S_{10}
S_5	$\{A \rightarrow AA\triangle,\ \#\}$	$\#\ A \rightarrow AA$	S_{10}
S_8/S_9	$\{A \rightarrow aA\triangle,\ a/b/\#\}$	$\#A \rightarrow aA$	S_{10}
S_{10}	$\{\qquad\qquad\}$		

对于例 6.7 的文法 $G[S']$ 来说，合并同心集后没有冲突产生，所以它是一个 LALR(1) 文法。实际上，仔细分析其 LR(1) 项目集不难发现，不考查向前搜索符号，它的任何项目集中都没有动作冲突，因此，该文法是一个 LR(0) 文法。LR(1) 项目集族中的同心集合并后得到的状态数与 LR(0) 项目集族的状态数一致。

由表 6.26 进而可得到它的 LALR(1) 的状态转换图，即 LALR(1) 自动机，如图 6.14 所示。

对于一个文法 G，构造其 LALR(1) 分析表与构造 LR(1) 分析表类似。下面给出构造 LALR(1) 分析表的算法。

算法 6.5　LALR(1) 分析表构造算法

① 首先构造文法 G 的 LR(1) 项目集族，$C = \{S_0,\ S_1,\ \cdots,\ S_n\}$。

② 合并 C 中的同心集，从而得到 LALR(1)项目集族，$C' =\{ S'_0, S'_1, \cdots, S'_m \}$。

③ 由 C' 构造 ACTION 表，其方法与 LR(1)分析表的构造方法相同。

● 对于$[A \to \alpha\triangle a\beta, b] \in S'_i$，且 GO$(S'_i, a) = S'_j$，$a \in V_t$，则置 ACTION$[S'_i, a] = S'_j$。

● 对于$[A \to \alpha\triangle, a] \in S'_i$，且 A$\to \alpha$是文法的第 j 个产生式，则置 ACTION$[S'_i, a] = r_j$。

● 对于$[S' \to S\triangle, \#] \in S'_i$，则置 ACTION$[S'_i, \#] = $acc。

④ 由 C' 构造 GOTO 表。对于不是同心集的项目，其方法与 LR(1)相同；对于同心集项目，其转换函数也为同心集，因此，假定 S_{i1}, S_{i2}, ..., S_{in} 是同心集，合并后为 S'_k，转换函数 GO(S_{i1}, X)，GO(S_{i2}, X)，...，GO(S_{in}, X) 也为同心集，合并后记为 S'_j，因此，有 GO$(S'_k, X) = S'_j$，若 $X \in V_N$，则置 GOTO$[S'_k, X] = j$。

⑤ 分析表中凡不能用步骤③、④步填入信息的均置出错。

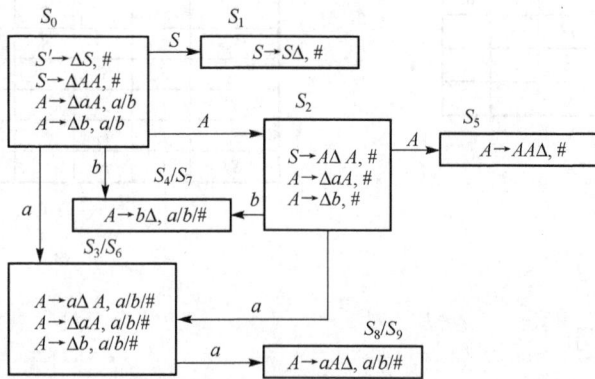

图 6.14　LALR(1)自动机

根据上述构造算法，可构造例 6.7 文法的 LALR(1)分析表，如表 6.27 所示，其中 S_2、S_6 合并为 S_{36}，S_4、S_7 合并为 S_{47}，S_8、S_9 合并为 S_{89}。

对于任何文法 G，通过先构造 LR(1)项目集，然后再合并同心集形成 LALR(1)项目集，这种算法简单、明确，但实现起来又费时间、费空间。在实际处理时，可以通过直接构造 LR(0)项目集，再加入向前搜索符号，从而构造出 LALR(1)项目集；也可以根据文法直接构造 LALR(1)项目集，具体方法这里不再介绍，读者可参阅有关文献资料。

到目前为止，我们学习了四种 LR 分析方法：LR(0)、SLR(1)、LR(1) 和 LALR(1)。其中 LR(0)分析方法是最简单的一种，也是建立其他 LR 分析法的基础，但它的缺点是分析能力最低，局限性很大；SLR(1)分析方法是一种比较容易实现又极有使用价值的方法，但是有一些文法不能构造出 SLR 分析表；LR(1)分析方法分析能力最强，能够适用一大类文法，缺点是实现代价过高；LALR(1)分析方法、分析能力介于 SLR(1)和 LR(1)之间，合并同心集后对某些错误发现的时间会产生推迟现象，但仍然能找到错误出现的位置，一般来说，LALR(1)分析表的体积要比原 LR(1)分析小得多。

一个 LR(0)文法一定是 SLR(1)文法，也一定是 LR(1)文法；反之则不一定成立。一个 LR(1)文法不一定是 LALR(1)文法，但一个 LALR(1)文法一定是一个 LR(1)文法。

最后还要指出的是，任何一个二义性文法绝不是 LR 类文法，也不是一个算符优先文法或 LL(K)文法。也就是说，任何 LR 文法都是无二义性文法，但是对某些二义性文法，可借助其他一些信息和因素，如算符的优先级和结合性的规则或某些语法结构的语义解释等，来克服分析表中所含的冲突动作，从而可以构造出无多重定义的 LR 分析表。

例如，对于算术表达式的二义性文法：

$$E \rightarrow E+E|E*E|(E)|i$$

无须修改文法，只需利用算符的优先关系('*' > '+')和结合性(左结合)，就可构造出没有冲突动作的 LR 分析表，如表 6.28 所示。

表 6.27　LALR(1)分析表

状　态	ACTION			GOTO	
	a	b	#	S	A
S_0	S_{36}	S_{47}		1	2
S_1			acc		
S_2	S_{36}	S_{47}			5
S_{36}	S_{36}	S_{47}			89
S_{47}	r_3	r_3	r_3		
S_5			r_1		
S_{89}	r_2	r_2	r_2		

表 6.28　表达式二义性文法的 LR 分析表

状　态	ACTION						GOTO
	+	*	i	(	)	#	E
S_0			S_3	S_2			1
S_1	S_4	S_5				acc	
S_2			S_3	S_2			6
S_3	r_4	r_4			r_4	r_4	
S_4			S_3	S_2			7
S_5			S_3	S_2			8
S_6	S_4	S_5			S_9		
S_7	r_1	S_5			r_1	r_1	
S_8	r_2	r_2			r_2	r_2	
S_9	r_3	r_3			r_3	r_3	

习题 6

6.1　已知文法 $G[E]$：

$E \rightarrow ET+|T$

$T \rightarrow TF*|F$

$F \rightarrow F \uparrow |a$

(1) 给出 $FF \uparrow \uparrow *$ 的规范推导。

(2) 指出该句型的短语、简单短语、素短语、句柄。

6.2　已知文法 $G[S]$：

$S \rightarrow *A$

$A \rightarrow 0A1|*$

(1) 计算 $G[S]$ 的 FIRSTVT 与 LASTVT 集合。

(2) 构造文法 G 的优先关系表，并判断 $G[S]$ 是否为算符优先文法。

(3) 给出输入串 *0*1 的分析过程。

6.3　已知映射 IF 语句的文法

　　　$G[S] : S \rightarrow iBtS|iBtSeS|a$

　　　　　　　$B \rightarrow b$

请问：$G[S]$ 是算符优先文法吗？若是，请构造其优先关系矩阵。若不是，请按照多数程序设计语言(如 Pascal)的习惯，给出一个相应运算符优先文法。

6.4　已知文法 $G[S]$：

$S \rightarrow C|D$

$C \rightarrow aC|b$

$D \rightarrow aD|c$

构造该文法的 LR(0)分析表，并对输入串 $aaab$ 给出分析过程。

6.5   证明下列文法是 SLR(1) 但不是 LR(0) 的：

$S \rightarrow A$

$A \rightarrow Ab|bBa$

$B \rightarrow aAc|a|aAb$

6.6   如果有定义二进制数的文法如下：

$S \rightarrow L.L|L$

$L \rightarrow LB|B$

$B \rightarrow 0|1$

(1) 构造该文法的 LR 分析表，并说明是哪类 LR 分析表。

(2) 给出输入串 110.101 的分析过程。

6.7   已知文法 $G[S]$：

$S \rightarrow AS|a$

$A \rightarrow SA|b$

(1) 列出该文法所有 LR(0) 项目。

(2) 构造此文法的 LR(0) 项目集规范族。并给出识别活前缀的 DFA。

(3) 该文法是 SLR 的吗？ 若是，构造其 SLR 分析表。

(4) 该文法是 LALR 或 LR(1) 的吗？

6.8   设文法 $G[S]$ 为

$S \rightarrow BB$

$B \rightarrow aB$

$B \rightarrow a$

写出文法 G 的全部 LR(1) 项目集。

6.9   已知文法 $G[S]$：

$S \rightarrow Aa|dAb|Bb|dBa$

$A \rightarrow c$

$B \rightarrow c$

构造此文法的 LR(1) 分析表。

6.10   设文法 $G[S]$ 为

$S \rightarrow AS|\varepsilon$

$A \rightarrow aA|b$

(1) 证明 $G[S]$ 是 LR(1) 文法。

(2) 构造它的 LR(1) 分析表。

(3) 给出输入符号串 abab# 的分析过程。

6.11   试比较 LR(0)、SLR(1)、LR(1)、LALR(1) 分析表的优缺点。

6.12   试证明任何 SLR(1) 文法都是 LALR(1) 文法。

第7章 语义分析及中间代码生成

前面我们已经讨论了词法分析和语法分析，一个源程序经过词法分析、语法分析之后说明该源程序在书写上是正确的，并且符合本语言所规定的语法，但是对程序内部的逻辑含义并未加以考虑，语法上的正确并不能保证其语义是正确的，因此应进一步根据语法结构分析各种语法成分的含义，并用某种中间语言表示出来，或者直接生成目标代码。直接生成机器语言或汇编语言形式的目标代码具有使编译时间短，没有将中间代码翻译成目标代码的额外开销等优点。为了使编译程序生成质量较高的代码，使编译程序结构在逻辑上更为简单明确，常采用中间代码。这样可以把编译程序中那些与机器相关的工作和那些与机器无关的工作尽可能分开，使编译程序结构在逻辑上更为简单明确，并且可以在中间代码一级进行优化工作，使代码优化比较容易实现。

本章引入属性文法和语法制导翻译文法的基本思想，介绍几种典型的中间代码形式，最后讨论一些语法成分的翻译工作。

7.1 基本概念

7.1.1 语义分析的概念

简单地说，语义分析就是分析语法结构含义，表示成中间语言或生成目标指令。语义分析部分以语法分析部分的输出作为输入，输出则是中间代码甚至目标代码。

一般源程序的含义涉及数据结构的含义与控制结构的含义。数据结构的含义主要指程序中所用标识符及与其相关的数据对象的含义，即标识符的类型与值，类型是在程序的说明部分规定的，而值则是在程序运行时刻确定的。

例如：

```
int m,n;
float x,y;
static char a[10];
```

把 m、n 与整型，x、y 与实型，a 与字符型数组相关联，它们分别代表相应类型的数据对象。不同类型的数据对象，有不同的机器内部表示，因此取值范围也是不同的，当然所能进行的运算也将有所不同，显然只有类型相同、相容或符合程序要求的数据对象才能进行相应的运算。

确定标识符所关联的类型等属性信息，进行类型正确性检查成为语义分析的基本任务之一。

控制结构的含义是语言定义的。

例如，对于 if 语句：

    if(表达式)语句 1；

    else 语句 2；

    {if 的后继语句}

C 语言规定，若表达式的值为真(非 0)则执行语句 1；否则，表达式值为假(0)，执行语句 2，然后执行 if 语句的后继语句。

语义分析部分将分析各个语法结构的含义并作相应的语义处理。

控制结构含义的确定有形式与非形式两种。例如文法 G[E]：

$$E \rightarrow E+T|E-T|T$$
$$T \rightarrow T*F|T/F|F$$
$$F \rightarrow F \uparrow P|P$$
$$P \rightarrow (E)|i$$

该文法表明在一个表达式中括号内的计算优先进行，当在同一层时先*，/，后+，−。对于同一级别的*，/或+，−则从左向右计算。这些是由文法形式地规定的。而对于赋值语句：

变量：=表达式；

其含义是非形式地规定的。按其含义，执行步骤为，首先确定左部变量的存储地址，然后计算右部表达式的值，其中可能进行必要的类型转换，最后把右部表达式的值赋给左部变量。

概括起来，语义分析的基本任务如下。

① 类型的确定：确定源程序中标识符所关联数据对象的数据类型。

② 类型的检查：按照语言的类型规则，对运算及进行运算的运算分量进行类型检查，检查运算的合法性和运算分量类型的相容性，必要时进行相应的类型转换，例如，Pascal 语言，布尔型只能进行关系运算而不能进行加、减、乘、除之类的算术运算，而对于加减法运算，要求它的两个运算分量必须是整型或实型(即算术型)；且类型必须相同或相容。

③ 确认含义：根据程序设计语言形式或非形式的语义定义，确认程序中各构造成分组合到一起的含义，并进行相应的语义处理。

④ 其他语义检查：在语义分析过程中可以进行一些静态的语义检查，例如，对于大多数的语言，不允许从循环体外转入循环体内，不允许使用 goto 语句转入 case 语句流中，等等，对于这些问题可以在语义分析阶段检查。

编译程序在经过词法分析、语法分析程序后都将产生一种与之等价的"中间代码"。例如，经词法分析之后，字符串形式的源程序已被翻译为单词符号形式的"中间代码"。语义分析部分以语法分析部分的输出(语法分析树或其他等价的内部中间表示)作为输入，输出则是中间代码甚至目标代码。一般情况下，把语义分析和目标代码生成分成两次处理，即经语义分析只产生中间代码。这样可将难点分解分别解决；可以对语义分析产生的中间代码优化以产生高功效的目标代码；还可以让一个语义分析程序适用于各个目标代码生成，因为目标代码一般与机器有关，而语义分析则是对程序设计语言结构成分含义的分析，通常与机器无关。另外有利于分工合作，充分利用人力资源。

尽管将语义分析与目标代码分开可以使编译程序的开发变得较容易，但语义分析不像词法分析和语法分析可分别用正则文法和上下文无关文法来描述。由于对正则文法和上下文无关文法已形成系统的形式化描述。因此，对任何编译程序都可以在此基础上按照一种机械的甚至自动的方式来构造词法分析程序和语法分析程序。对于语义分析阶段的中间代码生成也希望同样能够形式化地生成，但是语义是上下文有关的，而语义的形式化描述是一个非常困难的课题，至今，还没有一个能被人们接受的、可用于语义分析阶段描述中间代码生成所需的全部语义动作的形式化系统。

目前，在语义分析和目标代码生成上普遍采用了一种所谓语法制导翻译的编译方法，实际上这种方法是对上下文无关文法的一种扩充，语法制导翻译方法的基础是形式描述的属性文法，它把语法分析与语义处理分开，但又在同一遍扫描中同时完成语法分析与语义处理两项工作，即在语法分析的同时，根据文法规则进行语义处理，并生成中间代码或目标代码。

7.1.2 属性文法技术

为了实现语法制导翻译，对文法中终结符号和非终结符号引进一些属性，例如，变量的数据类型、表达式的值以及存储器中变量的地址等。以描述相应语言结构的语义值。

1. 增量式文法

所谓增量式文法是在描述语言文法中加入语义动作符号而形成的，即在语言的文法中增加了代码生成动作的文法，或者说在文法产生式右部适当的位置上加入语义动作而得到的新文法称为增量式文法或翻译文法。为了区分文法符号与语义动作，将在语言的文法中所增加的代码生成动作在文法中用花括号括起来，而且还把语义动作看成文法中的一个"符号"，加入语义动作后，增量式文法产生式的一般形式为

$$A \rightarrow (\alpha \,|\, \{f(\cdots)\,;\, \})^*$$

其中，$\alpha \in V^*$，产生式右部采用了与正则式类似的描述方式。

增量式文法的作用是，在进行语法分析时，无论是对产生式采用自顶向下的推导还是自底向上的归约，只要遇到其中带有语义动作的花括号，就需要编译系统自动执行花括号内的语义动作，执行完以后才继续进行下一步的分析。

例如，设有表达式文法 $G[E]$：

$$E \rightarrow E+T\,|\,E-T\,|\,T$$
$$T \rightarrow T*F\,|\,T/F\,|\,F$$
$$F \rightarrow num\,|\,id\,|\,(E)$$

消除文法中的左递归后，有文法：

$$E \rightarrow TE'$$
$$E' \rightarrow +TE'\,|\,-TE'\,|\,\varepsilon$$
$$T \rightarrow FT'$$
$$T' \rightarrow *FT'\,|\,/FT'\,|\,\varepsilon$$
$$F \rightarrow num\,|\,id\,|\,(E)$$

在表达式文法中加入语义动作，其相应的增量式文法为

```
E→T E'
E'→+T{writecode('+');}E'|-T{writecode('-'); }E'|ε
T→FT'
T'→*F{writecode('*');}T'|/F{writecode('/');}T'|ε
F→(num|id){writecode(ch);}|(E)
```

其中 writecode 为打印子程序，ch 为字符，则对于表达式：

$$12 - a/b$$

带有动作的语法树如图7.1所示。

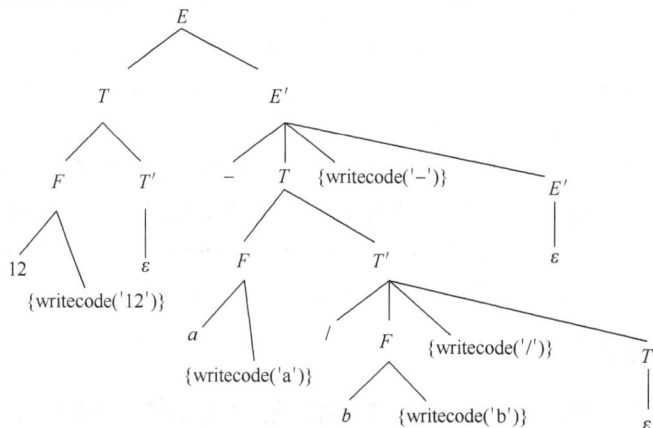

图 7.1　带有动作的语法树

可以看出，表达式 $12-a/b$ 用增量式文法进行分析，执行相应的动作(子程序)后，将打印出原表达式的逆波兰表示：

$12ab/-$

2. 属性文法

（1）文法的属性

属性是指文法符号的类型与值等有关的一些信息，非终结符号也可以有属性。如递归下降分析法中，处理各个语法成分过程中的参数或返回值就表示了与文法符号有关的信息，这样就可以把过程的参数或调用返回值看成该非终结符号有关的属性。

文法符号的属性可分为继承属性与综合属性两类。

继承属性由相应语法分析树中节点的根(父)节点的属性计算得到，即沿着语法树向下传递，从根节点到分支(子)节点，这反映了对上下文依赖的特性。在递归下降分析方法中，继承属性是指子程序的参数。继承属性可以很方便地用来表示程序设计语言上下文的结构关系。

综合属性则由相应的语法分析树中节点的分支节点的属性计算得到。其传递方向与继承属性相反，即沿着语法分析树向上传递，从分支节点到根节点。在递归下降分析法中，综合属性是指调用返回值。

（2）属性文法

属性文法是一种适用于定义语义的特殊文法，即在语言的文法中增加了属性的文法，它将文法符号的语义以"属性"的形式附加到各个文法的符号上，再根据产生式所包含的含义，给出每个文法符号的属性的求值规则，从而形成一种附带有语义属性的上下文无关文法，即属性文法。属性文法也是一种翻译文法，属性有助于更详细地指定文法中的代码生成动作。

对于表达式文法 $G[E]$，相应的属性文法有

```
E.t→T.tE'.t
E'.t→+T.rE'.t|-T.rE'.t|ε
T.t→F.tT'.t
T'.t→*F.rT'.t|/F.rT'.t|ε
F.t→(num|id)|(E.t)
```

一般每个属性都有一个属性名，用小写字母表示，并放在相应文法符号的右边，中间用句号与文法符号隔开，如，上述属性文法中的 t 和 r 表示临时变量。

属性本身没有太大的实际意义，用户有必要扩展文法，来指明怎样处理这些属性，即将静态的规则改写为可动态执行的语义动作。这样就可得到一种新的文法——增量式属性文法。对于上述表达式文法有增量式属性文法：

```
E.t→T.tE'.t
E'.t→+T.r{op(+);}E'.t|-T.r{op(-); }E'.t|ε
T.t→F.tT'.t
T't→*F.r{op(*);}T'.t|/F.r{op(/);}T'.t|ε
F.t→(num|id){create-temp(ch);}|(E.t)
```

其中代码生成动作是根据相应的子程序生成的代码，例如，对于

```
E.t→T.t E'.t
E'.t→+T.r{op(+);}E'.t
```

即取 S 栈栈顶两个临时变量 t 和 r 的值进行加法运算，生成相应的代码，并将结果存放在栈顶临时变量 t 中。其中 S 栈是预先设置好的一个语义栈，栈顶用来存放运算分量的信息，即存放变量标识符的地址和临时变量 t。

7.2 几种常见的中间语言

编译程序的任务是把源程序翻译成与源程序等价的目标程序。虽然不涉及中间语言可以经过语义分析直接生成源程序的相应目标代码，但是，从语义分析直接生成目标代码有很大的局限性。因为目标代码与具体机器特性紧密相关，这样做不利于移植，也不利于目标代码的优化。最好不采用这种做法，而是把源程序翻译成某种内部形式的中间语言，然后再把中间语言翻译成最终的目标程序。采用中间语言的好处有：利用重定目标(即一种中间表示)可以为生成多种不同型号的目标机的目标代码服务；并可对中间语言进行与机器无关的优化，有利于提高目标代码的质量，使得各阶段的开发复杂性降低。

假定源程序已经分析并完成了静态检查，使用中间语言并带有优化的编译逻辑结构如图7.2所示。

有许多源程序的中间语言表示形式，下面将介绍几种常用的中间语言：抽象语法树、逆波兰表示、四元式和三元式表示。

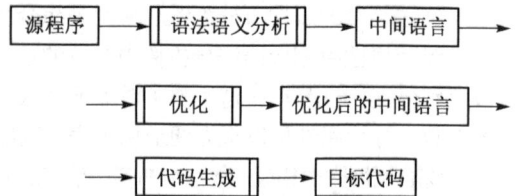

图 7.2 带有优化的编译逻辑结构

7.2.1 抽象语法树

抽象语法树是一种较为流行的中间语言表示形式，在抽象语法树表示中，每一个叶节点都表示一个运算对象，即常量或变量，其他内部节点表示运算符。抽象语法树不同于前面介绍的语法树，抽象语法树展示了一个操作过程，同时描述了源程序的层次结构。可以说抽象语法树是语法树的浓缩表示。

对于语法规则中包含的一些符号，这些符号可能起标点符号作用，也可能起解释作用。例如，赋值语句语法规则：

S→V:=E

其中的赋值号仅起标点符号作用，其目的是把 V 与 e 分开，而条件语句语法规则：

S→if E then S1 else S2

其中的保留字符号 if、then 和 else 则起注释作用，说明如果布尔表达式 e 成立则做什么，否则又做什么。

以上是针对 pascal 语言的赋值语句和条件语句的，实际上其他大多数程序设计语言也是这样，例如，C 语言中赋值语句和条件语句的语法规则为

S→V=E

S→if(E) S1 ; else S2

可以看出这些语句的本质部分是 V、E 和 Si。

通常所写的语法规则就是语法，把语法规则中的本质部分抽象出来，非本质部分去掉所得到的语法规则为抽象语法，即去掉那些不必要的信息，从而可以获得高效的源程序的中间表示。

对于赋值语句和条件语句的抽象语法规则分别为

赋值语句：左部 表达式

条件语句：表达式 语句 1 语句 2

与抽象语法相对应的语法树称为抽象语法树或抽象树。

例如，设有赋值语句 X:=a−b*c，则其抽象语法树如图7.3(a)所示。

抽象语法树一个显著的特点是结构紧凑，容易构造，节点数较少。图 7.3(b)为通常语法树，其节

点为 14 个，而抽象语法树只有 7 个，且每个内部节点最多只有两个分支，因此可以将每个赋值语句或表达式表示为一棵二叉树。对于一些更为复杂的语法成分，因为其中可能含有多元运算，所以相应的抽象语法树表示为一棵多叉树结构，但总可以把树转变为二叉树。对于抽象语法树在计算机内的表示，以图 7.3(a) 为例说明。把抽象语法树中的每个节点表示为记录，该记录包含三个域，即一个运算符域与两个指向运算分量子节点的指针域。

对应于图 7.4(a) 和 (b)，把每个节点对应于记录数组中的一个元素，把元素的符号看做节点的指针。该抽象语法树根节点的序号为 6，则该语法树的所有节点可以从位置为 6 的根开始，顺着指针的方向访问各个节点(这种表示也称为图形表示)。

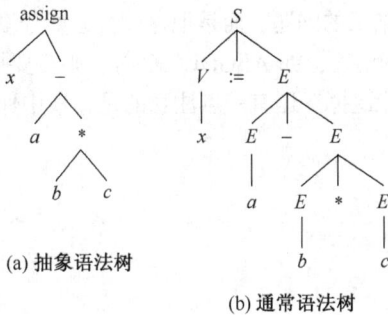

(a) 抽象语法树
(b) 通常语法树

图 7.3　语法树

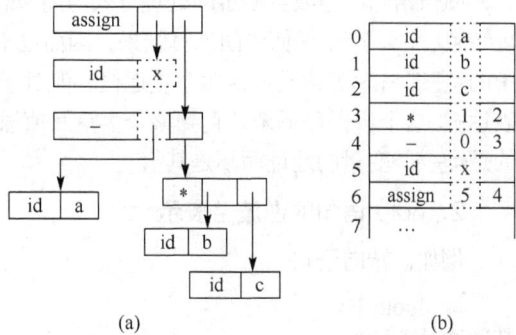

图 7.4　抽象语法树的图形表示

7.2.2　逆波兰表示

第 6 章已经讨论了简单表达式的逆波兰表示，除此之外我们还可以把逆波兰推广到程序设计语言中的条件表达式和其他各种语句上去。

逆波兰表示方法把运算分量写在前面，把运算符写在后面，因此又称为后缀表示法。例如，通常表达式 "(a+b)*(c−d)" 的逆波兰表示是 "ab+cd−*"，这种表示方法的特点是，表达式中各个运算是按运算符出现的顺序进行的，故不再需要括号来明显地规定运算顺序，只需知道每个运算符的数目。对于逆波兰式无论从哪一端进行扫描，都能对它正确进行唯一的分解。例如后缀表达式 "ab+c*"，假定从右向左扫描，最右端的 "*" 指出在它的左边应包含两个运算分量。"*" 左边的 "c" 是一个简单变量，它应当是 "*" 的第二个运算分量。再向左看一符号，碰到 "+"，那么以+为结尾的后缀式应构成 "*" 的第一个运算分量，如此等等，从而可知，"ab+c*" 可唯一地分解成 "(((a,b)+),c)*"。

又如，中缀表达式 "a+b*c/(d−e)" 的逆波兰表示为 "abc*de−/+"，其抽象语法树如图 7.5 所示。可以看出，逆波兰表示是从抽象语法树按后序遍历产生的线性化表示。

为了用逆波兰式、四元式和三元式表示一些控制语句，我们可以定义一些转移操作：BL 转向某标号；BT 条件为真转；BF 条件为假转；BR 无条件转。

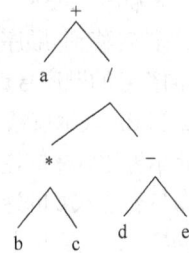

图 7.5　a+b*c/(d−e) 的抽象语法树

1. 赋值语句的逆波兰表示

逆波兰表示不仅能用于表示表达式，还可以用来表示赋值语句及其他语法结构。不过，此时的运算符不再限于算术运算符、关系运算符和逻辑运算符，而且，每个运算符的操作对象也可以不止两个。对于赋值语句：

<左部>:=<表达式>

可以把赋值符号":="看做赋值运算符，实际上，在 C 语言中已经把赋值号作为一个特殊的双目运算符来处理了。因此赋值语句的逆波兰表示为

<左部><赋值语句>:=

例如，赋值语句：

x:=a+b*c 和 y:=b*3–2

可按逆波兰式写为

xabc*+:=和 yb3*2–:=

赋值语句的逆波兰表示的处理方式与简单表达式处理方法基本类似。所不同的是，在赋值运算处理结束后，不产生任何中间计算结果，因而也不存在保存中间结果的问题，而是把存放在运算分量栈中的<左部>和<表达式>这两个量退栈。但对于允许多重赋值的语言，如 ALGOL、C 等，则需要把<表达式>这个量保存下来，直到整个多重赋值语句处理完毕才能退掉。还有一点注意的是，栈中保存的是<左部>变量的地址而不是其值。

2．goto 语句的逆波兰表示

例如，转向语句：

goto 10

其逆波兰表示为

10BL

表示无条件转向标号为 10 的语句处。

一般对于转向语句：

goto<语句标号>

其逆波兰表示为

<语句标号>BL

其中，"BL"为单目后缀运算符，"<语句标号>"作为 BL 的一个运算分量。

3．条件语句的逆波兰表示

BR 表示无条件转的单目后缀运算符，例如：

<顺序号>BR

表示无条件转移到<顺序号>处，这里的顺序号看做运算符 BR 的一个特殊运算分量，用来表示逆波兰式中单词符号的顺序号，即第几个单词，不同于 goto 语句中的语句标号。

BT 和 BF 表示按条件转的两个双目后缀运算符，例如：

<布尔表达式 e 的逆波兰式><顺序号>BT

<布尔表达式 e 的逆波兰式><顺序号>BF

分别表示当<e>为真或假时，则转顺序号处。其中布尔表达式 e 的逆波兰式和顺序号作为两个特殊的运算分量。

利用 BT 和 BF 两个运算符，if(e) then S1 else S2 的逆波兰式为

<e 的逆波兰式>

<顺序号 1>BF   {e 为假则转 S2 的第一个单词顺序号}

<S1 的逆波兰式>   {e 为真执行 S1}

<顺序号 2>BR   {S1 执行结束后，无条件转至条件语句的后继语句}

<S2 的逆波兰式>

例如，条件语句：

    if m<n then k:=i*j+2 else k:=i*j−2

的逆波兰表示为

  (1) mn<

  (4) 15BF

  (6) kij*2+:=

  (13) 22BR

  (15) kij*2−:=

  (22) {if 语句的后继语句}

其逆波兰式也可以写在一行上：

    mn<15BFKij*2+:=22BRkij*2−:=

可以看出，这种逆波兰表示的中间语言形式的语义与源程序中的条件语句的语义是完全一致的。

现举例讨论程序段的逆波兰表示，设有如下程序段：

```
begin
n:=100;
m:=100;
10:if  n>1 then
        begin
        m:=m*(n-1);
        n:=n-1;
        goto  10
        end
    else
            m:=1;
    end;
```

该程序段的逆波兰表示为

  (1)n100:=

  (4)m100:=

  (7)10:

  (9)n1>28BF

  (14)mmn1-*:=

  (21)nn1-:=10BL

  (28)m1:=

此逆波兰表示中，对无条件转向用的是 BL，也可以用符号 BR 来表示，即可表示为

  (1)n100:=

  (4)m100:=

  (7)n1>=26BF

  (12)mmn1-*:=

  (19)nn1-:=7BR

  (26)m1:=

4．循环语句的逆波兰表示

对于 FOR 循环语句：

```
FOR  i:=m TO n DO S
```

其中 i 为循环控制变量，m 为初值，n 为终值，s 为循环体。循环语句不能直接用逆波兰表示，将其展开为等价的条件语句才能用逆波兰表示。

首先将 FOR 语句展开为如下等价形式：

```
i:=m;
10:if  i<=n   then
    begin
      S;
      i:=i+1;
      goto  10
    end;
```

例如，对于循环语句：

```
FOR   i:=1  TO 10 DO  Sum:=Sum+i;
```

首先将其 For 语句展开为

```
 i:=1;
10:if  i<=10   then
      begin
       sum:=sum+i;
       i:=i+1;
       goto   10
       end;
```

展开后语句的逆波兰表示为

```
(1)i1:=
(4)i10<=21BF
(9)sumsumi+:=
(14)ii1+:=
(19)4BR
(21){if 语句的后继语句}
```

同样，其逆波兰式也可以表示为

```
(1)i1:=
(4)10:
(6)i10<=23BF
(11)sumsumi+:=
(16)ii1+:=10BL
(23)
```

7.2.3　四元式

1. 四元式

四元式是一种更接近于目标代码的中间语言形式。由于这种形式的中间语言便于优化处理，因此是一种比较普遍采用的中间代码形式。

四元式实际上是一种"三地址语句"的等价表示。四元式的四个组成成分是：算符 op，第一和第二运算分量 arg1 和 arg2，以及运算结果 result。运算分量和运算结果是指用户自定义的变量，有时指编译程序引进的临时变量。如果 op 是一个算术或逻辑运算符，则 result 总是一个新引进的临时变量，用来存放运算结果。它的一般形式为

```
(op,arg1,arg2,result)
```

其中包含两个运算分量的地址和结果地址，所以也称为"三地址代码"。四元式还可以写成类似于 Pascal 语言的赋值语句的形式：

```
result:=arg1 op arg2
```

需要指出的是，每个四元式只能有一个运算符，所以一个复杂的表达式须由多个四元式构成的序列来表示。

例如，表达式 A*B+C*D 的四元表示式为

```
(*,A,B,T1)
(*,C,D,T2)
(+,T1,T2,T3,)
```

和逆波兰式一样，四元式也是按照表达式和执行顺序组合起来的。

对于单目运算符(单目–或单目+)，一律规定使用第一个运算分量 arg1，第二个运算分量 arg2 置为 null，用下划线"＿"表示。

四元式的生成算法与第 6 章中介绍的逆波兰表示的生成算法基本相同，这里不再做介绍。

2. 表达式和赋值语句的四元式

表达式 a*b/c+d 的四元式为

```
(*,a,b,T1)
(/,T1,c,T2)
(+,T2,d,T3)
```

其中 T1,T2,T3 是编译系统所产生的临时变量名，以下同。

表达式 –(a/b–c) 的四元式为

```
(/,a,b,T1)
(-,T1,c,T2)
(Θ,T2,_,T3)
```

对于赋值语句，其四元式的第二个运算分量 arg2 规定为 null。例如，赋值语句：

```
a:=-b*(c+d)
```

的四元式是

```
(-,b,_,T1)
(+,c,d,T2)
(*,T1,T2,T3)
(:=,T3,_,a)
```

3. 转向语句和条件语句的四元式

为了讨论方便，这里首先引进无条件转和条件转语句的有关四元式：

```
(BR,A,_,_)
```

表示无条件转到顺序号为 A 的四元式；

```
(BT,A,B,_)
```

表示当 B 为 True 时，转到顺序号为 A 的四元式；

```
(BF,A,B,_)
```

表示当 B 为 False 时，转到顺序号为 A 的四元式。

其中顺序号是为每一个四元式按顺序编号后写在四元式最左边，且用一对圆括号括起来的编号。

例如，条件语句：

```
if a>b  then max:=a else max:=b
```

其四元式为

```
(1)(>,a,b,T1)
(2)(BF,5,T1,_)
(3)(:=,a,_,max)
(4)(BR,6,_,_)
(5)(:=,b,_,max)
(6)(        )
```

又如，对于前面的程序段：

```
begin
   n:=100; m:=100;
10:if  n>=1  then
   begin
    m:=m*(n-1);
    n:=n-1;
    goto  10
   end
  else
   m:=1;
end;
```

其四元式表示为

```
(1)(:=,100,_,n)
(2)(:=,100,_,m)
(3)(>=,n,1,T1)
(4)(BF,10,T1,_)
(5)(-,n,1,T2)
(6)(*,m,T2,T3)
(7)(:=,T3,_,m)
(8)(:=,T2,_,n)
(9)(BR,3,_,_)
(10)(:=,1,_,m)
```

4. 循环语句的四元式

对于循环语句同样需要先将其展开为等价的条件语句后才能用四元式表示。

例如，对于循环语句：

```
FOR  i:=1 TO 100 DO  sum:=sum+i;
```

首先将其 FOR 语句展开为

```
        i:=1;
    10:if  i<=100  then
        begin
          sum:=sum+i;
            i:=i+1;
              goto  10
          end;
```

FOR 语句的四元式表示为

```
(1)(:=,1,__,i)
(2)(<=,i,100,T1)
(3)(BF,7,T1,__)
(4)(+,sum,i,sum)
(5)(+,i,1,i)
(6)(BR,2,__,__)
(7)(        )
```

有时为了更直观，也把四元式的形式写成简单赋值语句形式。比如把上述四元式序列写成

```
(1)i:=1
(2)T1:=i<=100
(3)if NOT T1 goto 7
(4)sum:=sum+i
(5)i:=i+1
(6)goto 2
(7)(    )
```

7.2.4 三元式

1. 三元式

三元式和四元式基本上一样，所不同的仅是表示式中没有表示运算结果的部分。这样可以节省临时变量的开销。

三元式的一般形式是

```
(i) (op,arg1,arg2)
```

其中，(i)为三元式的编号，或称三元式位置的顺序号，也代表了该三元式运算结果，因此凡涉及运算结果的，均用三元式的顺序号来代替；op, arg1, arg2 的含义与四元式类似，区别在于 arg1, arg2 可以是某三元式的顺序号，表示用该三元式的运算结果作为运算对象。

需注意的是，三元式的顺序号不同于前面四元式的顺序号，四元式表示式中的顺序号不是必须有的，主要是为清楚、方便而在每一个四元式的最左边均按顺序编上四元式的序号，它与四元式表示式本身没有关系。而三元式则不同。例如，表达式：

```
-b*(c+d)
```

用三元式表示，则可写成

```
(1)(Θ,b,__)
(2)(+,c,d)
(3)(*,(1),(2))
```

其中三元式中的(1)，(2)分别指的是第一个三元式-b 的运算结果和第二个三元式 c+d 的运算结果，因此(1)、(2)作为三元式的运算分量而不是常数 1 和常数 2。

与四元式比较，三元式有两个优点，一是无须四元式中的临时变量，二是三元式占用的存储空间比四元式少，但也有一些缺点，例如，三元式中无法保存运算结果所具有的属性。为了使其后面的某些三元式使用该结果，有必要保留运算结果的某些属性，需要在其他地方把运算结果的属性保存起来。

2. 表达式和赋值语句的三元式

表达式：

```
w*x+(a+b)-c/d
```

其三元式为

```
(1)(*,w,x)
(2)(+,a,b)
(3)(+,(1),(2))
(4)(/,c,d)
(5)(-,(3),(4))
```

赋值语句：

```
x:=a+b*c/d
```

其三元式为

```
(1)(*,b,c)
(2)(/,(1),d)
(3)(+,a,(2))
(4)(:=,(3),x)
```

3. 转向语句和条件语句的三元式

与四元式类似，现举例说明转向语句和条件语句的三元式。

例如，条件语句：

```
if a〈b then min:=a else min:=b
```

其三元式为

```
(1)(〈,a,b)
(2)(BF,5,(1))
(3)(:=,a,min)
(4)(BR,6,＿)
(5)(:=,b,min)
(6)(      )
```

又如，对于前面的程序段：

```
    begin
    n:=100; m:=100;
10: if n〉=1  then
    begin
    m:=m*(n-1);
    n:=n-1;
    goto 10
```

```
            end
            else
            m:=1;
            end;
```

其三元式表示为

```
    (1)(:=,100,n)
    (2)(:=,100,m)
    (3)(〉=,n,1)
    (4)(BF,10,(3))
    (5)(-,n,1)
    (6)(*,m,(5))
    (7)(:=,(6),m)
    (8)(:=,(5),n)
    (9)(BR,(3),__)
    (10)(:=,1,m)
```

4. 循环语句的三元式

对于循环语句同逆波兰式和四元式同样需要先将其展开为等价的条件语句后才能用三元式表示。例如，对于循环语句：

```
For i:=1 TO 100 DO
sum:=sum+i;
```

首先将其展开为

```
        i:=1;
    10: if i〈=100 then
        begin
            sum:=sum+i;
            i:=i+1;
            goto 10
        end;
```

FOR 语句的三元式表示为

```
    (1)(:=,1,i)
    (2)(〈=,i,100)
    (3)(BF,9,(2))
    (4)(+,sum,i)
    (5)(:=,(4),sum)
    (6)(+,i,1)
    (7)(:=,(6),i)
    (8)(BR,(2),__)
    (9)(        )
```

三元式同四元式，其出现的先后顺序和表达式各部分的实际计算顺序相一致。

三元式没有 result 字段，不需要临时变量，故三元式比四元式占用存储空间少。当进行代码优化处理时，常常需要从现有的运算序列中删去某些运算，或者需要移动一些运算的位置，这对于三元式序列来说是很困难的，因为，三元式之间的相互引用一般非常频繁，有时一些三元式删除或移动会造成大量三元式的重新编号，且对这些三元式的引用也必经调整。因此当要执行优化时，简单三元式不是一种很好的中间语言形式。所以，为了便于代码优化处理，作为中间代码，常常不直接使用三元式表示，而是另设一张间接码表，有时也称为执行表，它按照各三元式的执行顺序，依次列出相应的三元式在三元式表中的编号，也就是说，我们用一个间接码表辅以三元式表来表示中间代码。

通常将这种表示方式称为间接三元式。

例如，对于赋值语句：

```
X:=(a-b)*C;
b:=a-b;
y:=c*(a-b)
```

若按三元式表示，可写成

```
(1)(-,a,b)
(2)(*,(1),c)
(3)(:=,(2),x)
(4)(:=,(1),b)
(5)(-,a,b)
(6)(*,c,(5))
(7)(:=,(6),y)
```

若按间接三元式表示，可写成

间接码表	三元式表
(1)	(1)(-,a,b)
(2)	(2)(*,(1),c)
(3)	(3)(:=,(2),x)
(4)	(4)(:=,(1),b)
(1)	(5)(:=,(2),y)
(2)	
(5)	

当在代码优化过程中需要调整运算顺序时，则只需对间接码表进行相应的调整，无须改动三元式表本身，但实际上，改动三元式表是很困难的，因为，许多三元式通过指示器紧密相联系。

要挪动一张三元表就意味着必须改变其中一系列指示器的值。正因为如此，需要采用间接三元式。变动四元式表是很容易的，因为调整四元式之间的相对位置并不意味着必须改变其中一系列指示器的值。因此，当需要对中间代码进行优化处理时，四元式比三元式要方便得多。从优化这点来讲，四元式和间接三元式同样方便。

需要指出的是，对于赋值语句的三元式也可以采用如下表示法，可能更接近于高级语言中的赋值语句。例如：

```
n:=100;  m:=100
```

其三元式可以表示为

```
(1)(:=,n,100)
(2)(:=,m,100)
```

以上介绍了四种常见中间语言形式，下面就逆波兰表示和四元式这两种主要中间语言介绍表达式的翻译及语句的语法制导翻译。

7.3　表达式的翻译

表达式是语言中最基本的语法成分，表达式在用户的源程序中是一种出现频率很高的语法成分，所以在编译时，应注意提高对表达式编译的效率。本节主要介绍常用的算术表达式和布尔表达式的翻译。

7.3.1 算术表达式的翻译

1. 语法规则与代码形式

设有表达式文法 $G[E]$：

$E \rightarrow E+T | E-T | T$

$T \rightarrow T*F | T/F | F$

$F \rightarrow (E) | i$

算术表达式的代码形式比较简单：对于表达式 E 生成加法或减法指令；对于表达式中的项 T，生成乘法或除法指令；而对于表达式中的因子 F，则生成将数值送到数据栈的指令。

2. 语法制导翻译方法

目前许多编译程序普遍采用了一种语法制导翻译方法，这种方法严格地依赖于语言的文法规则，规则改变，则语法制导翻译程序也跟其变化，而非语法制导翻译方法不依赖于语言的文法规则，不管规则如何变化，只要其所定义的语言不变，那么该翻译程序则不需改变。

所谓语法制导翻译，直观上说就是为每个文法规则确定相应的语义，编写相应的翻译程序(称语义动作或语义子程序)，整个翻译程序以语法分析为主导，在语法分析的同时执行这些子程序。即语法分析程序根据输入的单词串分析其是否与某个规则的右部相匹配，若相匹配，则根据所取的语法分析方法进行推导(对于自顶向下的分析)或归约(对于自底向上的分析)，此时调用相应的语义子程序，完成既定的翻译任务。

在语法分析过程中，随着分析的步步进展，根据每条规则所对应的语义处理子程序(语义动作)进行翻译(产生中间代码)的方法叫做语法制导翻译法。

(1) 算术表达式的逆波兰表示的语法制导翻译

表达式文法 $G[E]$ 的各语法规则对应的逆波兰式语义子程序可设计如下：

语法规则	语义子程序
$E \rightarrow E+T$	print(+)
$E \rightarrow E-T$	print(-)
$E \rightarrow T$	空
$T \rightarrow T*F$	print(*)
$T \rightarrow T/F$	print(/)
$T \rightarrow F$	空
$F \rightarrow (E)$	空
$F \rightarrow i$	print(id)

其中子程序 print(a) 表示把符号 a 输出到逆波兰式的当前位置中。文法中的符号 i 是语法符号，是标识的抽象表示，语义子程序中的 id 则表示某个具体的标识符。

由第 6 章可知，文法 $G[E]$ 是 LR(1) 文法，构造好 LR(1) 分析表后，只要把分析表中的 r_i 解释为按第 i 条规则进行归约，并相应调用第 i 个子程序即可。因此，在 LR(K) 方法中应对每个归约动作编写一个子程序，则在具体分析过程中相应地调用该子程序，即可完成语义分析生成中间代码。

(2) 算术表达式到四元式的语法制导翻译

为了实现从表达式到四元式的翻译，需要一系列的语义变量和语义过程。

表达式文法：

$E \rightarrow E+T | E*T | -E | (E) | i$

的翻译算法可由下面的语义动作予以描述:

语法规则	语义动作
$E \rightarrow E^{(1)} + E^{(2)}$	$\{$ E.place:=Newtemp;
	gen($+$, $E^{(1)}$.place, $E^{(2)}$.place, E.place) $\}$
$E \rightarrow E^{(1)} \star E^{(2)}$	$\{$ E.place:=Newtemp;
	gen($\star$, $E^{(1)}$.place, $E^{(2)}$.place, E.place) $\}$
$E \rightarrow - E^{(1)}$	$\{$ E.place:=Newtemp;
	gen(Θ, $E^{(1)}$.place, _, E.place) $\}$
$E \rightarrow (E^{(1)})$	$\{$ E.place:=$E^{(1)}$.place $\}$
$E \rightarrow i$	$\{$ E.place:=entry(i) $\}$

其中, Newtemp 是一个函数子程序, 每次调用时, 它都回送一个代表新临时变量名的整数码作为函数值。临时变量名按产生顺序可为 T1, T2, …。

① entry(i) 也是一个函数子程序, 它对 i 所代表的抽象标识符查找符号表以得到它在表中的位置(称为入口)。

② E.place 是和非终结符 E 相联系的语义变量, 表示存放 E 值的变量名在符号表的入口或整数码。

③ gen(op, arg1, arg2, result) 是一个语义过程, 该过程把四元式 (op, arg1, arg2, result) 填进四元式表中。

另外, 在以上规则中, 同一符号如果出现多次, 则用上角标来区分。例如, 将 $E \rightarrow E + E$ 表示为 $E \rightarrow E^{(1)} + E^{(2)}$, 这样就能够对前后三个 E 的语义变量加以区别, 如 $E^{(1)}$.place, $E^{(2)}$.place 和 E.place。

7.3.2　布尔表达式的翻译

1. 语法规则与代码结构

布尔表达式在程序语言中有两个基本作用。一是用做控制语句(如 while-do 或 if- then-else 语句)的控制条件; 二是用于逻辑运算, 计算逻辑值。布尔表达式是由布尔运算量和逻辑运算符按一定语法规则组成的式子。一般逻辑运算符有 $\wedge$ (and)、$\vee$ (or)、$\neg$ (not) 三种, 而逻辑运算量则可以是逻辑值(true和 false)、布尔变量、关系表达式以及由括号括起来的布尔表达式。关系表达式的形式是 $E1$ rop $E2$, 其中 rop 是关系运算符($\langle$、$\langle =$、$=$、$\rangle$、$\rangle =$、$\langle \rangle$), $E1$ 和 $E2$ 是算术表达式。

在一般的程序设计语言中, 各类运算符的优先顺序(从高到低): 括号、算术运算符、关系运算符、逻辑运算符。为方便起见, 我们仅考虑下述文法所产生的布尔表达式:

$E \rightarrow E \wedge E | E \vee E | \neg E | (E) | i | i$ rop i

对于布尔表达式的计算和翻译, 可采用与算术表达式类似的方法来进行。例如, 对于布尔表达式 $A \vee B \wedge C \Leftrightarrow D$, 可翻译为如下四元式:

　　($\Leftrightarrow$　C　D　T1)

　　($\wedge$　B T1 T2)

　　($\vee$　A T2 T3)

对于布尔表达式的使用, 最终的目的是为了判断它的值是真或假, 以便决定下一步的转向, 因此有时不需要将表达式的值全部计算出来而只需计算其中一个子表达式, 便可以确定整个表达式的结果。例如, 要计算 $A \vee B$, 如果计算出 A 的值为真, 那么 B 的值就无须再计算, 因为不管 B 取何值, 布尔表达式的结果值都为真。同样对于 $A \wedge B$, 只要计算出 A 的值为假, 则 B 的值也无须再计算, $A \wedge B$的结果值一定为假。可见, 对于三种逻辑运算可以用等价的 If-then-else 解释:

```
A∧B:if A then B else false
A∨B:if A then true else B
¬ A:if A then false else true
```

下面，我们主要讨论出现在条件控制和循环控制语句：

if E then S1 else S2 和 while E do s

中的布尔表达式 E 的翻译，此时 E 的作用仅用于控制对语句 S1 和 S2 的选择执行，因此作为控制转移条件的布尔表达式 E 的真假出口分别为语句 S1、S2，以及 S 的入口四元式的序号。条件控制语句和循环控制语句的代码结构分别如图7.6和图7.7所示。

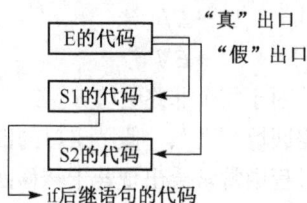

图 7.6 if E then S1 else S2 的代码结构

由于在 if 语句和 while 语句中的布尔表达式 E 都是作为控制转移条件使用的，因此，在设计布尔表达式翻译算法时，可以定义和使用以下三种形式的四元式序列：

$(BT,A1,\_\_,n,)$ 当 A1 为真时转向第 n 个四元式；

$(Brop,A1,A2,n)$ 当 A1 rop A2 结果为"真"转向第 n 个四元式；

$(BR,\_\_,\_\_,n)$ 无条件转向第 n 个四元式；

例如，对于条件语句：

```
if a∨b <c then S1 else S2;
```

经翻译后可得如下四元式序列：

(1) $(BT,a,\_\_,5)$ a 的"真"出口为 5

(2) $(BR,\_\_,\_\_,3)$ a 的"假"出口为 3

(3) $(B<,b,c,5)$ b<c 的"真"出口为 5

(4) $(BR,\_\_,\_\_,n+1)$ b<c 的"假"出口为 (n+1)

(5) （语句 S1 的四元式序列）

(n) $(BR,\_\_,\_\_,p)$ 跳过语句 S2 的代码

(n+1) （语句 S2 的四元式序列）

(p)

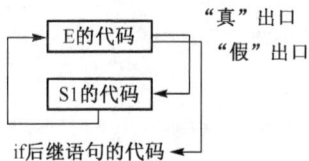

图 7.7 while E do S 的代码结构

其中，四元式(1)～(4)是对应布尔表达式 a∨b<c 而产生的代码。由条件转移或无条件转移四元式组成，在这组四元式中，变量 a 的"真"出口为 5，实际上也是整个布尔式的"真"出口；a 的"假"出口为 3，它是 b<c 的第一个四元式。而 b<c 的真、假出口(即 5 与 $n+1$) 同时也是整个布尔式 a∨b<c 的真、假出口。如图7.7所示。

在自底向上的语法制导翻译过程中，经常会出现这样的情况，即在产生一个条件或无条转移四元式时，根据真、假出口所要转向的那个四元式还没有产生，例如，对于 a∨b<c，在产生第一个四元式时，由于语句 S1 的中间代码还没有产生，即 a 的真出口确切位置并不知道，因此，a 的真出口"5"当时无法填入，只能产生一个空缺转移目标的四元式：

(1) $(BT,a,\_\_,\quad)$

并且，将这个未完成的四元式的编号即(1)作为语义值暂时保存，待整个布尔表达式的四元式产生完毕之后再来回填这个未填的转移目标"5"。

为了便于实现布尔表达式的语法制导翻译，在扫描到 ∧ 与 ∨ 时能及时回填一些已确定了的待填转移目标，应对文法：

$E{\rightarrow}E\wedge E\,|\,E\vee E\,|\,\neg\,E\,|(E)\,|\,\text{i}\,|\,\text{i ropi}$

改写为如下 G`[E]:

$E{\rightarrow}E^{\wedge}E\,|\,E^{\vee}E\,|\,\neg\,E\,|(E)\,|\,\text{i}\,|\,\text{i ropi}$

$E^{\wedge}{\rightarrow}E\wedge$

$E^{\vee}{\rightarrow}E\vee$

对于每个非终结符 E、$E^{\vee}$、$E^{\wedge}$，赋予两个语义值 $E.TC$ 和 $E.FC$，分别记录表达式 E 所对应的四元式需回填 "真"、"假" 出口的四元式的地址所构成的链。因为在翻译过程中常常会出现若干转移四元式转向同一个目标，但此目标在当时的确切位置又未确定，此时可用拉链的方法将这些四元式链接起来，例如，假定 E 的四元式中需回填 "真" 出口的有 i，j 和 k 三个四元式，这三个四元式可连成如图7.8所示的一条真链（记做 TC）。

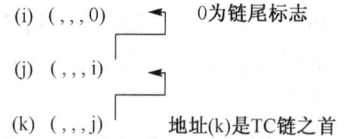

(i)　(, , ,0)　　　0为链尾标志

(j)　(, , ,i)

(k)　(, , ,j)　　地址(k)是TC链之首

图 7.8　用拉链法链接四元式

为描述语义动作，我们引入如下的语义变量和函数。

● NXQ：用于指示所要产生的下一个四元式的地址（序号），初值为 1。

● gen：意义同前，每调用一次，NXQ 值自动增 1。

● merge(p1,p2)：把以 p1 和 p2 为链首的两条链合并为一，并返回合并后的链首值。

● Backpatch(p,t) L：把 p 所链接的每个四元式的第四区段（即 result）改写为 t 的值。

于是可以得到改写后的文法 $G[E]$ 的每个产生式相应的语义子程序：

(1) $E{\rightarrow}i$

```
{E·TC:=NXQ;E·FC:=NXQ+1;
gen(BT,entry(i),_,0);
gen(BR,_,_,0)}
```

(2) $E{\rightarrow}i^{(1)}\ \text{rop}\ i^{(2)}$

```
{E·TC:=NXQ;E·FC:=NXQ+1;
gen(Brop,entry(i⁽¹⁾),entry(i⁽²⁾),0);
gen(BR,-,-,0)};
```

其中 BROP 是根据关系 rop 而定义的一个条件转移指令。例如 rop 为 "〈"，则 Brop 为 "B<"。

(3) $E{\rightarrow}(E^{(1)})$

```
{E·TC:=E⁽¹⁾·TC;E·FC:=E⁽¹⁾·FC}
```

(4) $E{\rightarrow}\neg\,(E^{(1)})$

```
{E·TC:=E⁽¹⁾·FC;E·FC:=E⁽¹⁾·TC}
```

(5) $E^{\wedge}{\rightarrow}(E^{(1)})\wedge$

```
{Backpatch(E⁽¹⁾·TC,NXQ);
E^·FC:=E⁽¹⁾·FC}
```

(6) $E{\rightarrow}E^{\wedge}E^{(2)}$

```
{E·TC:=E⁽²⁾·TC;
E·FC:=merge(E^·FC,E⁽²⁾·FC)}
```

(7) $E^{\vee}{\rightarrow}E^{(1)}\vee$

```
{Backpatch(E⁽¹⁾·FC,NXQ);
E^·TC:=E⁽¹⁾·TC}
```

(8) $E{\rightarrow}E^{\vee}E^{(2)}$

```
{E·FC:=E⁽²⁾·FC;
E·TC:=merge(E^·TC,E⁽²⁾·T)}
```

根据上述语义动作，当整个布尔表达式相应的四元式全部产生之后，作为整个布尔表达式的真、假出口还需根据表达式 E 所处的程序环境进行回填。如果布尔表达式作为 if-then-else 的条件式，那么，它的真、假出口只有当分别扫描到 then 和 else 之后才可填入。对于出现在 while 语句中作为控制条件的条件式可类似地进行处理。

7.4　语句的语法制导翻译

下面主要介绍程序设计语言常用的说明语句、赋值语句和控制语句三种语句的语法制导翻译。

7.4.1　说明语句的翻译

1. 变量说明的翻译

程序设计语言中最简单的说明语句是用一个基本字来定义一串名字的某种性质。Pascal 语言中，变量说明部分冠以保留字 VAR 作为标志，例如：

```
VAR
m,n:integer;
x,y:real;
a:ARRAY[1..100] OF real;
```

为了讨论的方便，对此做一些简化，变量说明不用 VAR 作为标志，且每个变量说明中仅包含一个标识符，类型可以为整型、实型、数组类型与指针类型；数组为一维，下界规定为 1。下面给出相应的语法规则：

```
P→D;S  D→D;D  D→id:T
T→integer T→real  T→↑T
T→ARRAY[num] OF T
```

$P{\to}D;S$ 表示 Pascal 程序由代表说明部分的 D 和代表语句部分的 S 组成，中间用分号隔开，且 D 必须出现在 S 之前。对于每个类型说明 id:T，首先确定类型 T 和当前分配地址，不同类型的变量占有相应大小的存储空间；在符号表中为标识符 id 建立新条目，并将相应类型和分配地址填入该条目。地址一般为相对地址，即相对于静态数据区基地址的偏移量。针对以上语法规则，相应的语义动作如下：

```
(1)P→MD;S
  M→ε
  {offset:=O}                 /*offset 存放偏移量*/
(2)D→D;D
  {  }/*空*/
(3)D→id;T
  {enter(id.name,T.type,offset);
  offset:=offset+T.width}     /*enter 用来创建符号表新条目*/
(4)T→integer
  {T.type:=integer;T.width:=4}
(5)T→real
  {T.type:=real;T.width:=8}
(6)T→ARRAY[num] OF T1
  {T.type:=array(num.Value,T1.type);
  T.width:=num.Value* T1.width}
(7)T→↑T1
  {T.type:=Point(T1.type);T.width:=4}
```

2. 过程或函数说明的翻译

过程和函数说明又可以包含说明部分和语句部分，因此过程和函数是分程序，且可以嵌套。

过程说明和函数说明的语法规则为

```
Pf→P|F
P→Procedure  id(xy); BLO
F→function id(xy):fnamet; BLO
BLO→LB CON TP VA Pfs begin Stat end
Pfs→Pf|Pfs  Pf
Stat→S|Stat;S
```

其中，xy 表示形式参数部分，LB 表示标号说明部分，CON 表示常量说明部分，TP 表示类型说明部分，VA 表示变量说明部分。

(1) 过程说明和函数说明的语法制导翻译

首先定义过程和函数入口以及过程和函数返回四条四元式：

① 过程入口四元式$(proc, p, L, k)$

② 函数入口四元式$(func, f, L, k)$

尽管过程和函数说明都包含有语句部分，但仅仅是说明，所以在运行时遇到过程和函数说明并不立即执行其语句部分，而只是在程序的语句部分遇到相应的过程调用语句和函数名符才转到过程或函数的入口处，处理相应的说明并执行其过程体或函数体，即语句部分。四元式中 L 为过程参数的个数，k 为过程所需单元个数加 1。

③ 过程返回四元式

$(proend,\_\_,\_\_,\_\_)$

④ 函数返回四元式

$(funend,\_\_,\_\_,\_\_)$

例如，设有过程说明：

```
procedure p(var x1:real;x2:real);
const  num=100;
var a1:real;
    m:integer;
function  f(i,j:ineger):integer;
  begin
    f:=(i+j)/2
  end;
begin
    x1:=num+x2/2;
    a1:=m*x1
end;
```

其四元式为

```
(1)(proc,p,L1,k1)
(2)(func,f,L2,k2)
(3)(+,i,j,T1)
(4)(/,T1,2,T2)
(5)(:=,T2,__,f)
```

```
(6)(funend,_,_,_)
(7)(/,x2,2,T3)
(8)(+,num,T3,T4)
(9)(:=,T4,_,X1)
(10)(*,m,x1,T5)
(11)(:=,T5,_,a1)
(12)(proend,_,_,_)
```

为了方便语法制导翻译的实现，将前述过程和函数说明的语法制导翻译改写如下：

```
Pf→P|F
P→Pid xy);BLO
F→Fid xy);fnamet;BLO
Pid→procedure id(
Fid→function id(
Pfs→Pf|Pfs Pf
BLO→LB CON TP VA Pfs begin Stat end
```

从而有与语法规则相应的语义子程序如下：

```
(1)pf→p
  {    }/*空*/
(2)pf→f
  {    }/*空*/
(3)p→pid xy);BLO
  {gen(proend,_,_,_)
(4)F→Fid xy);fnamet;BLO
  {gen(funend,_,_,_)}
(5)Pid→Procedure id(
  {gen(proc,adr(id),L,k)
(6)Fid→function id(
  {gen (func,adr(id),L,k,)}
(7)Pfs→pf
  {    } /*空*/
(8)Pfs→Pfs Pf
  {    } /*空*/
(9)BLO→LB CON TP VA Pfs begin Stat end
  {    } /*空*/
```

7.4.2　赋值语句的翻译

1. 赋值语句的语法规则

赋值语句的语法规则为

$$S→V:=E$$

2. 赋值语句的语义

赋值语句的语义可解释为把右部表达式 E 的值赋给左部变量 V。对于 Pascal 语言，表达式 E 的类型可以是算术型、布尔型等各种基本类型中的一种。赋值语句左部的变量与右表达式的类型要求相容。

3．语法制导翻译技术

赋值语句的执行步骤：首先计算左部变量 V 的地址；然后计算右部表达式 e 的值，必要时对 e 的值进行类型转换，强制成 V 的类型；最后把 e 的值赋给左部变量 V。

为了便于语法制导翻译，可将赋值语句文法改写为

```
S→Assig  E
Assig→i:=
```

其引进的四元式生成子程序表示形式为

```
Procedure   gen(w,c,d,e);
    begin
      P[n]:=(w,c,d,e);
      n:=n+1
    end;
```

赋值语句的语法规则对应的语义子程序为

```
(1)S→Assig  E
{gen (:=, S[i-2],_,s[i-1])}
(2)Assig→i:=
{S[i]:=adr(id), i:=i+1}
```

7.4.3　控制语句的翻译

在源程序中，控制语句用于实现程序流程的控制，一般程序流程控制分为三种基本结构：

● 顺序结构，一般用复合语句实现。

● 选择结构，用 if 和 case 等语句实现。

● 循环结构，用 for、while、repeat 等语句实现。

下面主要对常见的控制语句的翻译进行讨论。

1．三种基本控制结构的翻译

在 7.3.2 节讨论布尔表达式的翻译中，简单讨论了 if 语句和 while 语句的代码结构，但实际中较复杂的控制语句常常是嵌套的。为方便起见，我们把三种基本结构放在一起作为一个例子，且只讨论四元式的产生。这三种结构可用如下方法描述：

```
(1)S→if E then S
(2)|if E then S else  S
(3)|while E do S
(4)|begin  L  end
(5)|A
(6)L→L;S
(7)|S
```

文法中非终结符 S 代表语句；L 代表若干条语句，即语句串；A 代表赋值语句；E 为布尔表达式。此外，约定每一个 else 总是与其前面且离它最近的、尚未得到匹配的 then 相匹配，这样可以避免 if 语句可能带来的二义性。

在前面布尔表达式的讨论中我们已经知道布尔表达式 E 具有两个属性 E.TC 和 E.FC，用来分别指示 E 的真链和假链的链首。当 E 出现在条件语句：if E then S1 else S2 时，根据条件语句的语义，当语法分析器扫描到 then 时，"真"出口才能确定；而当扫描到 else 时，"假"出口才能确定。这就是说，

必须把 E.FC 的值传下去，到达相应的 else 时才进行回填。另外，当 S1 语句执行完时意味着整个 if-then-else 语句也已执行完毕，因此，在 S1 的编码之后应产生一条无条件转移指令。这条转移指令将转向 if 语句的后继语句，导致程序控制离开 if 语句，但是，在完成 S2 的翻译之前，这条无条件转移指令转向的确切位置是不确定的。甚至对于嵌套 if 语句，在翻译完 S2 之后，这条转移指令的转移位置仍不能确定。例如，对于下面嵌套的 if 语句：

if E1　　then if　E2　then S1　else　S2　else　S3

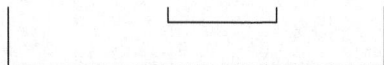

在 E1 和 E2 为真的情况下执行 S1，执行完 S1 之后的那条无条件转移指令不仅应跳过 S2 代码，还应跳过 S3 代码。这也就是说，转移目标位置的确定和语句所处的环境是密切相关的。因此，可以让非终结符 S(以及 L)含有一项语义值 S.chian(及 L.chian)，用来指示 S(及 L)所代表的程序结构之全部出口构成的链，它将把所有四元式串在一起，这些四元式在翻译完 S(或 L)之后适当的时机回填转移目标。

为了能及时回填有关四元式串的转移目标，对前述三种结构文法进行改写(拆分)如下：

(1) $S \rightarrow C\,S$

(2) $\vert T^P\,S$

(3) $\vert W^d\,S$

(4) $\vert begin\ \ L\,end$

(5) $\vert A$

(6) $L \rightarrow L^s\ \ S$

(7) $\vert S$

(8) $C \rightarrow if\,E\,then$

(9) $T^p \rightarrow CS\ \ else$

(10) $W^d \rightarrow W\,E\,do$

(11) $W \rightarrow While$

(12) $L^s \rightarrow L;$

下面是该文法各条规则相应的语义动作：

```
S→ C S(1)
  {S·chain:=Merge(C·chain,S⁽¹⁾·chain)}
S→Tᵖ S(2)
  {S·chain:=Merge(Tp·chain, S⁽²⁾·chain)}
S→Wᵈ S⁽¹⁾
  {Backpatch(S⁽¹⁾·chain,Wᵈ·Quad);
  gen (j,__,__,Wᵈ·Quad);
  S·chain:=Wd·chain}
S→begin L end
  {S·chain:=L·chain}
S→A
  {S·chain:=0 /*空链*/}
L→Lˢ S⁽¹⁾
  {L·chain:=S⁽¹⁾·chain}
L→S
  {L·chain:=S·chian}
```

```
C→if  E then
  {Backpatch (E·TC,NXQ);
  C·chain:=E·FC}
Tᴾ→C S⁽¹⁾ else
   {q:=NXQ;
   gen(j,_,_,0);
   Backpatch (C·chain,NXQ);
   Tp·chain:=Merge(S⁽¹⁾·chain,q)}
   W→While
   {W·Quad:=NXQ}
Wᵈ→W  E do
   {Backpatch(E·TC;NXQ');
   Wᵈ·chain:=E·FC;
   Wᵈ·Quad:=W·Quad}
Lˢ→L
   {Backpatch(L·chain,NXQ)}
```

语义值 S·chain 将暂时保存在语义栈中，在后续归约过程的适当时候，它所指的链将被回填。

另一项语义值 Quad 用来记住一条语句中某些四元式的位置，例如，{W· Quada:=NXQ}指记住 while 语句所对应的第一个四元式的地址，因为后面要产生以这个地址为目标的转移指令。

根据以上讨论，语句：

```
while (a<b)do
    if(c>d)then x:=m+n
```

将翻译成如下一串四元式：

$$(1)\quad (B<,\quad a,\quad b,\quad 3)$$
$$(2)\quad (BR,\quad \_,\quad \_,\quad 8)$$
$$(3)\quad (B>,\quad c,\quad d,\quad 5)$$
$$(4)\quad (BR,\quad \_,\quad \_,\quad 1)$$
$$(5)\quad (\ +,\quad m,\quad n,\quad T)$$
$$(6)\quad (\ :=,\quad T,\quad \_,\quad X)$$
$$(7)\quad (BR,\quad \_,\quad \_,\quad 1)$$
$$(8)\quad \{while\ 后继语句\}$$

对于 for 循环语句、repeat 循环语句(C 语言中 do-while)，其处理方法类似于 while 语句，不再一一介绍。

2. 语句标号和转移语句的翻译

大多程序设计语言中的转移语句是通过标号和 goto 语句实现的，语句标号用于标识一个语句，一个带标号语句的形式是

```
L:S
```

带标号语句的语法规则为

```
Ls→L:S
```

转向语句的语法规则为

```
S→goto L
```

为便于语法制导翻译，带标号语句的语法规则改写为

```
LS→Label S
Label→L:
```

转向语句和带标号语句的语法规则对应的语义子程序如下：

```
S→goto L
{gen(goto,__,__,L)}
Ls→Label S
    {空}
Label→L:
{gen(label,__,__,L)}
```

至此，我们对常见程序设计语言的一些语法结构讨论了语法制导翻译的方法，显然，所讨论的范围不可能包罗程序设计语言的全部语法结构，仅希望读者对前面所介绍内容的学习能够得到一些启发，对今后的工作和学习有所帮助，其他基本类似，不再介绍。

习题 7

7.1　语义分析程序的主要任务是什么？

7.2　什么叫做增量式文法？什么叫做属性文法？

7.3　什么叫做语法制导翻译？并叙述其翻译的主要思想。

7.4　试画出表达式 (a+b)*(c−d)−(a*b−c) 的抽象语法树。

7.5　分别写出下列中缀表达式相应的逆波兰表示、四元式和三元式：

　　(1) (a+b)*(c−d)−(a*b+c)

　　(2) −(a+b*c/d)

　　(3) a*b+(c−d)/e

　　(4) a>b∧b>c

7.6　试把逆波兰表示 abc*−de+/f−还原成中缀表达式。

7.7　把下面的程序段

```
pos:=0;
neg:=0;
zer:=0;
for i:=1 to 10 do
begin
if a[i]>0 then pos:=pos+1
else if a[i]=0 then zer:=zer+1
    else neg:=neg+1
end;
```

写成逆波兰表示、三元式和四元式。

7.8　为什么要引进中间语言？试说明中间语言的作用及其形式。

7.9　试叙述三元式与树表示之间的关系。

7.10　分别写出下列语句的逆波兰表示、三元式和四元式。

```
sum:=0;
```

```
odds:=1;
while odds<=100  do
  begin
    sum:=sum+odds;
    odds:=odds+2
end;
```

7.11 展开下面的循环语句后，用逆波兰表示、四元式和三元式表示之：

```
for  i:=1  to  n-1  do
  for j:=i+1  to  n  do
    begin→
    temp:=a[i,j];
    a[i,j]:=a[j,i];
    a[j,i]:=temp
  end;
```

7.12 写出条件赋值语句：

```
v:=if B then E1 else E2
```

的语义子程序。其中 B 是布尔表达式，E1 和 E2 是算术表达式，V 代表与 E1、E2 类型相同的左部变量。按写出语义子程序生成条件赋值语句：

```
Z:=if A>C then  x+y else  x-y+0.6
```

的四元式序列。

7.13 试写出 Pascal 循环语句 for i:=1 to N do S 的语义子程序，假定该语句的文法为

$F_1 \rightarrow$ for i:=1 to N
$S \rightarrow F_1$ do S^1

7.14 写出翻译 Pascal 语言 repeat 语句：

```
repeat
S1;S2; … ;Sn
until  E;
```

的语义子程序。其中 E 是条件表达式。

7.15 在一个移进归约的分析中采用以下语法制导翻译模式，在按一产生式归约时，立即执行括号中的动作。

```
A→aB   {print"0";}
A→c    {print"1";}
B→Ab   {print"2";}
```

当分析器的输入为 aacbb 时，打印的字符串是什么？

第8章 代 码 优 化

本章介绍代码优化的有关概念和代码优化的几种方法。一般来说，不经任何优化直接生成的目标程序质量较低，为了提高目标程序的质量，编译程序往往在中间代码或目标代码生成之后对生成的代码进行优化。

8.1 代码优化的基本概念

8.1.1 代码优化的定义

所谓优化，实质上是对代码进行等价变换，使得变换后的代码具有更高的效率，包括时间效率和空间效率。因此，代码优化的目的是为了提高目标程序的质量，即要尽量缩小存储空间，还要尽量提高运行速度，但是，代码优化并不能保证得到的目标代码是最优的，而仅仅是指一种相对的合理性。

优化可在编译的不同阶段进行。首先，在源代码设计阶段，程序员可以通过选择好的算法和语句来提高源程序的质量；其次，在设计语义动作时，可以考虑如何生成高质量的中间代码；对编译产生的中间代码，可以进行专门的优化工作，以改进代码的效率；在目标代码这一级上，可以考虑如何有效地利用寄存器，如何选择指令，以及进行处理机的优化等。本章着重讨论中间代码的优化。

中间代码的优化是对中间代码进行各种等价变换，它不依赖于具体的计算机。目标代码的优化是在目标代码生成之后进行的，它在很大程度上依赖于具体的计算机。

目前，优化技术已比较成熟，但由于优化的算法比较复杂，在一定程度上增加了编译程序的额外开销，编译时间也会增长。因此每一个编译程序并不是什么都进行优化，而是有选择地做一些不同程度的优化工作。

8.1.2 代码优化的分类

优化工作涉及面很广，从不同角度可以对优化进行不同的分类。

1. 与机器的相关性

从优化与机器是否相关的角度来看，优化可分为与机器无关的优化和与机器有关的优化。

与机器无关的优化，是在源代码或中间代码一级上进行的优化工作，主要包括基本块的优化和循环优化。

与机器相关的优化，是在目标程序这一级上进行的优化工作，主要包括寄存器的优化、多处理机的优化、特殊指令的优化和无用代码的消除四类。显然，与机器相关的优化工作在很大程度上依赖于机器语言，所以本章不做详细讨论。

2. 优化范围

从优化所涉及的程序范围的角度来看，优化又可分为局部优化和全局优化。

局部优化指的是在只有一个入口、一个出口的基本程序块上进行的优化。局部优化的工作只在程序的一个局部范围内进行，而不对整个程序进行全面的控制流程和数据流程的分析。

全局优化指的是在整个程序范围内进行的优化。在一个基本块内，可进行如下几种优化：

- 合并常量和已知量。
- 消除公共子表达式。
- 消减运算强度。
- 删除无用代码。

对基本块的分析，本书采用了一种无回路有向图(DAG)的方法。

在一个程序运行时，往往大量的时间会花在循环上，因此，对循环的优化是非常重要的。对循环中的代码，可以进行的优化有：外提循环不变表达式、削减计算强度、删除归纳变量等。从优化范围来看，循环优化是全局优化，但如果循环是由基本块组成的，那么它的优化应该建立在对基本块优化的基础上进行。

总之，一个编译程序可以进行范围很广的优化工作，从对基本块的优化，到全局程序范围的优化；从对中间代码的变换、修改到寄存器的分配和机器指令的选择等，从不同角度可以对优化进行不同的分类，而每一类优化中又包括若干个优化项目。

8.1.3　优化技术简介

优化工作可以从不同的环节着手。一般来说，对于中间代码常用的优化技术有：合并常量运算、删除无用赋值、削减运算强度、删除多余运算、外提不变表达式等。下面通过一些实例简单介绍这些常用的优化技术。

1．合并常量运算

合并常量运算是指对于程序中某些运算的运算对象，如果它们均是常数或其值在编译时已知，则在编译时可以直接计算出运算结果，而不必等到运行时再去计算。

例如：程序段

```
x=3.14*2;
y=2*5*a;
z=x+0.5;
```

优化前的四元式为

(1)　(*,　3.14,　2,　T_1)
(2)　(=,　T_1,　_,　x)
(3)　(*,　2,　5,　T_2)
(4)　(*,　T_2,　a,　T_3)
(5)　(=,　T_3,　_,　y)
(6)　(+,　x,　0.5,　T_4)
(7)　(=,　T_4,　_,　z)

通过合并已知量进行优化后的四元式为

(1)　(=,　6.28,　,　x)
(2)　(*,　10,　a,　y)
(3)　(=,　6.78,　_,　z)

2．删除无用赋值

删除无用赋值或删除无用代码是指在程序中有些变量的赋值对程序运行结果没有任何作用，对这些变量赋值的代码可以删除。

例如：程序段

```
x=2+a
y=2+b
x=2*a*b
y=x*y
```

优化前的四元式为

(1) (+,   2, a, x)
(2) (+,   2, b, y)
(3) (*,   2, a, T_1)
(4) (*, T_1, b, x)
(5) (*, x, y, y)

四元式 (1) 对 x 赋值，但其值在以后的代码中未被引用，所以它是无用赋值，删除无用赋值后的四元式为

(1) (+,   2, b, y)
(2) (*,   2, a, T_1)
(3) (*, T_1, b, x)
(4) (*, x, y, y)

3. 削减运算强度

削减运算强度是指把强度大的运算换算为强度小的运算。例如把乘法运算换算成加减法运算等。

例如：程序段

```
for(i=1;i<=100;i++)
    a=10*i;
```

每循环一次，i 的值增 1，a 的值与 i 保持线性关系，每次总是增加 10，因此，可以把循环中的乘法运算 10*i，换算成加法运算 10+a，变换后的程序为

```
a=0;
for(i=1;i<=100;i++)
    a=10+a;
```

可见，修改后，100 次的乘法运算变为 100 次的加法运算，削减了运算强度，优化后的四元式为

(1) (=,   0,   _, a)
(2) (=,   1,   _, i)
(3) (<=, i,   100, T_1)
(4) (BF,   (8), T_1, _)
(5) (+, a,   10, a)
(6) (+, i,   1, i)
(7) (BR,   (3),   _,   _)
(8) (   )

4. 删除多余运算

删除多余运算又称删除公共子表达式，如果某一子表达式被重复使用两次以上，并且表达式中变量的值没有发生变化，则称其为公共子表达式。为了避免重复运算，公共子表达式只需计算一次。

例如：程序段

```
x=a*(b+c)+d;
y=a*(b+c)-d;
```

优化前的四元式为

(1) $(+, \quad b, \quad c, \quad T_1)$

(2) $(*, \quad a, \quad T_1, \quad T_2)$

(3) $(+, \quad T_2, \quad d, \quad x)$

(4) $(+, \quad b, \quad c, \quad T_3)$

(5) $(*, \quad a, \quad T_3, \quad T_4)$

(6) $(-, \quad T_4, \quad d, \quad y)$

显然，a*(b+c)是一个公共子表达式，四元式(4)和(5)是对四元式(1)和(2)的重复运算。因此，可以删除四元式(4)、(5)。

优化后的四元式为

(1) $(+, \quad b, \quad c, \quad T_1)$

(2) $(*, \quad a, \quad T_1, \quad T_2)$

(3) $(+, \quad T_2, \quad d, \quad x)$

(4) $(-, \quad T_2, \quad d, \quad y)$

5. 外提不变表达式

不变表达式是指在循环中其值始终保持不变的表达式，也即该表达式的值独立于循环的执行次数。为了减少不变表达式的重复计算，可将其提到循环的前面，使之只在循环外执行一次。

例如：程序段

```
for(i=1;i<=100;i++)
{
  x=(a+b)*(c+d)*i;
  y=x+i;
}
```

显然，表达式(a+b)*(c+d)是循环中的不变表达式，该表达式会被重复计算 100 次，故可提到循环外面预先计算。变换后的程序为

```
e=(a+b)*(c+d);
for(i=1;i<=100;i++)
{
    x=e*i;
    y=x+i;
}
```

可见，修改后，表达式(a+b)*(c+d)只在循环外计算一次，减少了循环中代码总数。优化前的四元式为

(1) $(=, \quad 1, \quad \_, \quad i)$

(2) $(<=, \quad i, \quad 100, \quad T_1)$

(3) $(BF, \quad (11), \quad T_1, \quad \_)$

(4) $(+, \quad a, \quad b, \quad T_2)$

(5) $(+, \quad c, \quad d, \quad T_3)$

(6) $(*, \quad T_2, \quad T_3, \quad T_4)$

(7)   (*, T_4,   i,   x)

(8)   (+,   x,   i,   y)

(9)   (+,   i,   1,   i)

(10) (BR, (2),   _,   _)

(11) (   )

将四元式(4)、(5)、(6)提到循环外面,则优化后的四元式为

(1)   (=,   1,   _,   i)

(2)   (+,   a,   b, T_1)

(3)   (+,   c,   d, T_2)

(4)   (*, T_1, T_2,   e)

(5)   (<=,   i, 100, T_3)

(6)   (BF, (11), T_3,   _)

(7)   (*,   e,   i,   x)

(8)   (+,   x,   i,   y)

(9)   (+,   i,   1,   i)

(10) (BR, (5),   _,   _)

(11) (   )

8.2   局部优化

局部优化是指局部范围内的变化。为了确定"局部范围",往往把程序划分为若干个"基本块",优化的工作将分别在各个基本块内进行。

8.2.1   基本块的划分

所谓基本块,是指程序中一组顺序执行的语句序列,其中只有一个入口和一个出口,执行时只能从其入口进入,从其出口退出。即基本块内的运算要么都被执行,要么都不执行。

例如:程序段

```
a=10;
b=a*10;
c=a+b;
```

显然,这组由三个赋值语句组成的语句序列形成了一个基本块。又如程序段

```
s=0;
k=1;
if(k<5)
    s=s+k;
else s=s-k;
```

这段程序有一个入口和两个出口,所以它不是一个基本块。

对于一个给定的程序,可以将它划分为若干基本块。下面给出将四元式中间代码划分为基本块的算法。

算法 8.1   基本块的划分算法

① 确定各基本块的入口,其原则是

　　a. 程序的第一条语句。

　　b. 控制语句所转向的语句。

　　c. 紧跟在条件转移语句之后的语句。

② 对每一个入口语句,确定其所属的基本块。它是由该入口语句到下一个入口语句(不包括下一个入口语句),或到一个转移语句(包括该转移语句),或到一个停语句(包括该停语句)之间的语句序列组成的。

③ 执行上述两步后,凡未包含在任何基本块中的语句,都是控制流程不可到达的语句,它们决不会被执行,故予以删除。

【例8.1】 考察下列四元式序列:

(1)　(=,　100,　_,　k)
(2)　(+,　i,　j,　T_1)
(3)　(>,　k,　T_1,　T_2)
(4)　(BF,　(8),　T_2,　_)
(5)　(_,　k,　1,　T_3)
(6)　(=,　T_3,　_,　k)
(7)　(BR,　(3),　_,　_)
(8)　(*,　i,　j,　k)
(9)　(end,　_,　_,　_)

应用算法 8.1:由步骤①a,(1)是入口语句;

由步骤①b,(3)、(8)是入口语句;

由步骤①c,(5)是入口语句;

由步骤②,可以求出各基本块,如图8.1所示。

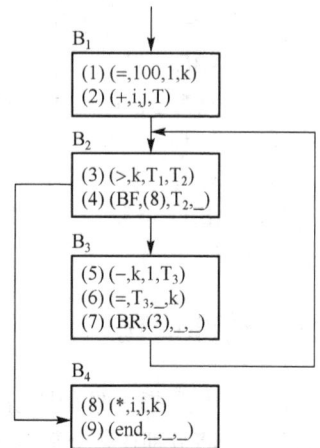

图 8.1　基本块划分示例

由图8.1可以看出,以上程序段可以划分为四个基本块 B_1、B_2、B_3、B_4,而且各基本块之间通过一些有向边连接起来,这种有向图称为程序流图或流图。每个流图以基本块为节点,而且为了进行控制流分析,把控制信息加到了基本块集合上,形成了程序的有向图。

在流图中,将程序的第一条语句作为基本块的入口语句的节点为流图的首节点。节点之间的有向边代表控制流,也就是说,如果在某个执行顺序中,基本块 B_2 紧随在基本块 B_1 之后执行,则从 B_1 到 B_2 有一条有向边。如果从节点 B_1 的最后一条语句有条件或无条件地控制转移到 B_2 的第一个语句,或者按程序语句顺序,节点 B_2 紧随节点 B_1 之后,且 B_1 的最后一条语句不是一个无条件转移语句,则称 B_1 是 B_2 的前驱,B_2 是 B_1 的后继。

例如,图8.1中,B_1 是首节点,B_1 的后继是 B_2,B_2 的后继是 B_3 和 B_4,B_3 的后继是 B_2,B_2 的前驱是 B_1 和 B_3,B_3 的前驱是 B_2,B_4 的前驱是 B_2。

8.2.2　基本块的 DAG 表示

为了便于对基本块进行优化,引进一种有效的数据结构——无回路有向图(Directed Acyclic Graph,DAG)。

一个基本块的 DAG 是对其各个节点按如下方式进行标记的一个无回路有向图:

① DAG 中的叶节点用一个变量名或常数做标记,以表示该节点代表此变量或常数之值。如果叶节点用来代表一个变量 A 的地址,则用 addr(A)作为该节点的标记。此外,因叶节点通常代表一个变量名的初值,所以对叶节点上所标记的变量名加上下标 0 以表示它是该变量的初值。

② DAG 中的内部节点都用一个运算符作为标记，表示该节点代表应用该运算符对其直接后继节点进行运算得到的结果。

③ DAG 中各节点上，还可以附加一个或多个标识符，以表示这些标识符都具有该节点所代表的值。

在一个有向图中，从节点 n_i 到节点 n_j 的有向边用 $n_i \rightarrow n_j$ 表示，若存在有向边序列 $n_1 \rightarrow n_2, n_2 \rightarrow n_3, \cdots,$ $n_{k-1} \rightarrow n_k$，则称节点 n_i 到节点 n_j 之间存在一条路径，或称 n_i 到 n_k 是连通的。路径上有向边的数目称为路径的长度。如果存在一条路径，其长度 ≥ 2，$n_i \rightarrow \cdots \rightarrow n_j$，且 $n_i = n_j$，则称该路径是一个环路。如果有向图中任一路径都不是环路，则称有向图为无环路(或无回路)有向图。图8.2是一个带环路的有向图，图8.3是一个无环路有向图。

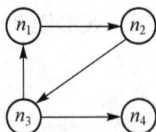

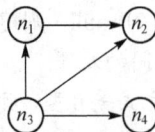

图 8.2 一个带环路的有向图　　　　　图 8.3 一个无环路的有向图

将一个无回路有向图按照前述方法给每一个节点加上相应的标识，就构成了一个 DAG，所以一个基本块的 DAG 是一种节点带有附加信息的 DAG。

图 8.4 给出了各种四元式及相应的 DAG 的节点形式。图中 n_i 为节点编号。节点下面的符号是各节点的标记(如运算符、变量名、常数)，节点左、右两边的符号是节点的附加标识符。

类　型	四　元　式	DAG 节点
0 型	$(=, B, \_, A)$	
1 型	$(op, B, \_, A)$	
2 型	(op, B, C, A)	
	$(=[\ ], B, C, A)$ 即 $A=B[C]$	
	$(BT, B, C, (s))$ 即 if B rop C goto (s)	
3 型	$([\ ]=, B, \_, A[c])$ 即 $A[C]=B$	
4 型	$(BR, \_, \_, (s))$ 即 goto (s)	

图 8.4 DAG 节点的类型

为了便于讨论，把图8.4中各种形式的四元式分成了 0 型、1 型、2 型、3 型和 4 型五种类型，下面给出仅含 0 型、1 型和 2 型四元式的基本块的 DAG 构造算法。

假设 DAG 各节点信息采用某种适当的数据结构(如链表)来存放，并建立一个标识符(包括常数)与节点的对应表。定义一个函数 NODE(A)，用于描述这种对应关系，函数值若是一个节点的编号 n，说明 DAG 中存在着以 A 为标记的节点 n；若无定义(记做 NODE(A)=null)，说明 DAG 中尚无以 A 标记的节点。

算法 8.2　基本块的 DAG 构造算法。

对基本块的每一个四元式，依次执行：

① 若 NODE(B)=null，则建立一个以 B 为标记的叶节点，并定义 NODE(B) 为这个节点，然后根据下列情况，做不同的处理：

a. 若当前四元式是 0 型，则记 NODE(B)=n，转步骤④。

b. 若当前四元式是 1 型，则转步骤②a。

c. 若当前四元式是 2 型，如果 NODE(C)=null，则构造一标记为 C 的叶节点，并定义 NODE(C) 为这个节点；否则转步骤②b。

②

a. 若 NODE(B) 是以常数标记的叶节点，则转步骤②c，否则转步骤③a。

b. 若 NODE(B) 和 NODE(C) 都是以常数标记的叶节点，则转步骤②d，否则转步骤③b。

c. 执行 OP B(即合并已知量)，令得到的新常数为 P。若 NODE(B) 是处理当前四元式时新建立的节点，则应予以删除；若 NODE(P)=null，则建立以常数 P 为标记的节点 n，置 NODE(P)=n，转步骤④。

d. 执行 B OP C(即合并已知量)，令得到的新常数为 P。如果 NODE(B) 和 NODE(C) 是处理当前四元式时新建立的节点，则予以删除；若 NODE(P)=null，则建立以常数 P 为标记的节点 n，置 NODE(P)=n，转步骤④。

③

a. 检查 DAG 中是否有标记为 OP，且以 NODE(B) 为唯一后继的节点(即查找公共子表达式)。若有，则把已有的节点作为它的节点并设该节点为 n；若没有，则构造一个新节点 n，转步骤④。

b. 检查 DAG 中是否有标记为 OP，且其左、右后继分别为 NODE(B) 和 NODE(C) 的节点(即查找公共子表达式)。若有，则把已有的节点作为它的节点，并设该节点为 n；若没有，则构造一个新节点 n，转步骤④。

④ 若 NODE(A)=null，则把 A 附加到节点 n，并令 NODE(A)=n；否则，先从 NODE(A) 的附加标记集中将 A 删去(注意，若 NODE(A) 有前驱或 NODE(A) 是叶节点，则不能将 A 删去)，然后再把 A 附加到新的节点 n，并令 NODE(A)=n。

【例8.2】　构造以下基本块 G_1 的 DAG。

(1)　(=,　3.14,　_,　T_1)

(2)　(*,　2,　T_1,　T_2)

(3)　(+,　R,　r,　T_3)

(4)　(*,　T_2,　T_3,　A)

(5)　(=,　A,　_,　B)

(6)　(*,　2,　T_1,　T_4)

(7)　(+,　R,　r,　T_5)

(8)　(*,　T_4,　T_5,　T_6)

(9)　(-,　R,　r,　T_7)

(10)　(*,　T_5,　T_7,　B)

利用算法 8.2 对以上基本块中 10 个四元式逐个进行处理,新产生的 DAG 子图依次如图 8.5(a)～(j)所示,其中,图8.5(j)即为要构造的 DAG。

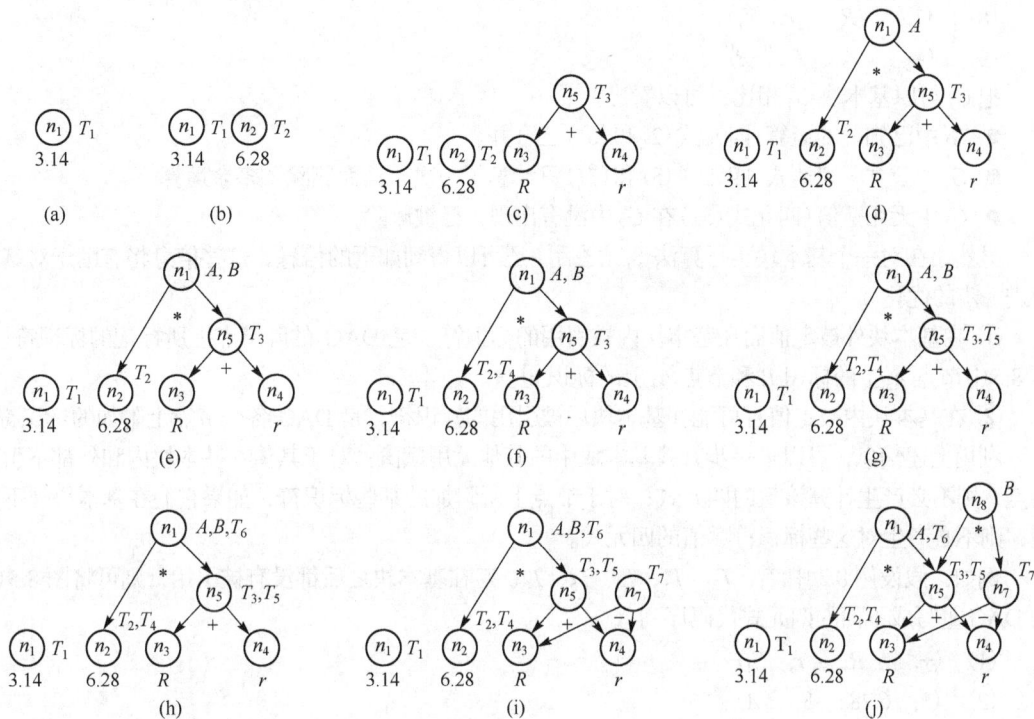

图 8.5　基本块 G_1 的 DAG

8.2.3　基本块优化的实现

将四元式表示成相应的 DAG 后,就可利用 DAG 对基本块进行优化。实际上,在对基本块执行算法 8.2 的过程中,已完成了对基本块进行优化的一系列基本工作。

① 对于任何一个四元式,如果参与运算的对象都是常数或编译时的已知量,则在算法的第二步将直接执行此运算,并产生以运算结果为标记的叶节点,而不再产生执行运算的内部节点[见图8.5(b)和(g)]。所以算法的第二步起到了合并已知量的作用。

② 对于执行同一运算四元式的多次出现,仅对第一次出现的四元式产生执行此运算的内部节点,而对以后出现的四元式只把那些被赋值的变量标识符附加到该节点上[见图8.5(g)]。所以算法的第三步起到了检查公共子表达式的作用,这样可以删除多余运算。

③ 对于在基本块内已被赋值的变量,如果在它被引用之前又被再次赋值,则根据算法的第四步,把该变量从具有前一个值的节点上删除[见图 8.5(j)]。算法的第四步起到删除无用赋值的作用。

由此可见,在一个基本块使用算法 8.2 生成相应的 DAG 的过程中,已经进行了一些基本的优化工作。然后可以利用这样的 DAG,按照原来构造其节点的顺序,重建四元式序列 G_2 如下:

(1)　(=,　3.14,　 _ ,　T_1)

(2)　(=,　6.28,　 _ ,　T_2)

$$(3) \quad (=, \quad 6.28, \quad \_, \quad T_4)$$

$$(4) \quad (+, \quad R, \quad r, \quad T_3)$$

$$(5) \quad (=, \quad T_3, \quad \_, \quad T_5)$$

$$(6) \quad (*, \quad 6.28, \quad T_3, \quad A)$$

$$(7) \quad (=, \quad A, \quad \_, \quad T_6)$$

$$(8) \quad (\_, \quad R, \quad r, \quad T_7)$$

$$(9) \quad (=, \quad T_5, \quad T_7, \quad B)$$

把 G_2 与原基本块 G_1 相比，可以看出

- G_1 中已知量的运算(四元式(2)和(6))已合并。
- G_1 中公共子表达式(四元式(3)和(7))只计算了一次，从而删除了多余运算。
- G_1 中无用赋值(四元式(5))在 G_2 中没有出现，已被删除。

显然，在对一个基本块实行算法 8.2 之后，还可以得到如下的信息，这些信息将有助于对基本块做进一步的优化。

① 在基本块外被定值而在基本块内被引用的标识符，是 DAG 的叶节点上所标记的标识符[例如图 8.5(j)节点 n_3 上的标识 R 和节点 n_4 上的标识 r]。

② 在基本块内被定值且可能在基本块后被引用的标识符，是 DAG 各个节点上附加的标识符。

利用上述信息，可以进一步查找基本块中的其他无用赋值：对于其值在基本块内和外都不引用的节点，则不必产生计算该值的四元式；对于节点上所附加的某些标识符，如果它们在基本块外不被引用，则不必产生对这些标识符赋值的四元式。

例如，假设例 8.2 中 T_1、T_2、T_3、T_4、T_5、T_6、T_7 在基本块之后都没有被引用，则可将图 8.5(j)中的 DAG 重写成下面的四元式代码序列：

$$(1) \quad (+, \quad R, \quad r, \quad S_1)$$

$$(2) \quad (*, \quad 6.28, \quad S_1, \quad A)$$

$$(3) \quad (-, \quad R, \quad r, \quad S_2)$$

$$(4) \quad (*, \quad S_1, \quad S_2, \quad B)$$

其中，S_1 和 S_2 是用来存放中间值的临时变量。在整个序列中，没有生成对 T_1, T_2, $\cdots$, T_7 赋值的代码。

8.3　循环优化

众所周知，循环是程序设计中一种重要的数据结构，程序运行时花费在循环上的时间往往占整个运行时间的很大部分，因此对循环的优化实为提高程序运行效率的重要途径。

8.3.1　循环的查找

为了进行循环的优化，首先要查找程序中的循环。通常人们把循环理解为程序中的一个能重复执行的代码序列，但是，按照这种理解去查找程序中的循环以及循环代码的优化都是很不方便的，因此，可以给出循环的较明确的规定。

在程序流图中，具有下列性质的节点序列(即一组基本块)称为程序中的一个循环：

① 在这组节点中，有且只有一个是入口节点。

② 这组节点是强连通的，即任意两个节点之间必有一条通路(特别当这组节点仅含一个节点时，必有从此节点到其自身的有向边)。

【例 8.3】　图 8.6 是一个程序流图。

按照上述关于循环的定义可知，图 8.6 中，节点序列 {6，7，8} 以及
{4，6，7，8}、{4，5，6，7，8}、{3，4，5，6，7，8} 都是循环；而节
点序列 {3，4}、{4，5，6，7} 虽然是强连通的，但因它们的入口节点不
唯一，所以不是循环。

由此看来，构成循环必须具备两个条件，这两个条件实际上规定了程
序流图中作为循环的一组节点应满足的控制关系。下面介绍一种利用控制
点在程序流图中查找循环的方法。

在程序流图中，如果从首节点出发到达某一节点 n 的所有通路都经过
节点 t，则称 t 是 n 的必经节点，记做 t DOM n。流图中节点 n 的所有必经
节点的集合，称为节点 n 的必经节点集，记为 D(n)。程序流程图中每一个
节点都是它自己的必经节点（即 n DOM n）；循环的入口节点是循环中每一节点的必经节点。

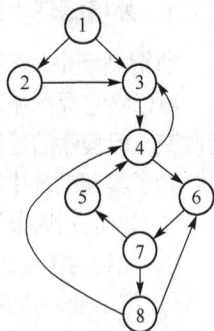

图 8.6 一个程序流图

如果将 DOM 看做流图节点集上的一个二元关系，则 DOM 具有如下性质：

- 自反性，a DOM a；
- 传递性，若 a DOM b， b DOM c，则 a DOM c；
- 反对称性，若 a DOM b，b DOM a，则 a=b。

对于图 8.6 中的 8 个节点，其必经节点集分别为

```
D(1)={1}
D(2)={1,2}
D(3)={1,3}
D(4)={1,3,4}
D(5)={1,3,4,5,6,7}
D(6)={1,3,4,6}
D(7)={1,3,4,6,7}
D(8)={1,3,4,6,7,8}
```

查找程序流图中循环的一种方法是：利用已求得的必经节点集，求得流图中的回边，再利用回边，
就可找出流图中的循环。

假设 t 是节点 n 的必经节点，若在流图中存在着从 n 到 t 的有向边，则称 $n \rightarrow t$ 是流图中的一条回边。

上例中，由流图可以看出：有向边 4→3、5→4、8→6、8→4 是回边，因为有 3 DOM 4、4 DOM 5、
6 DOM 8、4 DOM 8。

下面给出利用回边查找循环的方法。设 $n \rightarrow t$ 为一回边，则在程序流图中，节点 n 和 t 以及那些不
经过 t 而能到达 n 的所有节点—起构成了流图中的一个循环。其中节点 t 是该循环的唯一入口节点，节
点 n 是它的一个出口。

对于图 8.6 的流图，根据已求得的回边和查找循环的方法，可分别求得流图中包含各回边的循环如下：

- 包含回边 3→4 的循环是节点序列 {3，4，5，6，7，8}。
- 包含回边 5→4 的循环是节点序列 {4，5，6，7，8}。
- 包含回边 8→6 的循环是节点序列 {6，7，8}。
- 包含回边 8→4 的循环是节点序列 {4，6，7，8}。

8.3.2 循环优化的实现

在找出程序流图中的循环之后，就可以针对每个循环进行优化工作。循环优化在整个代码优化中
占有重要的地位，因为与其他一些优化相比，对循环进行优化的效果往往更为显著。下面介绍循环优
化的三种主要技术：外提循环中的不变表达式、削减运算强度、删除归纳变量。

1. 外提循环中的不变表达式

所谓循环中的不变表达式是指该表达式的值不随循环的重复执行而改变。对于这样的不变表达式，可以将它提到循环之外。这种技术在上一节已经提到，把不变表达式外提后，程序的执行顺序有所改变，但程序的运行结果仍保持不变，更重要的是提高了程序的运行速度。

为了实现循环中不变表达式的外提，需解决如下三个问题：

① 如何查找循环中的不变表达式；

② 找到的不变表达式是否可以外提；

③ 把不变表达式提到循环外的什么地方。

在给出查询循环中不变表达式和外提不变表达式的算法之前，首先介绍一些相关概念。

- 变量的"定值点"：是指在四元式序列中变量被赋值或输入值的某一四元式的位置。
- 变量的"引用点"：是指在四元式序列中变量被引用的某一四元式的位置。
- "到达—定值点"：是指变量在某点定值后到达的一点，在流图中，此通路上没有该变量的其他定值。
- "活跃变量"：是指在流图中，从某一点 P 出发的通路上有该变量的引用点，则称变量在 P 点是活跃的。
- "循环的前置节点"：是指在循环的入口节点前面建立一个新节点(基本块)。循环前置节点以循环入口节点为其唯一后继，原来流图中从循环外引到循环入口节点的有向边，改成引到循环前置节点。

下面给出查找循环中不变表达式的算法。假定 L 为所要处理的循环。

① 依次查看 L 中每一个四元式，如果它的各运算对象为常数，或者是定值点在 L 之外的变量，则将此四元式标记为"不变运算"。

② 重复步骤③，只到没有新的四元式被标记为止。

③ 对于 L 中尚未标记的四元式，若它的各运算对象为常数，或者是定值点在 L 之外的变量，或者只有一个"到达—定值点"且该点上的四元式已被标记为"不变运算"，则被查看的四元式标记为"不变运算"。

经执行上述算法后，L 中已被标记的所有四元式即为所要查找的不变运算，即不变表达式。

由于规定了每个循环只有唯一的入口，这就为外提循环不变表达式提供了一个唯一的位置，这个位置就在循环的入口节点之前。在实行代码外提时，在循环的入口节点前面建立一个新节点(基本块)，称之为前置节点，此节点以循环的入口节点为其唯一的直接后继。原来流图中从循环外引向循环入口节点的有向边，改成引向循环的前置节点。如图8.7所示。

这样，循环中所有可以外提的不变表达式，都移到循环的前置节点中去了。

现在的问题是：是否任何情况下，都可把循环不变表达式外提呢？答案是不一定。为了说明这一问题，试看下面的例子。

【例8.4】 考察图 8.8 的程序流图。

其中，节点 B_2，B_3，B_4 构成一个循环，B_2 是循环的入口节点，B_4 是循环的出口节点。B_3 中 $i = 2$ 是循环不变运算，那么 $i = 2$ 是否可以外提呢？

对于上述程序，变量 j 的值与 x、y 的取值有关。

例如，x=10, y=20 时，执行路径为 $B_2 \rightarrow B_3 \rightarrow B_4 \rightarrow B_5$，j = 2；

x=30, y=22 时，执行路径为 $B_2 \rightarrow B_4 \rightarrow B_2 \rightarrow B_4 \rightarrow B_5$，j = 1。

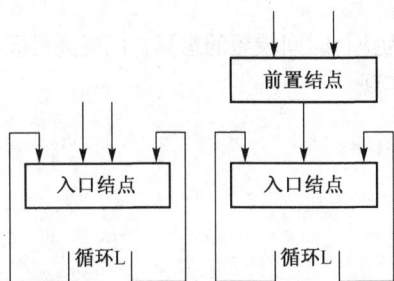

图 8.7 在循环 L 前设置前置节点

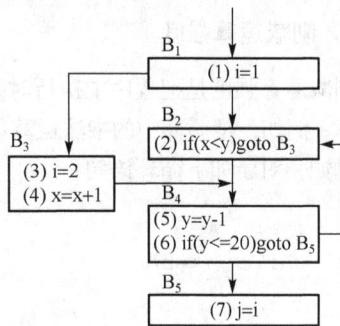

图 8.8 程序流程一

如果 B_3 中的不变运算 i = 2 外提到 B_2 之前（B_1 之后），则不论 x、y 取何值，j 的值始终是 2，显然，这样一来就改变了原来程序的运行结果，因此不变运算 i = 2 不能外提。原因就在于 B_3 不是循环出口节点 B_4 的必经节点，且当退出循环时，变量 i 在出口节点 B_4 的后继节点 B_5 中是活跃的。

但是，当不变运算所在的基本块是循环出口的必经节点时，该不变运算是否一定能外提呢？

例如，图 8.8 中的 B_2 改为

```
i=3;
if (x<y)
    goto B₃;
```

此时，i=3 是一个不变运算，它所在的节点 B_2 是循环出口节点 B_4 的必经节点，但 i = 3 仍不能外提。这是因为循环中除 B_2 有 i 的定值点之外，B_3 也对 i 定值。假定程序的执行路径为 $B_2 \rightarrow B_3 \rightarrow B_4 \rightarrow B_2 \rightarrow B_4 \rightarrow B_5$，如果 i = 3 不外提，到达 B_5 时对 i 的值是 3；但如果 i = 3 外提，则到达 B_5 时 i 的值是 2，因此不变运算 i = 3 不能外提。

【例 8.5】 考察图 8.9 的程序流图。

B_4 中的 i = 2 是循环不变运算，且 B_4 是循环的唯一出口节点，同时循环中除 B_4 外没有 i 的其他定值点，但是 i = 2 仍然不能外提。这是因为循环中 B_3 有 i 的引用点，不仅 B_4 中 i 的定值能到达，而且 B_1 中 i 的定值也能到达。假定程序执行路径为 $B_1 \rightarrow B_2 \rightarrow B_3 \rightarrow B_4 \rightarrow B_5$，则外提和不外提 i = 2 所求得的 A 的值分别为 3 和 2，所以 i = 2 不能外提。

综上所述，给出不变表达式外提算法如下：

（1）求出循环 L 中的所有不变表达式。

（2）对求得的每一个不变表达式 S（如 A=B OP C 或 A=OP B 或 A=B），检查它是否满足以下条件①或②：

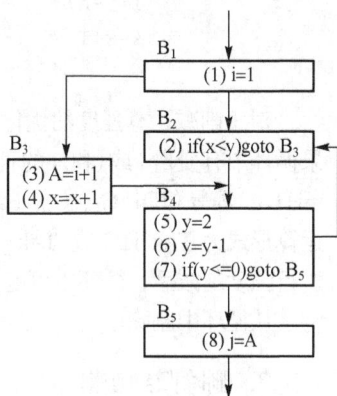

图 8.9 程序流程二

① a. S 所在的节点是 L 的所有出口节点的必经节点。

b. A 在 L 中其他地方未再定值。

c. L 中所有 A 的引用点只有 S 中 A 的定值才能到达。

② A 在离开 L 之后不再是活跃的（即 A 在 L 的任何出口节点的后继节点的入口处不是活跃的），并且条件①中的 b 和 c 成立。

（3）按不变表达式求得的顺序，依次把符号（2）的条件①或②的不变表达式 S 外提到 L 的前置节点中。如果 S 的运算对象（B 或 C）是在 L 中定值的，则只有当这些定值四元式都已外提到前置节点中时，才能把 S 也外提到前置节点中。

2. 削减运算强度

削减运算强度是把程序中执行时间较长的运算替换为执行时间较短的运算，以提高目标程序的执行效率。例如，把循环中的乘法运算用递归加法运算来实现。

例如，对于如下循环语句：

```
i=a;
while (i<=b)
{
      ⋮
   x=i*k;
      ⋮
   i=i+n;
}
```

假定 k 和 n 都是在循环中不变的常量，且在循环中没有 x 的其他定值点，那么，表达式 $i*k$ 是常量 k 和变量 i 的线性表达式，x 的值依循环线性地变化，从而这个线性表达式中的乘法运算可削减成加法运算，优化后的程序如下，其程序流图如图 8.10 所示。

```
i=a;
x=a*k;
T=n*k;
While (i<=b)
{
      ⋮
      i=i+n;
      x=x+T;
}
```

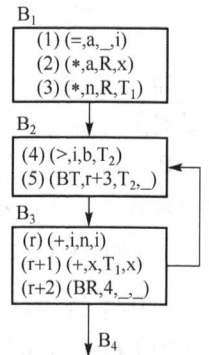

图 8.10　程序流图三

对于削减运算强度的优化，尚无一种较为系统的处理方法。一般来说，如果循环中有变量 i 或(和)j 的直接或间接的递归赋值 $i=i \pm C_1$; $j=j \pm C_2$; $i=j+B_1$; $j=i+B_2$，等等(其中 C_1、C_2、B_1、B_2 都是循环不变量)，且循环中变量 T 的赋值运算形式为 $T=k*i \pm C$ 或 $T=k*j \pm C$(其中 k 和 C 为循环不变量)，则 T 的赋值运算可以进行强度削减。进行强度削减后，循环中可能出现一些新的无用赋值，如果它们在循环出口之后不是活跃变量，则可将其从循环中删除。

3. 删除归纳变量

如果在循环 L 中对变量 i 只有唯一的递归赋值 $i=i+C$(其中 C 为循环不变量)，则称 i 为循环中的基本归纳变量。如果 i 是循环 L 中的一个基本归纳变量，而另一变量 j 在 L 中的定值总是可以化归为与 i 的值保持某种线性关系 $j=K_1*j+K_2$(其中 K_1、K_2 为循环不变量)，则称 j 是与 i 同族的归纳变量。特别地，基本归纳变量是与它自身同族的归纳变量。

在循环中，一个基本归纳变量除用于自身的递归定值外，常用来计算同族的其他归纳变量或作为循环的控制变量，也可作为数组元素下标表达式中的变量，等等。

由于在执行循环时，同族的各归纳变量之间同步地变化，所以，在一个循环中，如果属于同一族的归纳变量有多个，那么就可以删去一些归纳变量的计算，以提高程序的执行效率。

【例 8.6】 考察图 8.10 的程序流图。

在图 8.10 中的 B_3 块中，i 是一个基本归纳变量，x 和 i 之间始终保持着线性关系（x=i*k），所以 x 是与 i 同族的归纳变量。若 i 在循环中只用于控制循环，则可将循环控制条件(4)（>,i,b,T_2）改为

```
(4)(*, b, k, T₂′)
(4)(>, x, T₂′,  /)
```

这样，在循环中对 i 赋值的代码(r)就可删除，而不会影响程序的执行。这种循环优化即称为消除归纳变量。

事实上，消除归纳变量与削减运算强度两种优化之间存在着某种内在的联系。因此可以将这两种优化处理合二为一，下面给出进行强度削减和归纳变量删除的算法的一些主要步骤。

① 根据循环不变运算信息，找出循环中的所有基本归纳变量。

② 查找循环中其他归纳变量，并找出它们与同族基本归纳变量间的线性关系。

③ 对于步骤②找出的每一归纳变量，进行运算强度的削减。

④ 对归纳变量的无用赋值进行删除

⑤ 对于某些基本归纳变量（如 B），如果它在循环中仅用于计算同族的归纳变量和控制循环，且该变量在循环出口之外不是活跃的，则可从与 B 同族的归纳变量中，选取某一个归纳变量来替换 B 进行条件控制，同时，从循环中删去对基本归纳变量 B 递归赋值的代码。

习题 8

8.1 什么是代码优化？可以从哪些层次上对代码进行优化？

8.2 与机器无关的优化有哪些种类？

8.3 试对以下基本块 B_1 应用 DAG 进行优化。

```
B₁：A=B*C
D=B/C
E=A+D
F=A*E
G=B*C
H=G*G
F=H*G
L=F
M=L
```

假定只有 G、L、M 在基本块后还要被引用，写出优化后的四元式序列。

8.4 试写出算术表达式

```
a+b*c-(c*b+a-e)/(b*c+d)
```

优化后的四元式序列。

8.5 设有语句序列：

```
x=x+y+z;
y=x+y+z
z=x+y+z
```

试写出优化后的三元式序列。

8.6　设有循环语句：

```
for (i=1;i<=n;i++)
{   a=u*v;
    b=m*m;
    c=c+b*b;
}
```

试写出循环优化后的三元式。

8.7　设有循环语句：

```
for (i=1;i<=10;i++)
{
   for (j=1;j<=i+1;j++)
   {
       x=i+a;
       y=i*a+j;
       z=(i*a+j)*10;
   }
}
```

试写出循环优化前和优化后的三元式。

8.8　应用 DAG 对以下基本块进行优化，给出优化后的语句序列；当只有 L 在基本块出口后为活跃时给出优化结果。

```
B=3
D=A+C
E=A*C
G=B*F
H=A+C
I=A*C
J=H+I
K=B*J
L=K+J
M=L
```

8.9　试对下面的程序进行尽可能多的优化。

```
i=1
j=10
read k
L: x=k*i
   y=j*i
   z=x*y
while (j!=0)
    i=i+1
if (i<100) goto L
```

给出优化过程的简要说明及每种优化后的结果形式。

8.10　如何理解有的程序优化后质量反而下降。

第9章　目标代码的生成

目标代码生成是编译程序的最后一个工作阶段。它取先行阶段所产生的源程序的中间语言或优化后的中间语言表示作为输入,产生等价的目标代码作为输出,如图9.1所示。对代码生成程序的要求是严格的,它输出的代码必须正确和高质量,即应该有效地利用目标机器的资源,并且代码生成程序本身应该高效地运行。

图 9.1　目标代码生成过程

9.1　目标代码生成程序中的有关问题

一般而言,构造一个高效的代码生成程序并不容易,因为代码生成总是与某一具体的目标计算机密切相关,具体细节依赖于目标机器和操作系统,很难找到一种对各编译程序都通用的好的算法。这是应研究的一个课题,但对于一个好的代码生成程序,要求其使所生成的目标代码尽可能地短,并能较充分地发挥目标计算机可用资源的效率。如充分利用计算机的寄存器或变址器,以节省访问内存的时间,尽可能使用执行速度较快的指令,存储管理合理,等等。

熟悉目标机器和它的指令系统是设计一个好的代码生成程序的先决条件,但在代码生成的一般性讨论中,不能对目标机器细节描述到足够详细的程度,以便对一个完整的语言产生好的代码。本章不以某一台具体的计算机做背景,只是针对一个假想的计算机模型——虚拟机给出生成目标代码的算法。

9.1.1　目标代码生成程序的输入、输出

编译程序的最终输出是目标代码,这在编译程序的代码生成阶段完成,也可在语义分析阶段生成。一般地,代码生成部分称为代码生成程序。代码生成程序的功能是为源程序生成与之等价的目标机器代码。也就是说,其输入是由先行端产生的源程序的中间表示,输出是目标代码。

假定在代码生成前,编译的先行端已扫描、分析和翻译源程序,成为足够详细的中间表示,这样,中间语言中名字的值可以表示为目标机器能够直接操作的量(位、整数、实数、指针等),还假定必要的类型检查与插入类型转换等已完成,不仅语法上正确,语义也是正确的,这样代码生成阶段可以认为它的输入是正确的。

9.1.2　目标代码

代码生成程序的输出是目标代码,像中间代码那样,输出的形式也可以多样,一般有以下三种形式。

① 能够立即执行的机器语言代码,所有地址均已定位。即具有绝对地址的机器语言代码。

② 待装配的机器语言模块。当需要执行时,由连接装配程序把它们和某些运行程序连接起来,装配成可以执行的机器语言代码。即可浮动的机器语言代码。

③ 汇编语言形式的代码。需要经过汇编程序汇编转换成可执行的机器语言代码。

第一种形式(即已定位的机器语言代码作为输出)的好处是，它可以放在内存固定的地方，可以立即执行，这样对于小的程序可以迅速编译和执行，但由于不可重定位，其灵活性比较差。在编译过程中，通常要把整个源程序一起编译。而不能独立地完成源程序各程序块的编译，即使是供源程序调用的子程序也必须同时进行编译。

第二种形式是可浮动的机器语言代码，又称相对目标代码，允许子程序分别编译，在具体执行前必须确定代码运行时在存储器中的位置，即给代码定位，从而形成可执行代码。这种代码比较灵活，可以分别编译以及从目标模块中调用先前已编译好的其他程序模块。常用的编译程序大多采用这种可浮动的代码形式。

对于汇编语言代码，需要先由汇编程序进行汇编，才能变成可执行的机器语言代码。这种形式比前两种更具有灵活性。它的主要优点是可以产生符号指令和利用宏机制来帮助生成代码，目前不少编译程序采用这种代码形式。

为了增强可读性，本章采用汇编语言代码作为目标代码，但不针对某种特定的目标机指令系统或汇编语言来生成目标代码，而是假设有一台计算机，其指令系统等均按某种需要而设定，为教学目的往往采取这种虚拟机目标代码形式。下面就以一种虚拟机指令系统来讨论目标代码的生成。

9.1.3　寄存器分配

通常，计算机存储之间不直接打交道，而是通过寄存器。寄存器可以用来保存中间计算结果，而且运算对象在寄存器中的指令一般比运算对象在内存的指令短些，执行速度也快些，因此，充分利用寄存器对生成高质量目标代码尤其重要。寄存器的分配也自然成为目标代码生成中的主要问题。

寄存器的分配策略与目标机的资源密切相关。有些机器中的寄存器分为变址器和数据寄存器，还有些机器的寄存器可以通用。

按用途不同，寄存器可分为作为变址器使用、专供操作系统使用、用于目标代码中存放引用次数最多的变量三类。对于前两类寄存器的分配方法比较直观，这里主要讨论第三类寄存器的分配方法。

对于目标机器，如果有多个寄存器可供目标程序运行时使用，则在编译时应采用合理的方法分配这些寄存器。把运算数据存放在寄存器中，将会减少访问内存的次数，从而可以提高执行速度。

分配中不是把寄存器平均分配给各个变量使用，而是从可用的寄存器中分出几个，固定分配给几个简单变量使用。按照什么标准来分配呢？为此引入一个术语：指令的执行代价，并规定访问内存一次的代价为 1。

根据访问内存数来定义每条指令的执行代价，则对于以下的一些操作有其相应的执行代价：

操作码	操作数 1	操作数 2	执行代价
OP	寄存器	寄存器	1
	寄存器	内存单元	2
	寄存器	寄存器间接地址	2
	寄存器	内存间接地址	3

基于以上原因，分配中尽可能把变量值保留在寄存器中，当一个寄存器的值不再需要时，该寄存器可以收回留作他用，但这只有对程序做了全面的数据流分析后才能确定，这种分析要做大量的额外工作不太实际，在寄存器的分配中常常以基本块为单位进行。

在一个基本块内，按照中间语言代码的顺序，逐个基本块产生目标代码。生成的目标代码应尽可能将运算的结果存放在寄存器中，直到该寄存器必须用来存放别的变量或基本块结束为止。这样可以减少基本块访问内存的次数，从而提高运行速度。

如果把寄存器分配给某些变量，则该变量在定值前每引用一次，将可少访问一次内存，从而可节省执行代价 1；如果某变量在基本块中被定值，且出基本块后还要被引用，则把寄存器固定分配给该变量，可省去把它保存到内存单元的操作，从而节省执行代价 2。

9.1.4 运行时的存储管理

通常所见到的计算机都是冯·诺依曼体系结构的，其特征是变量——存储字，即用变量来仿效存储字，变量名实际上是存储字的名字。对于编译程序来说，必须对源程序中出现的变量与常量分配运行时刻的存储空间，这一工作由先行端的分析和代码生成程序共同完成。另从符号表的信息可以确定一个名字(标识符)所代表数据对象在过程数据区中的相对地址。为了存储分配的正确实现，除了必须考虑标识符的作用域问题外，还必须考虑字边界对齐问题，即对于字节编址的计算机，必须注意对于不同类型的量所分配存储区域的起始地址都必须符合边界要求。例如：假定一个字包含 4 字节，每个字符占 1 字节，每个整型量占 4 字节，则对于字符型量的存储位置可以任意，然而，对于整型变量的存储区域之开始地址必须是 0，4，8，16，…，否则会引起错误。

9.2 一个计算机模型——虚拟机

9.2.1 虚拟机

目标代码是与具体机器有关的，要设计一个好的的代码生成程序，必须十分透彻地了解目标机器指令系统及相关特性，这需要花费大量时间。事实上，对编译程序的构造，在目标代码的讨论中，不可能对目标机器做详细的介绍。即使做了详细介绍，也缺乏通用性，因为不同的机器有不同的指令系统。为了使下面的讨论比较简明和具有一般性，出于教学的目的，比较合适的是采取虚拟机目标代码形式，假设在某台虚拟的计算机上分析。

虚拟机不是一台实际的机器，而是便于讨论的一台假想和抽象的计算机。假设这台虚拟机有如下特性：

该虚拟机是一台地址单累加器的计算机，用"AC"表示该累加器；设 OP 为操作码，d 为地址，则指令：

        OP d

表示

        AC OP d=>AC

即累加器 AC 中的内容与 d 中的内容进行某种运算，结果送到累加器 AC 中；其内存容量足够大；提供了 21 条符号汇编指令。

9.2.2 虚拟机的汇编指令

虚拟机的汇编指令如表 9.1 所示。

请注意，指令中的地址部分有时为变量名，例如，"CLA a"是指把变量 a 的值取到累加器 AC 中。

下面对上述汇编指令中填地址指令按真转和按假转指令举例说明。为讨论方便，约定：

● "<n>"表示用来存放数据 n 的那个单元地址。
● "@(A)"表示地址为 A 的那个单元中的内容。

表9.1 虚拟机的汇编指令

指令名称	指令形式		指令含义
	操作码	地址	
取数	CLA	d	@(d)=>AC
间接取数	ICA	d	@(@(d))=>AC
加	ADD	d	@(AC)+@(d)=>AC
间接加	IAD	d	@(AC)+@(@(d))=>AC
减	SUB	d	@(AC)−@(d)=>AC
反减	ISU	d	@(d)−@(AC)=>AC
乘	MPY	d	@(AC)*@(d)=>AC
除	DIV	d	@(AC)÷@(d)=>AC
反除	IDV	d	@(d)÷@(AC)=>AC
反号传送	SGN	d	−@(d)=>AC，不写d时表示AC的内容取反，即−@(AC)
取非	NOP	d	─@(d)=>AC，不写d时表示AC的内容取非，即─@(AC)
分离整数	ENT	d	@(d)取整=>AC，不写d时表示AC的内容取整
存数	STO	d	@(AC)=>d
间接存	IST	d	@(AC)=>@(d)
填地址	STA	d	@(AC)=>d 中的地址部分
无条件转移	TRA	d	转向d
间接转	ITR	d	转向@d
带返转移	RTA	d	保存好返回地址后转向d
按真转移	TAT	d	@(AC)为 true 时转向d
按假转移	TAF	d	@(AC)为 false 时转向d
返回	RET	d	返回到最近带返转指令的下一指令

1. 填地址指令

设有一维数组 a：

```
array[m..n]of integer;
```

其元素有 a[m], a[m+1], … , a[i], … , a[n]，一共需要 n−m+1 个存储单元：

```
<a[m]>, <a[m+1]>, …, <a[i]>, …, <a[n]>
```

一般有存储单元：

```
<a[i]>=<a[m]>+i-m
```

由于<a[0]>=<a[m]>−m，所以有<a[m]>=<a[0]>+m。从而对于一维数组的存储单元，有公式：

```
<a[i]>=<a[0]>+i
```

其中<a[0]>称为数组的假头，<a[m]>称为数组的真头。

例如，有赋值语句：

```
X:=a[10]
```

设数组 a 为单块连续存放方式存放，<a[0]>为假头，则<a[10]>=<a[0]>+10。

假设指令编号从 100 开始，于是汇编指令编写的程序为

```
100  CLA  <10>
101  ADD  <<a[0]>>
102  STA  103
103  CLA
104  STO  X
```

这里的第 102 条填地址指令"STA 103"填了第 103 条指令的地址部分，相当于@（Ac）=>103 的地址部分，因此第 103 条指令的地址部分为空。执行第 103 条指令时，隐含地址为<a[10]>，即 CLA<a[10]>，再执行第 104 条指令时，则有 a[10] =>X，最终实现了 X: = a[10]。

如果对 X:=a[10]语句不采用填地址指令，其程序为

```
100  CLA  <10>
101  ADD  <<a[0]>>
102  STO  M
103  ICA  M
104  STO  X
```

其中 M 为临时工作单元变量，用来存放<a[10]>，第 103 条指令使用间接取的方式，实现了 X: = a[10]。

2．按真转编写程序

设有条件语句：

　　　if　B then　Sl　else　S2

其中 B 为条件，用布尔表达式表示，S1 和 S2 分别为语句：

```
100  CLA  B
101  TAT  134
102 ⎫
 ⋮  ⎬ S2 的代码
132 ⎭
133 TRA 195

134 ⎫
 ⋮  ⎬ S1 的代码
194 ⎭
195 if 的后继语句代码
 ⋮
```

3．按假转编写程序

```
100  CLA  B
101  TAF  184
102 ⎫
 ⋮  ⎬ S1 的代码
182 ⎭
183 TRA 235
184 ⎫
 ⋮  ⎬ S2 的代码
234 ⎭
235 if 的后继语句代码
 ⋮
```

9.3　从中间代码生成目标代码

如果编译器直接从分析中产生了中间代码，那么下一步就是产生最后的目标代码(通常在对中间代码的进一步处理之后)。

9.3.1　从逆波兰表示生成目标代码

这里讨论怎样从逆波兰表示这样一种内部中间表示，进行分析处理生成同标代码形式。为了突出重点，这里既不考虑目标代码的质量，也忽略关于机器特性的一些细节，例如乘法指令对寄存器编号的要求等。从表达式的逆波兰表示生成相应的目标代码的算法可给出如下。

首先设立一个运算分量栈(α 栈)，用来存放暂时不能处理的运算分量的名(即工作单元地址)以及中间运算结果的名(即存放中间结果的工作单元地址或累加器 AC)。

其具体算法步骤如下。

从左到右扫描所给定的逆波兰表达式中的每个符号：

- 若扫描到运算分量，则将其下推入运算分量栈。
- 若扫描到运算符，则按该运算符是几目运算，把运算分量栈中相应个数的栈顶元素取出，生成该运算相应的目标代码，此后 α 栈上退去相应个数的运算分量，运算结果存放在"AC"中，把"AC"标志入运算分量栈。

如此继续，直到整个逆波兰表达式处理完毕为止。应该注意，在形成目标指令时，应先检查"AC"有无被别的运算分量占用，如被占用，则应把"AC"中的内容保护到临时工作单元栈中，以便腾出"AC"让当前的运算使用，同时应把 α 栈中占用"AC"的元素内容改为保护单元的地址。

下面以例子来说明逆波兰表达式生成目标代码的过程。

例如，对于逆波兰表达式：

　　　ab*cd+e/−

具体生成目标代码的处理过程如表 9.2 所示。

表 9.2　ab*cd+e/−生成目标代码的处理过程

当前符号	运算分量栈	目标代码	说　　明
a	a		a 入栈
b	ab		b 入栈
*	"AC"	CLA a MPY b	A*b=>AC
c	"AC" c		c 入栈
d	"AC" cd		d 入栈
+	M "AC"	STO M CLA c ADD d	M是当前时刻临时工作单元的栈顶单元，用来保存AC中的内容，即 a*b 的结果，以便腾出 AC 让当前的 c+d 使用，同时把 α 栈的第一个元素的内容改为 M
e / −	M "AC" e M "AC" "AC"	DIV e SUB M	e 入栈 @(AC)/e=>AC @(AC)−@(M)=>AC

所生成的目标代码为

```
CLA  a
```

```
MPY  b
STO  M
CLA  c
ADD  d
DIV  e
SUB  M
```

又如，对于逆波兰表达式：

aΘbc*–d/

具体生成目标代码的处理过程如表 9.3 所示。

表 9.3　"aΘbc*–d/" 生成目标代码的处理过程

当前符号	运算分量栈	目标代码	说　明
a	A		a 入栈
Θ	"AC"	SGN　a	-a=>AC
b	"AC" b		b 入栈
c	"AC" bc		c 入栈
*	M "AC"	STO　M CLA　b MPY　c	@(AC) =>M b*c=>AC
–	"AC"	ISU　M	@(M) –@(AC) =>AC
d	"AC" d		d 入栈
/	"AC"	DIV　d	@(AC)/d=>AC

所生成的目标代码为

```
SGN  a
STO  M
CLA  b
MPY  c
ISU  M
DIV  d
```

从以上例子可以看出，中间语言表示与目标代码的设计是连贯的，中间语言表示的设计应有利于目标代码的生成。

上面首先把简单表达式改造成中间语言的逆波兰形式，然后由逆波兰表达式生成目标代码。实际中也常把两步合为一步，根据运算符优先数的大小关系，直接对简单表达式进行语法语义分析。

为了处理简单起见，规定被处理的简单表达式的前后都有特殊符号 "#"，即呈下列形式：

#<简单表达式>#

并把 "#" 视为优先数为 0 的运算符。同时引进运算符栈（ω 栈）与运算分量栈（α 栈），相应算法如下。

① 从左到右扫描简单表达式中的每个符号。若扫描到运算分量就下推入 α 栈，若扫描到运算符（包括括号和 "#"）就转到步骤②，如此一直扫描下去，直到整个表达式扫描结束为止。

② 检查 ω 栈有无元素。若没有，则当前运算符入 ω 栈，然后转回到步骤①检查下一个符号；否则检查运算符的优先级。若当前的比栈顶的大，则当前运算符入 ω 栈，然后转回步骤①，否则转到步骤③。

③ 检查当前符号和 ω 栈顶元素。若当前符号是 ")",而栈顶元素是 "(",则 "(" 上退 ω 栈并转回第一步;若当前是 "#",栈项也是 "#",则处理完毕,算法结束。若不是上述两种情况则转到步骤④。

④ 根据 ω 栈顶运算符的性质(单目或双目运算符)从 α 栈顶取一个或两个分量生成相应的目标代码,然后同时退 α 栈和 ω 栈。运算结果存放在 "AC" 中,并把 "AC" 标志下推入 α 栈,最后转回步骤②重复处理当前运算符。另外,在形成目标代码时应注意 "AC" 有无被别的量占用,并进行相应处理。

例如,对于中缀表达式 "#a+(b−c)/d#" 运用以上算法直接生成目标代码的处理过程如表 9.4 所示。

表 9.4   #a+(b−c)/d#直接生成目标代码的处理过程

当 前 符 号	α 栈	ω 栈	目 标 代 码	说 明
#		#		#入 ω 栈
a	a	#		a入 α 栈
+	a	#+		+入 ω 栈
(	a	#+(		(入 ω 栈
b	ab	#+(		b入 α 栈
−	ab	#+(−		−入 ω 栈
c	abc	#+(−		c入 α 栈
)	A "AC"	#+(	CLA b SUB c	b−c=>AC− 退 ω 栈
	A "AC"	#+		(退 ω 栈
/	A "AC"	#+/		/入 ω 栈
d	A "AC" d	#+/		d入 α 栈
#	A "AC"	#+	DIV d	@(AC)/d=>AC/ 退 ω 栈
	"AC"	#	ΛDD a	@(AC)+a=>AC+ 退 ω 栈

所生成的目标代码为

```
CLA    b
SUB    c
DIV    d
ADD    a
```

9.3.2 从四元式序列生成目标代码

如果对于四元式的一切运算符都有对应的目标机器操作码,则从四元式序列生成目标代码的工作是容易实现的。关键问题是运算分量和计算结果的存取问题,在生成目标代码时,要考虑四元式中运算分量是在寄存器中还是在内存中,当在寄存器中时,以后还是否被使用,等等。

例如,对于四元式:

(_, a, b, c)   1

如果 a 和 b 的值分别在寄存器 R_i 和 R_j 中,且此四元式以后不再引用 a,可以为其生成目标代码:

```
SUB    Rj  Ri
```

计算结果 c 在 R_i 中。如果 a 在寄存器 R_i 中,而 b 在内存单元中,且此四元式以后不再引用 a,则生成目标代码为

```
SUB   b   Rᵢ
```
或者
```
MOV   b   Rⱼ
SUB   Rⱼ  Rᵢ
```

计算结果仍存放在 R_i 中。

　　显然，如果此四元式以后还要引用 a，或者 a 和 b 中有一个或者两个常数，则对目标代码的生成还应做相应的变化。总而言之，生成目标代码时应考察四元式及其上下文，针对具体情况生成合适的目标代码。

　　对于三元式序列生成目标代码的讨论可参考关于四元式的讨论，在此不再详细讨论。

习题 9

9.1　试简述运行环境与目标代码的关系。

9.2　一个编译程序的代码生成需要考虑哪些问题?

9.3　用虚拟机指令编制下列表达式和语句的程序:

(1) x*y+(a[i]−[i])/3

(2) x:=b*c+a[i]

(3) if B then x:=6 else y:=a[i]

9.4　试将下列逆波兰表达式生成目标代码(写出具体过程):

(1) abc*d/+

(2) abcd/+*

9.5　试对下列算术表达式用运算符优先数法生成目标代码:

　　　#a*(b+c)/d#

第10章 符 号 表

在编译程序工作的各个阶段经常需要收集、使用出现在源程序中的各种信息，为了方便起见，通常把这些信息用一些表格进行记录、存储和管理，如常量表、数组信息表等，这些表格统称为符号表或名字表。符号表在编译过程中主要起两方面的重要作用：一是辅助语义的正确性检查，二是辅助目标代码的生成。

本章将首先介绍符号表的一般组织和符号表的内容，然后介绍符号表的结构和存取等内容。

10.1 符号表的组织与内容

在编译程序中符号表用来存放源程序中各种有用的信息，在编译的各个阶段不断地需要对这些信息进行访问、填加和更新。因此，合理地组织符号表，使符号表占据尽量少的存储空间的同时，提高符号表的访问效率，从而可以提高编译程序的执行效率。

严格地说，符号表是一个包含程序中的变量、子程序、常量、过程定义、数组信息等内容的数据库。作为符号表的管理程序应具有快速查找、快速删除、易于使用、易于维护的特点。

由于程序设计语言种类的不同和目标计算机的不同，对于同一类符号表，如变量表，它的结构和内容会有所差异，但抽象地看，符号表都是由一些表项组成的二维表格，每个表项可以分为两部分：第一部分是名字域，用来存放符号(名字)或其内部码；第二部分是属性域，用来记录与该项名字相对应的各种属性和特征。

符号表最简单的组织方式是固定名字域和属性域的长度,让所有的表项具有统一的格式，这种符号表的特点是易于组织和管理。对于标识符的长度有限制的语言，可按标识符最大允许的长度来确定名字域的大小。例如，标准 Fortran 语言规定标识符的长度不得超过 6 个字符，因此，可以把名字域的长度定为 6 个字符，标识符直接填到名

符号表

名字域	属性域
名字 1	属性 1
⋮	⋮
名字 N	属性 N

图 10.1 符号表的形式

字域中，不足 6 位的标识符用空格补足；但是，有许多语言对标识符的长度几乎不加限制(如标准 Pascal)，或标识符的长度变化范围太大(如 PL/1 语言，标识符长度可达 31 个字符)，在这种情况下，如果按照标识符最大长度来确定名字域的长度，则势必会浪费大量的存储空间。在具体实现时，可以采用一种间接方式，把符号表中全部标识符集中存放到一个字符串表或字符串数组中，在符号表的名字域中存放一个指针和一个整数，或在名字域中仅放一个指针，而在各标识符的首字符之前放一个整数。在这里，指针用来指示标识符的位置，整数指明标识符的长度。这种间接安排标识符的方式如图10.2所示。

符号表中属性域的内容因名字域的内容不同而不同，因此各个属性所占的空间大小往往也不一样，按照统一格式安排这些属性值显然不合适，那么，我们可把一些公共属性直接放在符号表的属性域中，而把其他特殊属性另外存放，在属性域中附设一个指示器，指向存放特殊属性的地方。例如对于数组来说，需要存储的信息有维数、下标界偶、数组的存储区域等，如果把这些属性与其他名字全部集中存放在一张符号表中，处理起来很不方便。因此常采用如下方式，即专门开辟若干单元存放数组的某些补充属性。这些存放数组的补充属性的单元称为数组信息向量。程序中所有数组的信息向量集中存放在一起组成了数组信息向量表(或称数组信息表)。图10.3 给出了一种数组信息向量的形式，其中 d_i 表示数组第 i 个下标的界差。

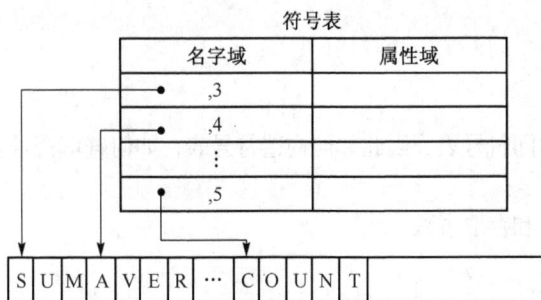

(a) 符号表间接方式一

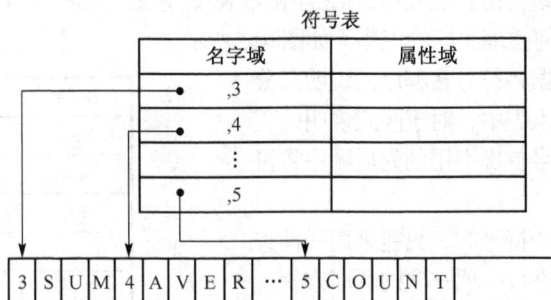

(b) 符号表间接方式二

图 10.2 符号表间接存放标识符的方式

图 10.3 数组信息向量

一般来说,对于数组、过程及其他一些包含属性内容较多的名字,都可采用上述方法,即另外开辟一些附加表,用于存放不宜全部放在符号表中的内容,而在符号表中保留与附加表相联系的地址信息。

原则上讲,一个编译程序使用一张统一的符号表就够了,但是在源程序中,由于不同种类的符号起着不同的作用,相应于各类符号所需记录的信息往往不同,因此大多数编译程序都是根据名字的不同种类,分别建立不同的符号表,如常数表、变量名表、数组信息表、过程信息表、保留字表、特殊符号表、标准函数名表等,这样处理起来比较方便。

从编译系统建造符号表的过程来区分,符号表可分为静态表和动态表两大类。

静态表:在编译前事先构造好的表,如保留字表、标准函数名表等。

动态表:在编译过程中根据需要构造的表,如变量名表、数组信息表、过程信息表等。

编译过程中,静态表的内容不会发生变化,而动态表则可能会不断地变化。

以上介绍了符号表的组织和符号表的种类,不论哪种类型的符号表,都由名字域和属性域两大部分组成。出现在符号表中的属性值在一定程度上取决于程序设计语言的性质,对不同语言或不同的编译程序来说,符号表的内容会有所不同,但其主要内容包括:符号的名字、符号的类型、目标地址、数组的维数、过程参数、过程或函数是否递归等。例如,一种变量表的形式如图10.4所示。

名字	类型	地址
SUM	实型	100
AVER	实型	102
COUNT	整型	104

图 10.4 一种变量表的形式

在变量表中存放了变量的类型和变量的存储单元地址两方面的属性。因为,在编译过程中,目标代码地址(变量的存储单元地址)必须与程序中的每一个变量相联系,该地址将指向运行时变量值存放的相对位置。当一个变量第一次出现时,就将其目标代码地址填入符号表,当这个变量再次出现时,就可从符号表中检索出该地址,并填入存取该变量值的目标指令中。

总之,符号表应包括符号的所有相关属性,以便于编译过程中辅助语义的正确性检查及辅助目标代码的正确生成。

10.2　符号表的结构与存放

由于在整个编译过程中需要不断地访问符号表，因此如何构造符号表，如何查填符号表成为编译程序设计的重要问题之一。

本节介绍符号表几种常用的数据结构和存取方法。

10.2.1　线性符号表

符号表中最简单和最容易实现的数据结构是线性表(又称无序符号表)，它是按程序中符号出现的先后次序建立的符号表，编译程序不做任何整理次序的工作，如图10.5所示。

对于显式说明的程序设计语言，则根据各符号在程序的说明部分出现的先后顺序将符号的名字及其属性填入表中；对于隐式说明的程序设计语言(如 Fortran 语言)，则根据各符号首次引用的先后顺序将符号的名字及其属性填入表中。

在编译过程中，当需要查找线性表中的符号时，只能采用线性查找的方法，即从表的第一项开始直到表尾进行一项一项的顺序查找。当符号表比较大时，采用该方法查找效率很低。例如，一个含有 N 个表项的线性表，查找其中一项内容，平均要做 $N/2$ 次比较。当符号表比较小(如小于 20 项)时，采用线性表非常合适，因为它结构简单而且节省存储空间。

图 10.5　线性符号表

10.2.2　有序符号表

为了提高查表速度，可以在造表的同时把各符号按照一定顺序进行排列(一般按照字典顺序)，显然，这样的符号表是有序的。如图10.6、图10.7所示。

图 10.6　有序符号表(一)

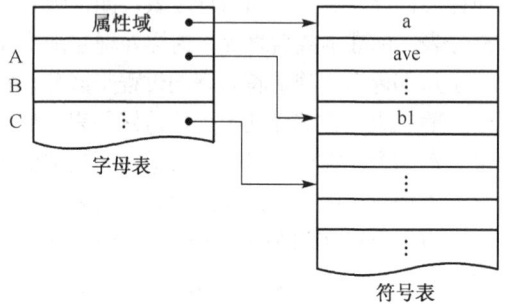

图 10.7　有序符号表(二)

对于有序符号表，每次填表前首先要进行查表操作，以确定要填入的符号在符号表中的位置，这样一来，难免会造成原有符号的移动，所以这种方法在填入符号时会增加移动开销。

对于有序符号表，一般采用折半查找法进行查表，即首先从表的中项开始比较，如果找不到，则根据比较结果，将查找范围折半，直到找到或查完为止。使用这种查找法对一个含有 N 项的符号表来说，查找其中一项最多只需做 $1+\log_2^N$ 次比较。

还有一种有序符号表可按图10.7的方式来构造，即建立两张表，一张字母表，一张符号表。字母表中的每一个字母对应符号表中以该字母打头的那些符号的开始位置。

这种有序符号表相当于建立了一个字母索引表，查找某符号时，首先根据该符号的首字符由字母表确定它在符号表中的区域，然后对该区域进行线性查找。一般来说，这种查找要比简单的线性查找有效，但其缺点是对应每一个字母，在符号表中的区域需预先设定，所以会造成空间的浪费。

10.2.3 散列符号表

散列符号表是大多数编译程序采用的一种符号表。符号表采用散列技术相对来讲具有较高的运行效率。

散列符号表又称哈希符号表，其关键在于引进了一种函数——即哈希(hash)函数，将程序中出现的符号通过哈希函数进行映射，得到的函数值作为该符号在表中的位置。

哈希函数一般具有如下性质：
- 函数值只依赖于对应的符号。
- 函数的计算简单且高效。
- 函数值能比较均匀地分布在一定范围内。

构造散列函数的方法有很多，例如除法散列函数、乘法散列函数、多项式除法散列函数、平方取中散列函数等。散列表的表长通常是一个定值 N，因此散列函数应该将符号名的编码散列成 0 到 N-1 之间的某一个值，以便每一个符号都能散列到这样的符号表中。

由于用户使用的符号名是随机的，所以很难找到一种散列函数使得符号名与函数值一一对应。如果两个以上不同符号散列到了同一表项位置，这种情况称为散列冲突或碰撞。冲突是不可避免的，因此解决冲突问题也是构造散列符号表要考虑的重要问题。处理冲突的办法主要有顺序法、倍数法、链表法等。

现介绍用一种"质数除余法"构造的散列函数。

① 根据各符号名中的字符确定正整数 h，这可以利用程序设计语言中字符到整数的转换函数来实现（如 Pascal 语言中的 ord 函数）。

② 把上面确定的整数除以符号表的长度 n，然后取其余数。这些余数就作为各符号的散列位置。如果 n 是质数，散列的效果较好，即冲突相对较少。

③ 处理冲突可以采用链表法，即将出现冲突的符号用指针链接起来。

例如，假设现有 5 个符号 C1、C2、C3、C4、C5，转换成正整数 h 分别为 87、55、319、273、214，符号表的长度为 5，那么利用"质数除余法"得到散列符号表的形式如图10.8所示。

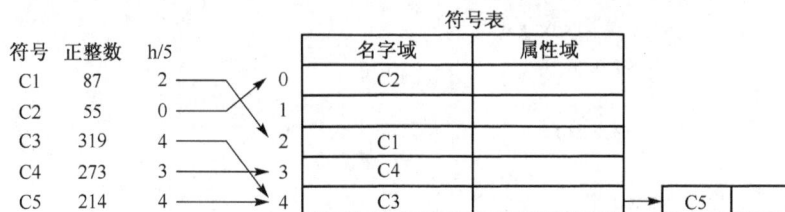

图 10.8　散列符号表

使用散列符号表的查表过程是：如果查找符号 S，首先计算 hash(S)，根据散列函数值即可确定符号表中的对应表项，如果该表项中的符号是 S，即为所求；否则通过链指针继续查找，直到找到或到达链尾为止。

显然，采用散列技术查询效率较高，因为查找时只需进行少量比较或无须进行比较即可定位。到目前为止，散列符号表可以说是符号表中用得最多的一种数据结构。

10.2.4　栈式符号表

栈式符号表是嵌套结构型程序设计语言常采用的一种符号表形式。将符号表设计成一个栈，当新的符号出现时总是从栈顶压入，查找符号时，从栈顶向栈底搜索，从而保证先查最近出现的名字。

例如，Pascal 语言是按照结构程序设计的原则设计的，具有分程序嵌套结构并允许过程(或函数)嵌套定义的一种语言。在 Pascal 中，标识符的作用域是定义标识符的本层及整个内层分程序，也就是说，如果在某一层分程序首部说明了一个标识符，那么只要在内层分程序中未再次对该标识符加以说明，此标识符在整个分程序(包括所有内层)均起作用。因此，Pascal 语言中内层分程序可以引用外层中说明过的名字，而外层分程序不能引用内层说明的名字。

针对嵌套结构型语言的特点，编译程序从主程序开始构造符号表，将主程序中说明的符号依次填表，并将嵌套层次定为 0 层，每当进入一层分程序时，层次自动加 1,分程序新说明的符号依次进栈,…,以此类推，直到最内层，分程序扫描完毕，即得到一个栈式符号表。事实上，每一个分程序中的符号构成了一个子符号表，当退出该分程序时，即释放相应的子符号表。

下面结合一个具体的 Pascal 源程序说明编译过程中栈式符号表的变化情况。

【例 10.1】　一个 Pascal 源程序。

```
program  main(input,output);
  const  a=5;
  var    b,c:real;
  procedare  P1(x:real);
      var  d:integer;
          e:real;
      procedure  P2(y:real);
      const      f=10;
      var    g:real;
            h:integer;
        begin

          d:=a*h;
          g:=y+e;

        end;
      begin

      P2(d);

      end;
  begin

    if  b<c  then  P1(b);

  end.
```

编译程序对此源程序进行编译,当编译主程序 main(0 层)中的常量和变量说明时，栈式符号表的形式如图10.9所示。

	名字域	属性域	层次
1	a	…	0
2	b	…	0
3	c	…	0
栈顶→		…	

图 10.9　栈式符号表(一)

当编译进行到过程 P2 的过程体之前，栈式符号表的形式如图10.10所示。此时栈顶指针指向第13 个表项。

当编译 P2 过程体时，每引用一次标识符，都要查表。查找从栈顶开始，如果在本层（2 层）查到（如 h、g、y），则从表中取得该名字的有关属性；如果没有查到（如 a、e），则需要继续在它的外层（1 层）查找，查到的（如 e）取得相关属性，没有查到的继续在外层查找，一直查到最外层（0 层），才找到 a 的说明，这时可以从中取得 a 的有关属性。如果引用的某个符号一直到最外层都查不到它的说明或某些属性不符，则说明其语义不正确，编译程序应向用户报告出错信息。

对于一遍扫描的编译程序而言，当遇到某分程序的结束符 end 时，表明该分程序中的全部标识符已完成它们的使命，因此，可以将它们从栈中弹出。也就是说，在退出此层分程序时，则要删除（释放）相应的子符号表，使现行符号表与进入此分程序之前的内容保持一致。

对于前例，当退出 P2 过程后，栈符号表如图10.11所示，即从图10.10中释放了关于 P2 过程的子符号表。

	名字域	属性域	层次
1	a	…	0
2	b	…	0
3	c	…	0
4	P_1	…	1
5	x	…	1
6	d	…	1
7	e	…	1
8	P_2	…	2
9	y	…	2
10	f	…	2
11	g	…	2
12	h	…	2
栈顶→			

图 10.10   栈式符号表（二）

	名字域	属性域	层次
1	a	…	0
2	b	…	0
3	c	…	0
4	P_1	…	1
5	x	…	1
6	d	…	1
7	e	…	1
栈顶→			

图 10.11   栈式符号表（三）

图10.11栈式符号表（三）进入 P1 过程体后，每引用一个符号，仍然采用上述方法从栈顶开始查找，直到查到为止，当退出 P1 过程后，栈式符号表的形式如图10.9所示，又恢复为进入 P1 过程说明之前的形式。

显然，对于主程序中出现的符号，只能在图10.9的栈式符号表中查找它的说明。编译结束后，符号表从内存中完全退出。当然，符号表中的有些信息在目标程序运行时仍然有用，这些信息要以适当方式由编译程序保留并传递到运行阶段。

栈式符号表的查找采用从栈顶向栈底的查找方式，最新加入的符号总是最先查到，有效地贯彻了分程序嵌套结构的嵌套作用域规则，因此，这种结构的符号表很适合嵌套结构的程序设计语言。但栈式符号表有一个主要缺点，即当符号表很大时，如果查找的符号在最外层，就需从栈顶到栈底搜索整个栈，这种线性查找速度是很慢的。

10.3   符号表的管理

如前所述，符号表是一个包含有关变量、数组、子程序等信息的数据库。大多数编译程序为了管理方便，往往按照单词的不同种类分别建立若干个不同的符号表，因此，符号表的管理程序可能需要管理若干个大小不一、内容不同的数据库。

尽管符号表是一个数据库，但它有许多特殊要求，必须用特殊的方法进行管理。对于静态符号表，它的结构和内容是事先构造好的，对它的操作只有查找；而对于动态符号表，它是在编译过程中根据需要构造的表，随着编译的进程，需要进行大量的查表和填表工作，因此动态表是不断变化的。由此看来，管理动态表比管理保留字表那样的静态表要困难得多。下面主要介绍动态表的管理。

10.3.1　符号表的建立

在编译过程中，一个标识符在源程序中每出现一次都需要与符号表打一次交道，可见符号表在整个编译过程中的重要性。在对语言程序开始编译时，需要对符号表进行初始化，即定义建立符号表的初始状态。

符号表的不同结构要求不同的初始化方法。一般来说，符号表的初始状态有两种：一是渐增符号表，二是定长符号表。不论哪种形式，在初始状态时，表的内容都应该为空。

① 渐增符号表：符号表的表长是渐增变化的。如线性符号表和有序符号表，在编译开始时，符号表中没有任何表项，随着编译的进行，符号逐渐填入，表长逐渐增长。

② 定长符号表：符号表的表长是确定的。如散列符号表，其表长通常是确定的，在编译开始时，符号表中没有任何表项，因此表长并不反映已填入的表项个数，随着编译的进行，符号逐渐填入，但是表长不变。表项是否填入取决于该符号表中是否已存在该表项的表项值。

为了提高编译程序的处理能力，缓解散列冲突，有些编译程序中采用了可扩展表长的散列符号表。

在编译过程中，符号表管理程序的调用点主要取决于编译程序"遍"的数目和性质，如图 10.12 所示。

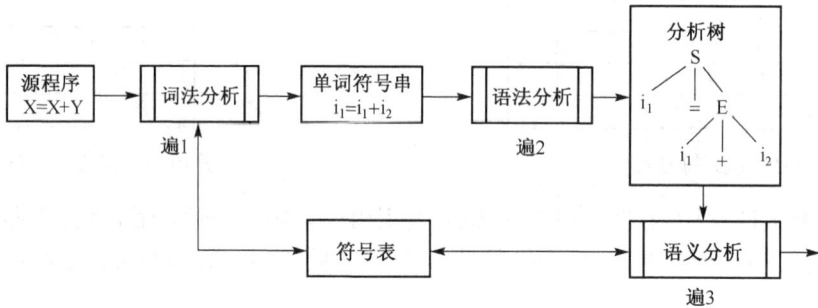

图 10.12　多遍编译程序

在多遍扫描的编译程序中，符号表将在"词法分析遍"内创建。标识符在符号表中的位置形成了由扫描器所产生的单词符号的一部分。例如，源程序中的语句 X=X+Y 经词法分析后，产生 $i_1=i_1+i_2$ 这样的单词符号串(假定 X、Y 分别占有符号表的位置 1 和 2)。"语法分析遍"中对该符号串进行分析，检查语法的正确性，并产生某种语法结构(如分析树)，然后在"语义分析遍"中对语法结构进行语义的正确性分析，最后生成目标代码的指令。由于许多与标识符有关的属性直到语义分析或代码生成阶段才能相继填入符号表，所以在语法分析阶段可以不使用表处理程序。

如果词法分析、语法分析、语义分析和代码生成各阶段的工作合在一遍完成，那么与符号表打交道的可能只局限于语义分析和代码生成部分。因为在语义分析和代码生成阶段，就有可能识别正在处理的是一个说明语句，由说明语句所说明的标识符的属性，在代码生成期间即可填入表中，如图 10.13 所示。

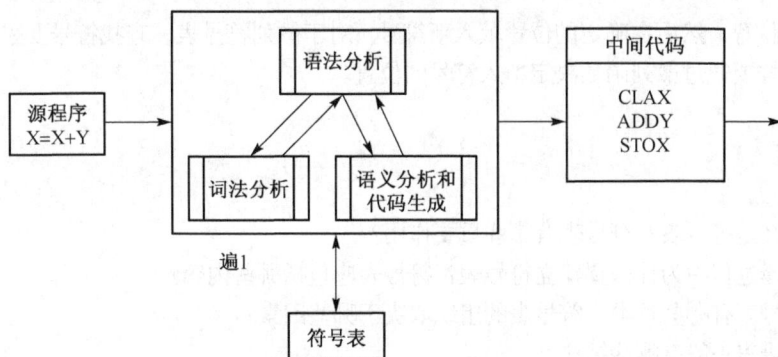

图 10.13　合并遍的编译程序

10.3.2　符号表的查填

在整个编译过程中，对符号表的操作大致有以下几种：

- 对给定的符号，查找该符号是否已在表中。
- 对没有查到的符号，往表中填入该符号。
- 对已查到的符号，查询它的有关信息。
- 对已查到的符号，往表中增加或更新它的某些信息。
- 删除一个或一组无用的表项。

不同种类的表格所涉及的操作往往也是不同的，但其基本操作是相同的，首先是查表工作，其次是填表工作。

对于不同的程序设计语言，查填符号表的形式可分为两种情况，如下所示。

（1）隐式说明语言的符号表查填

隐式说明的程序设计语言是指对标识符的类型有一些隐含规定的语言，例如 Fortran 语言。在 Fortran 语言中有一个"I—N"规则，该规则约定，凡是以 I、J、K、L、M、N 六个字母之一开头的自定义标识符，其变量类型隐含为整型，而以其余字母开头的自定义标识符，其变量类型均为实型。有了这样的约定，Fortran 程序中出现的标识符，可以不用说明语句进行说明。

因此，在隐式说明语言的程序的编译过程中，语句部分每出现一个标识符都需要查表，只有当标识符第一次出现时才能将它登记填表。

（2）显式说明语言的符号表查填

显式说明的程序设计语言是指对标识符的类型必须强制定义的语言，也就是说，凡是程序中需要引用的所有标识符：都必须在引用前进行说明，例如 Pascal 语言、C 语言等。在显式说明语言的程序中，一般分为两部分：说明部分和语句部分。在说明部分出现的标识符，首先要查表，判断该标识符是否已被说明，若未被说明，则将其登记填表；在语句部分出现的标识符，首先要查表，查看该标识符是否已经在表中，若在表中查不到（未被说明），那么对于分程序嵌套结构型的语言（如 Pascal 语言）来说可能有两种情况：未定义、外层定义。此时建立辅助名表（即子符号表），把查不到的标识符暂时归结到上层，然后到外层去查，一直查到整个程序结束，若还查不到，说明该标识符未定义，输出出错信息。

不同结构的符号表，查填表的方式各不相同。要把一个新的符号填加到符号表中，首先要确定填表的位置。对于线性符号表，查找符号只能采用线性查找的方法，填入的新符号只能放在原符号表的尾部，因此，需要设计一个尾指针指向符号表的最后一个表项。对于有序符号表，查找符号可以采用二分法，填入的新符号根据其在符号表中按字典排序所确定的位置，将该位置以后的所有表项依次下移一个表项的位置，然后在确定的位置填入新符号。对于散列符号表，查找符号要采用散列函数，填入的新符号同样要通过散列函数决定填入符号的位置。

习题 10

10.1 什么是符号表？符号表有哪些重要作用？

10.2 编译过程中为什么要建立符号表？符号表应包括哪些内容？

10.3 符号表有哪些种类？符号表的组织取决于哪些因素？

10.4 符号表一般有哪些结构？

10.5 散列符号表有什么特点？什么是"质数除余法"？

10.6 试述栈式符号表的结构及存取方式。

第11章 目标程序运行时的存储组织与分配

编译程序的最终目的是将源程序翻译成等价的目标程序，为了达到此目的，编译程序在工作过程中，必须为源程序中所出现的一些标识符（如常量、变量及数组等）分配运行时的存储空间。在程序的执行过程中，程序中数据的存取就是通过对应的存储单元进行的。

对编译程序来说，存储的组织与分配是一个既复杂又十分重要的问题。本章介绍三种不同的存储分配方法：静态存储分配、栈式动态存储分配和堆式动态存储分配。

11.1 程序运行时的存储组织

程序在运行时，系统将为其分配一块存储空间，该空间需容纳程序生成的目标代码以及目标代码运行时的各种数据。从用途上来看，这块存储空间可以划分为下面几个部分（如图11.1所示）。

① 目标程序区，用来存放目标代码。

② 静态数据区，用来存放编译时就能确定存储空间的数据。

③ 运行栈区，用来存放运行时才能确定存储空间的数据。

④ 运行堆区，用来存放运行时用户动态申请存储空间的数据。

编译程序分配存储空间的基本依据是程序语言设计时对程序运行中存储空间的使用和管理办法的规定。图11.1存储空间中的四个部分并不是所有高级语言的实现都需要这些区域。例如，早期的程序语言（如 Fortran 语言），在编译时完全可以确定程序中每个数据项的存储空间，因此所有的数据都可静态地进行存储分配，将它们放入静态数据区内。

图 11.1 程序运行时存储空间的划分

对于有些程序语言来说（如 C、Pascal、LISP、ALGOL 等），在编译时不能完全确定源程序中所有数据项的存储空间，因此需要采用动态存储分配的方法，即在编译时产生各种必要的信息，在运行时，再给各数据项动态地分配存储空间。动态存储分配方式有两种：栈式（stack）和堆式（heap）。栈式分配方式主要采用一个栈作为动态分配的存储空间，当调用一个过程时，过程中各数据项所需的存储空间就动态地分配于栈顶，当过程工作结束时，就释放这部分存储空间。堆式分配方式主要通过给运行程序分配一个大的存储空间（称为堆），每当运行需要时就从这片空间中借用一块，用过之后再退还给堆。

如果一个程序设计语言允许使用递归过程、可变数组或可变数据结构，那么就需要采用栈式、堆式的动态存储管理技术，程序运行时堆、栈的大小可随程序的运行而改变。图11.1所示为堆、栈共用一空白存储区，并使它们各自的增长方向相对，这样可以充分利用存储空间。

编译程序所生成的目标代码的大小在编译时（最迟在连接之后）就可确定，因此编译程序可以把它放在一个静态确定的区域——目标程序区。

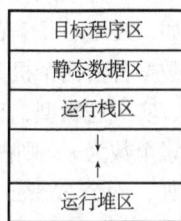

11.2 静态存储分配

静态存储分配是一种最简单的分配方式。许多早期的程序语言，如 Fortran、BASIC 和 COBOL 等，都采用这种静态分配方式。所谓静态存储分配就是在编译时对所有的数据项分配固定的存储单元，且在运行时始终保持不变。

　　具体地说，适用于静态存储分配的程序设计语言必须满足下列条件：

- 不允许过程的递归调用；
- 不允许含可变体积的数据(如数组的上下界必须是常数)；
- 不允许用户动态地建立数据实体(如不允许那些需在运行时动态确定的数据项)。

　　满足以上条件的程序设计语言，整个程序在运行时所需的全部存储空间大小在编译时就能确定，从而每个数据项的地址就可静态地进行分配。Fortran 语言(Fortran 90 除外，因为 Fortran 90 与以前的 Fortran 语言版本有很大的不同，Fortran 90 引进了多语句控制结构、嵌套作用域、递归、动态数组和指针等概念)中没有长度可变的串，也没有动态数组，其子程序和函数也不允许递归调用，所以 Fortran 语言代表了一类语言，这类语言在编译时完全可以使用静态存储分配策略，以满足程序中数据的存储需要。

　　一个 Fortran 程序由一个主程序和一组子程序组成，每个子程序被独立编译，在装入时，被翻译的各个程序块连接成最终可执行的形式。每个子程序被编译成具有静态分配的代码段和活动记录，它不提供运行时的存储管理，所有存储空间都是在运行前被静态分配的。在这里，活动记录是指一个连续的存储块，该存储块用于存放过程在一次执行时所需要的信息。

　　静态存储分配策略非常简单。编译程序在对源程序正文进行处理时，首先对每个变量均建立一个符号表项目，并填入相应的属性(包括填入目标地址)。由于每个变量所需空间的大小在编译时是已知的，例如，Fortran 语言的标准文本规定：整型、实型、逻辑型的数据各占一个机器字长，双精度实型和复型数据各占两个机器字长，数组中的数组元素按照以列为主的原则占据连续的存储单元，如果数组是整、实或逻辑型，且数组元素个数为 n，则占 n 个机器字长；如果数组是双精度实型或复型，且数据元素个数为 n，则占 $2n$ 个机器字长，因此给变量分配目标地址就可采用下列简单的分配办法。

　　例如，一个 Fortran 程序段如下：

```
REAL    S₁,S₂
REAL    A (5),B (5,10)
```

以上程序段定义了两个实型变量和两个实型数组，编译程序可以把数据区开始位置的地址(Addrl)分配给第一个变量 S_1，再把地址(Addrl+8)分配给第二个变量 S_2，依次类推，给数组 A 分配地址(Addrl+16)，给数组 B 分配地址(Addrl+16+40)，如图 11.2 所示。

　　Fortran 程序中的各程序段均可独立地进行编译。对于 Fortran 程序中出现的各量，编译程序把它们分别放在两个数据区中，一个数据区是公用区，另一个数据区是局部区。公用区中用来存放公共块中各量的值；局部区中用来存放程序段中未出现在公用语句(COMMON)的局部量的值。

　　Fortran 语言中的公用(COMMON)和等价(EQUIVALENCE)语句，带来了存储分配的复杂性，在此对它们不做深入讨论，有兴趣的读者可参考有关 Fortran 语言的资料。

　　Fortran 程序段的局部区一般包括三个部分，其内容如图11.3所示。

名字	性质	地址
S_1	实变量	200
S_2	实变量	208
A	实数组	216
B	实数组	256
⋮	⋮	⋮

图 11.2　一个符号表

临时变量
数　组
简单变量
形式参数
隐式参数

图 11.3　Fortran 程序的局部数据区

其中，隐式参数部分主要用于存放过程调用时的一些相关信息，这些信息不会在程序中明显地出现。例如，调用此过程段时的返回地址、调用段留在寄存器中的有关信息（如函数过程的返回值）等。形式参数部分用于存放调用此过程段时实在参数的地址或值。另外一个部分是局部数据区的主要部分，主要作为简单变量、数组以及编译程序所产生的临时变量等的存储空间。

11.3　栈式动态存储分配

如果一个程序设计语言允许使用递归过程、可变数组或可变数据结构，则无法采用静态存储管理方法。因为对于这样的语言来说，程序在编译时无法确定它在运行时所需存储空间的大小，所以在程序运行时只能采用动态存储管理的方式在程序运行时对存储空间进行动态分配。动态存储分配方式有两种，首先介绍栈式动态存储分配。

栈式存储分配策略是将整个程序的数据空间设计为一个栈，每当程序调用一个过程时，就在栈顶为其分配数据空间，当调用结束时，就释放这部分空间。这种方式适用于 C、Pascal、ALOGOL、PL/1 语言。

在 C、Pascal 等语言的实现系统中，使用栈的方式来管理整个过程的活动，为了管理一个过程在一次执行时所需要的信息，常使用一段连续的存贮区，这个存贮区称为活动记录（Activation　Record，AR），活动记录一般包含以下内容。

| 临时工作单元 |
| 内情向量 |
| 局部变量 |
| 形参单元 |
| 存取链 |
| 控制链 |
| 返回地址 |

图 11.4　活动记录的结构

- 局部数据区：用于存放局部变量、内情向量和临时工作单元（存放中间结果）；
- 参数区：用于保存实在参数的地址或值；
- 地址区：用于存放与该过程有关的一些地址信息。如返回地址——保存该被调过程返回后的地址；控制链——存放调用该过程的最新过程的活动记录的地址；存取链——存放该过程的直接外层的活动记录地址，用于访问非局部数据。

由于活动记录是一个过程在一次执行时所需的实际存储空间，其大小在编译时即可确定，但需要说明的是，并不是所有语言的编译程序全部使用这些信息。

11.3.1　简单的栈式存储分配

有一些语言虽然允许过程递归调用，但是不允许过程嵌套定义，也没有分程序结构，这些语言可以采用一种比较简单的栈式存储分配方式。例如，C 语言就是这样一种语言。

【例 11.1】　一个 C 语言的程序结构如下：

```
extern  float  scale;        /*全局变量说明*/
    ...
main (    )
{   int  n; float  m;        /*局部变量说明*/
    ...
}
void  P1 (    )
{   int  i;                  /*局部变量说明*/
    ...
}
void  P2 (float  a)
{   int  i, j; )             /*局部变量说明*/
    ...
}
```

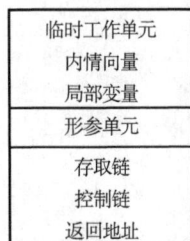

一个C程序由多个函数(过程)组成,各函数之间不允许嵌套定义,但允许递归调用,每个函数都能自由命名变量(局部变量),不同函数互不干扰,但通过定义全局变量,又能让不同函数共享一组数据。局部变量只在定义它的函数体或复合语句内有效,全局变量的自动有效范围是从它的定义处开始到源程序的末尾。采用栈式动态存储分配策略,在程序运行时,每当调用一个过程,则为该过程分配一段存储区(即将过程的活动记录压入栈),当一个过程的工作结束后,则可释放它所占用的存储区(即将过程的活动记录弹出栈)。

在上述C程序中,若主程序调用了过程P1,P1又调用了P2,那么在P2进入运行后的存储结构如图11.5(a)所示;若主程序调用了过程P2,P2又递归调用自己,在P2过程第二次进入运行后的存储结构如图11.5(b)所示。

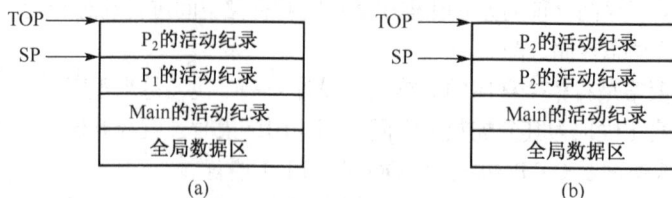

图 11.5 C 程序的栈式存储分配

在简单栈式存储分配方法中,常用到两个指示器(SP 和 TOP)指向栈最顶端的数据区,其中 SP 指向最新的过程活动记录的起点,TOP 则指向当前栈的栈顶单元。

11.3.2 嵌套过程语言的栈式存储分配

11.3.1 节介绍的栈式存储分配方法是针对不含过程嵌套定义的语言所采用的存储分配方法,而 Pascal 等语言的程序结构中允许过程嵌套定义,因此这类语言的存储分配不能运用简单的栈式办法来实现。为了便于讨论,对 Pascal 语言中的一些数据类型(如"文件"和"指针"等)不予考虑,这样仍然可以采用栈式动态分配策略,只是在过程活动记录中需增加一些内容,用以解决对全局变量的引用问题。

首先来看一个省略的 Pascal 程序,其中包含了该程序中各过程之间的嵌套关系以及各变量的作用域。

【例 11.2】 一个省略的 Pascal 程序。

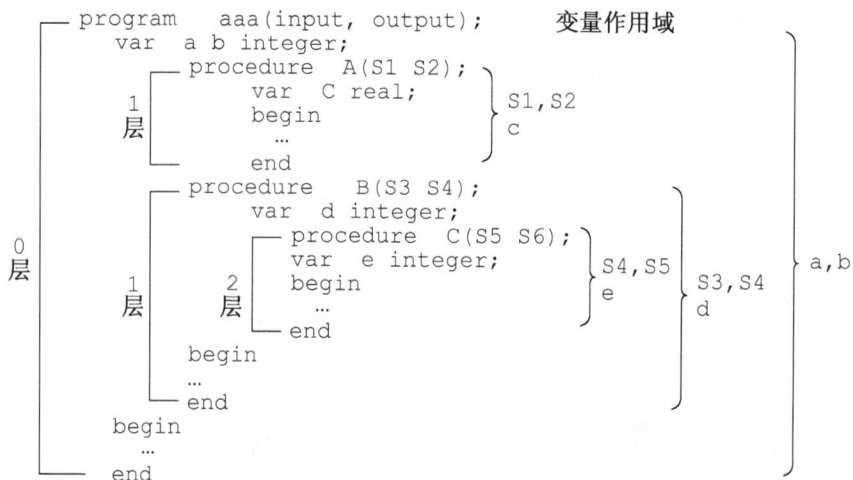

(注:程序中过程 A 的变量 C 应改为小写 c)

上述程序中，主程序 aaa 可看成最外层的过程，在该过程中嵌套定义了 A、B 两个过程，而在 B 过程中又嵌套定义了 C 过程。从变量的作用域来看，S1、S2、c 作用域是过程 A，S5、S6、e 的作用域是过程 C，因此 S1、S2、S5、S6、c、e 都是局部变量，在运行过程中，这些局部变量在栈上的存储地址完全可用上一小节所述办法进行分配；但是，由于过程定义是嵌套的，一个过程可以引用包含它的任一外层过程所定义的变量或数组，也就是说，过程 C 可以引用过程 B 和 aaa 中定义的变量，过程 A 及过程 B 均可引用过程 aaa 中定义的变量，这样，变量 a、b、S3、S4、d 都成为了非局部变量。由此看来，处在内层的过程在运行时必须知道它的所有外层过程的最新活动记录的地址，以便在活动记录中查找非局部量所对应的存储空间，所以必须设法跟踪每个外层过程的最新活动记录的位置。

跟踪的方法有很多，在这里只讨论两种方法，一种是在过程活动记录中增设存取链（也称静态链），指向包含该过程的直接外层过程的最新活动记录的地址，其过程活动记录的内容如图 11.6 所示。另一种是在建立过程活动记录的同时建立一张嵌套层次显示表 display，该表记录着每一层过程的最新活动记录的地址，display 表的内容如图 11.8 所示。

由于程序中每个过程的嵌套层次是确定的，内层过程如果引用了非局部量 a，就可从该过程的活动记录中的存取链所指向的直接外层进行查找，一直找到包含非局部量 a 的说明的过程为止。

例如，假定例 11.2 中 Pascal 程序的某次执行顺序为

aaa→A→B→C→…

即程序的执行从主程序 aaa 开始，aaa 调用了过程 A 和 B，而 B 又调用了过程 C……，图 11.7 给出了进入过程 C 之后运行栈的情况示意。

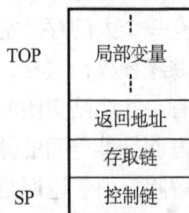

图 11.6　过程活动记录的结构（嵌套定义过程）

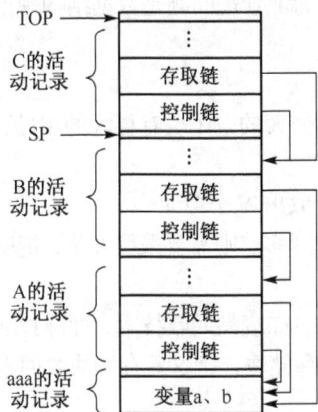

图 11.7　运行栈示意图

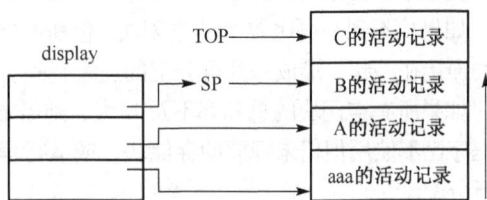

图 11.8　display 表和运行栈

从图 11.7 可以看出，过程 B 由过程 A 调用，但过程 B 的直接外层过程是主程序 aaa，所以过程 B 的活动记录的存取链指向主程序 aaa 的活动记录的起始地址。

嵌套层次显示表即 dispaly 表，实际上是一个指针数组，也可看做一个小栈，栈里自顶向下依次存放着现行层、直接外层……最外层（即主程序层）等每一层过程的最新活动记录的地址。一般总是把主程序层定为 0 层，那么，嵌套层次 i 的过程的局部变量是在由 display 表中第 i 个元素所指向的那个活动记录中存放，而嵌套层次 i 的过程的非局部变量则可能在 $i-1, i-2, \cdots, 0$ 层，对它们的存取可以通过 display 表中的第 $i-1, i-2, \cdots, 0$ 个元素而获得。图 11.8 给出了例 11.2 Pascal 程序的某次执行顺序为 aaa →A→B→C→…时运行栈和 dispaly 的对应情况。

display 表的大小在编译时可确定，因此 display 表既可以作为单独的表进行分配存储，也可以作为活动记录的一部分(如置于形参单元的上方)，这完全取决于编译程序的设计者。

11.4　堆式动态存储分配

栈式存储管理适用于那些过程允许嵌套定义、递归调用，过程的进入和退出具有"后进先出"特点的程序设计语言。如果语言不具有这些特点，或者程序允许动态申请和释放存储空间，那么运行时的存储管理通常采用一种称为堆式的动态存储策略。

堆式存储分配在运行时动态地进行，它是最灵活也是最昂贵的一种存储分配方式。假设程序运行时有一个大的存储空间，每当需要时就从这片空间中申请一块，不用时再释放给它。由于块可以按任意顺序释放，这样，经过一段运行时间后，堆将被划分成若干块，这些块有些正在使用，是有用块，而有一些块是空闲的，是无用块，如图 11.9 所示。对于堆式存储分配来说，需要解决两方面的问题，一方面是堆空间的分配，即当运行程序需要一块空间时，应该分配哪一块给它；另一方面是分配空间的解除，由于返回给堆的不用空间是按任意次序进行的，所以需专门研究解除分配的策略。

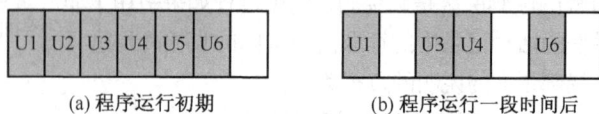

(a) 程序运行初期　　　　　　　　(b) 程序运行一段时间后

图 11.9　堆式存储分配过程中的内存状态

在许多语言中都有明显的分配堆空间和释放空间的语句或函数，如 Pascal 语言中的 new 和 dispose，C 语言中的 malloc 和 free，C++语言中的 new 和 delete。

堆式分配方式和存储管理技术相当复杂，在某种程度上，有效的堆管理问题是数据结构理论的专门讨论问题，因此下面对这种分配方式只进行简单的讨论。

当运行程序要求一块体积为 N 的空间时，应该如何分配?

理论上讲，应从比 N 稍大一些的空闲块中取出 N 个单元，以便使大的空闲块有更大的用处，但实现难度很大。

实际中常常采用的办法是：先遇到哪块比 N 大的空闲块就从中取出 N 个单元。

如果找不到一块比 N 大的空闲块，但所有空闲块的总和比 N 大得多，则需要采取办法，把所有空闲块连接在一起，形成一片可分配的连续空间。

如果所有空闲块的总和都不及 N 大，则需要采取更复杂的办法，如废品回收技术，即寻找那些运行程序已不使用但仍未释放的存储块，或运行程序目前很少使用的存储块，把这些存储块收回来，再重新分配。

可以采取多种策略进行堆式动态存储管理。例如可以使用一张可利用空间表进行堆式动态存储分配和管理，还可采用边界标志法、伙伴系统、无用单元收集和存储压缩等策略。这里仅介绍一种使用可利用空间表进行动态分配的方法。

可利用空间表是指将所有空闲块用一张表记录下来，表的结构可以是目录表，也可以是链表，如图 11.10 所示。

使用可利用空间表进行动态存储分配的方法又可分为如下两种。

① 定长块的管理。最简单的堆式存储管理方法是采用定长块的管理方法，即将堆存储空间在初始化时就划分成大小相同的若干块，将各个块通过链表链接起来形成一个单向线性链表。由于各块大小相同，故分配时无须查找，只需将头指针所指的第一块分配给用户即可，然后头指针指向下一块；同样，当用户释放内存时，系统将用户释放的空间块插入到表头即可。

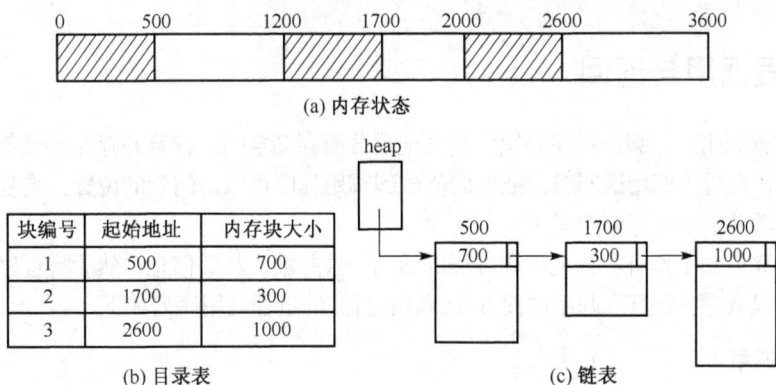

图 11.10 内存状态和可利用空间表

LISP 语言支持对表结构的操作，而表结构的 BLOCKS 全部大小相同且是单一类型，因此可以采用定长块的方法进行存储分配。

② 变长块的管理。变长块管理方法是常用的堆式存储管理方法，即可以根据需要分配给用户长度不同的存储块。这样，可利用空间表中的节点，即空闲块的大小也是随意的，图 11.10(c)中的链表即这种情况。

系统开始时，存储空间是一个整块，可利用空间表中只有一个大小为整个存储块的节点，系统运行一段时间后，随着分配和回收的进行，可利用空间表中的节点大小和个数也随之改变。

由于可利用空间表中的节点大小不同，则在分配时就有一个如何分配的问题。当可利用空间表有若干个满足需要(大于等于申请块)的空闲块时，可采用下列三种方法之一进行存储分配。

首次满足法：从表头开始查找可利用空间表，将找到的第一个满足需要的空闲块或空闲块的一部分分配给用户。当空闲块比申请块大一点时(如几字节)，就将整块分配出去；而当空闲块很大时，只分配给用户所需空间，其余仍留在表中。

最优满足法：系统首先对可利用空间表从头至尾扫描一遍，然后从中找出一块不小于申请块且最接近于申请块的空间块分配给用户。为了避免每次分配都要扫描整个链表，通常将空闲块按空间的大小自小到大进行排序。

最差满足法：系统将可利用空间表中不小于申请块且是链表中最大空闲块的一部分分配给用户。此时应将空闲块按空间的大小自大到小进行排序。

最优满足法和最差满足法在回收时都需将释放的空闲块插入到链表的适当位置上去。

以上三种方法各有所长。一般来说，最优满足法适用于请求分配的内存大小范围较广的系统，最差满足法适用于请求分配的内存大小范围较窄的系统，首次满足法适用于系统事先不掌握运行期间可能出现的请求分配和释放信息的情况。从时间上来比较，最优满足法无论分配与回收，均需查表，最费时间；最差满足法，分配时无须查表，但回收时需查表以确定新的空闲块在表中的插入位置；首次满足法，分配时需查表，而回收时仅需插入到表头即可。

对于已分配的存储块，可以采用不同的解除分配的策略。有的程序设计语言干脆不做解除分配的工作，直到内存空间用完为止，如果用完了空间还要分配就停止运行。例如，UNIX 系统(BSD)中的 Pascal 语言解释性程序就是这样做的。这样做的缺点是浪费空间，但如果系统具有海量虚存或者堆中的多数对象一分配就一直有用，那么这种方法也是可行的。如果语言有明显的分配命令，就可以有明显的解除分配命令(如 Pascal 语言中的 dispose)，因此解除所用空间的分配成为用户的责任，用户执行解除分配语句后就回收这些所用空间，还给堆空间。

11.5　过程调用与返回

当出现过程调用时，编译程序必须为活动记录分配存储空间，计算并存储参数值，为调用分配相应的存储器等；在过程调用返回时，把返回值放到调用程序可以访问到的位置，恢复机器状态，调整寄存器，释放活动记录的存储空间等。

过程调用完成的工作有：分配被调过程的活动记录并填入相关信息，然后将程序控制转移到被调过程入口。过程A(主调过程)调用过程B(被调用过程)的过程调用序列如下。

1. 过程调用

① 过程A计算实参的值并压入过程B的活动记录中，同时当过程有返回值时，考虑其存放空间。
② 若有存取链，过程A将其压入过程B的活动记录中。
③ 过程A将返回地址放入过程B的活动记录并跳转到过程B的代码入口，准备执行过程B。
④ 在过程B的AR中保存过程A活动记录的基址。
⑤ 保存某些寄存器的状态，即保护现场。
⑥ 为局部数据分配空间。
⑦ 开始执行过程B。

2. 过程返回

过程返回主要完成的工作有：回收分配的被调过程活动记录所占用的空间，并将程序控制转移回调用过程继续执行。过程A调用过程B的过程返回序列如下。
① 过程B回收局部数据空间，恢复保存的机器状态。
② 过程B恢复过程A的寄存器基址，取出返回地址将程序控制交回到过程A。

11.6　参数传递机制

过程(或函数)是结构化程序设计的主要手段，同时也是节省程序代码和扩充语言能力的主要途径。当一个过程调用另一个过程时，它们之间交换信息的方法通常是通过全局量和被调用过程的参数传递，对同一个过程调用，不同的参数传递机制可能会产生不同的结果。本节主要介绍四种常见的参数传递机制，包括值传递、引用传递、值-结果传递和名字传递。

1. 值传递

值传递是最简单的参数传递机制，在调用时计算实参所代表的表达式，其值就是被调用过程运行时形参的值。C语言和Java语言采用了该参数传递机制，而在Pascal语言和Ada语言中这种方式是默认的。值传递的实现如下：
① 把形参当做过程的局部变量，即在被调用过程的活动记录中开辟形参的存储空间；
② 调用过程计算实参的值，并将它们的值放在形参开辟的存储空间中；
③ 被调用过程执行时，就像使用局部变量一样使用这些形式单元。

【例11.3】

```
main()
{
    int a,b;
```

```
        a=1;
        b=2;
        swap(a,b);
        printf("a is now %d\n",a);
        printf("b is now %d\n",b);
    }
    Swap(int x,int y)
    {
        int temp;
        temp=x;
        x=y;
        y=temp;
    }
```

该程序的运行结果为

a is now 1.

b is now 2.

C 语言编译程序采用值传递的方式进行参数传递，调用 swap(a, b) 等价于：

```
    x=a
    y=b
    temp=x
    x=y
    y=temp
```

其中，x、y 和 temp 都是 swap 中的局部变量，尽管这些赋值语句改变了局部变量 x、y 和 temp 的值，但当控制返回调用过程时，swap 的活动记录被释放，这些改变也将丢失。因此值传递的显著特征是，对形参的任何运算都不会影响调用程序中实参的值。

2. 引用传递

在引用传递中，实参必须是分配了存储单元的变量，调用过程把实参的地址传给被调用过程，使得形参成为实参的别名，因而对形参的任何改变也同时体现在实参中。在 Fortran77 中，引用传递是唯一的参数传递机制，在 Pascal 语言中，通过 var 关键字来达到引用传递，而在 C++语言中，则是通过在参数说明中使用特殊符号&实现引用传递。

引用传递要求编译程序计算实参的地址，这个地址存放在被调用过程的活动记录中。由于"局部"值实际上是实参的地址，所以编译程序还要将对形参的局部访问转为对实参的间接访问。当采用引用传递时：

① 如果实参是有左值的名字或表达式，则传递这个左值本身；如果实参是没有左值的表达式，则计算表达式的值并存入新的存储单元，然后传递这个新单元的地址。(注意：左值指的是表达式所表示的存储单元)。

② 在被调用过程的目标代码中，对形参的任何引用都是通过形参存储的地址来间接引用实参的。

【例 11.4】

```
    main()
    {
        int a,b;
```

```
        a=1;
        b=2;
        swap(&a,&b);
        printf("a is now %d.\n",a);
        printf("b is now %d.\n",b);
    }
    Swap(int *x,int *y)
    {
        int temp;
        temp=* x;
        *x=*y;
        *y=temp;
    }
```

该程序的运行结果为

a is now 2.

b is now 1.

在例 11.4 中，x 和 y 采用引用传递，将变量 a 和 b 的地址保存到被调用过程的活动记录中，x 指向的单元的值赋给 temp，y 指向的单元的值赋给 x 指向的单元，最后将 temp 的值赋给 y 指向的单元。

3. 值-结果传递

在值-结果传递中，每个形参对应两个单元，第一个单元存放实参的地址；第二个单元存放实参的值。在被调用过程中任何对形参的引用或者赋值都看成对它的第二个单元的直接访问，但在返回调用过程前必须把第二个单元的内容存放到第一个单元所指的实参单元中。值-结果传递与引用传递的唯一区别在于别名的表现不同。

【例 11.5】

```
    p(int x,int y)
    {
        ++x;
        ++y;
    }
    Main( )
    {
        int a=1;
        p(a,a);
        printf("a is now %d.\n",a);
    }
```

在调用过程 p 时，若使用了引用传递，则 a 的值为 3；若使用了值-结果传递，则 a 的值为 2。

从编译程序的角度看，值-结果传递要求对运行时栈的基本结构进行一些修改。首先，被调用过程不能释放活动记录，这是因为复制出的(局部)值还必须被调用过程访问。其次，调用过程必须在建立新的活动记录之前就将实参的地址压入栈中，或者从被调用过程中重新计算出实参返回的地址。

4. 名字传递

名字传递是最复杂的一种参数传递机制。由于名字传递的思想是直到被调用程序真正使用了实参时才对这个实参赋值，所以也称为延迟赋值。在名字传递中，通常每个实参对应一个子程序，称为形、实替换程序(thunk)。当调用时，若实参不是变量，那么 thunk 就计算实参，并送回计算值所在的地址。在过程体中每当引用形参时，就调用相应的 thunk，然后利用 thunk 返回的地址引用该值。

名字传递与引用传递的差别在于：在引用传递机制中实参地址仅需在真正调用过程之前计算一次；而在名字传递机制中，每当过程中引用形参时都要重新计算地址。

【例 11.6】

```
int i;
int a[10];
p(int x)
{
    ++i;
    ++x;
}
main()
{
    i=1;
    a[1]=1;
    a[2]=2;
    p(a[i]);
}
```

在调用过程 p 时，若使用值传递，a[1]和 a[2]的值不改变；若使用引用传递和值-结果传递，两者结果一样，都是将 a[1]的值修改为 2，a[2]的值不变；若使用名字传递，对 p 调用的结果是将 a[2]设置为 3，并保持 a[1]不变。

尽管名字传递有较高的理论价值，但实际上很少有语言采用，有三个主要原因：其一，名字传递可能会导致非预期的副作用；其二，每个形参本质上必须转变成过程，每当计算形参时都必须调用这个过程，实现上有一定困难；其三，它不仅将参数的计算转变为过程调用，而且引起多种赋值，执行效率不高。

习题 11

11.1　简述三种不同的存储分配方法。

11.2　什么叫静态存储分配？什么叫动态存储分配？静态存储分配对语言有何要求？

11.3　动态存储分配方案如何解决数组的存储分配？

11.4　如何使用可利用空间表进行动态存储分配？

11.5　嵌套层次显示表 display 的作用是什么？

11.6　试述活动记录的组成内容及各组成部分的作用。

11.7　简述常见的参数传递机制，并比较它们各自的特点。

第12章 出 错 处 理

编译程序的查错和错误处理能力是鉴别编译程序质量好坏的一个重要标志，也是编译程序是否受用户欢迎的关键因素。通常用程序设计语言编写的源程序往往包含一些错误，很少能一次在机器上通过，并算出预期结果，需要反复修改和调试。所以，人们希望编译程序能有较强的错误处理能力，能检查出程序中的各种错误，并准确无误地报告出这些错误的性质和位置。

12.1 引言

12.1.1 错误存在的必然性

编译程序用来对源程序进行编译，当程序在语法(包括词法)上正确时，可以得到相应的等价的目标代码。当程序在语义上正确时，以正确的输入数据运行目标代码可以得到预期的输出结果。然而，一个程序，尤其是大型软件的程序，其中难免包含错误。一个软件开发中所存在的错误分布比例大致为：56%的错误源自需求分析，27%的错误源自设计，7%的错误源自编码。有人认为"没有一个程序第一次运行就能正确地工作"是计算机程序设计的一个公理。

一个素质较好的程序员，在他交付的程序中错误率为1%，即每100个语句中约含1条错误，而水平低的程序员编写的程序，在刚开始调试时错误率是很高的。错误产生原因大致是因为问题(算法)的复杂性、程序员素质、输入错误以及对系统环境不够了解等，概括起来是因为人类自身能力的局限性。

12.1.2 错误的种类

一个源程序中的错误一般有如下四类。

① 词法错误。编译程序在词法分析阶段发现的源程序错误，例如，字符号(关键字)拼写有错，标点符号有错，等等。

② 语法错误。编译程序在语法分析阶段发现的源程序错误，亦即书写不符合某语法成分的语法规则。例如，作为语句括号的BEGIN与END不匹配，"{"与"}"不匹配，以及IF与ELSE之间缺少THEN，等等。另外，变量未说明或重定义等也可看做语法错误。

③ 语义错误。源程序中的语义错误有两类，一类是在编译时才可发现的静态语义错误，例如，编译程序语义分析时发现的运算符对运算分量类型而言不合法，或者双目运算符的两个运算分量类型不相容，等等。另一类是在目标代码运行时刻才能发现的动态语义错误，也就是说，虽然编译程序把源程序翻译成了等价的目标代码，未发现任何错误，但运行不能正常结束或者运行结果经验证却是不正确的。这一类语义错误往往是逻辑上的，也是算法上的错误，程序未能正确地反映算法，例如，a+b错写成了a-b，(b*b-4*a*c)/(2*a)错写成了(b*b-4*a*c)/2*a，等等。甚至可能所给的算法本身就是存在错误的。

④ 违反环境限制的错误。一个程序设计语言可以有丰富的表达能力，用以书写各种应用领域的程序，然而由于编译程序的实现问题，一个手头上可用的编译程序往往对它所能接受的源程序加某些限制。例如，Pascal语言中过程的可调数组参数就不是每个编译程序都可以接受的。另外，如标识符

的长度、整数的最大值范围、IF 语句的最大嵌套层数和数组的最大维数等，都可能会有一定的限制。当不了解这些限制时，一个源程序在编译时就可能发生 IF 语句嵌套层次太深和数组维数太多等错误，这些就是因为违反环境限制造成的。

对于一个好的编译程序来说，应能具有较强的查错和改错能力。查错，就是编译程序能在编译时刻，准确而及时地发现源程序中的错误，并能以简明的方式向用户报告这些错误的性质和出现的确切位置。一个源程序在刚刚书写好时往往包含较多的错误，一个编译程序应在一次编译期间发现源程序中尽可能多的错误，不是发现一个错误便立即停止编译。当然，运行时刻的错误在编译时刻是不可能查出的。在编译时刻能够查出的源程序的错误称为静态错误，运行时刻才能查出的错误称为动态错误。本章讨论的程序错误的检查和校正主要是针对静态错误，即词法错误、语法错误、非逻辑的或算法上的语义错误及违反环境限制错误。

改错及校正，是指编译程序在其翻译过程中发现源程序的错误时能适当地对源程序进行修正。相对于发现错误，自动校正错误的难度大得多，其困难在于源程序书写的灵活性、错误发生的随机性和可能校正的多样性。为了正确地校正，必须十分清楚地了解程序的意图，了解错误的性质，并确切地对错误定位。即使是词法错误，也必须根据上下文，试探性地做出修改。

一般来说，一个编译程序如果能在一次编译时刻查出源程序中几乎所有的错误，指出错误的性质，并给出错误所在的确切位置，对于源程序的迅速改正将有很大的帮助。如果能在目标代码运行时刻，对于某些运行中的动态错误，如下表表达式的值越界等，提供出错位置的信息，将进一步有利于程序书写人员发现和改正程序中的错误。

12.1.3 错误复原

词法分析时，如果发现输入字符串存在一个错误，这表明，该输入字符串不是相应文法的句子，是否就此不再继续词法分析呢？如果语法分析时，类似地发现中间表示符号串中存在错误，表明不是相应文法的句子，是否也不在继续语法分析呢？对于一个实用的编译程序来说，它不应只能处理正确的程序，它还必须能处理源程序中出现的错误，使得编译工作能继续正常进行下去，不是发现一个错误就结束编译，而是继续下去，以便查出全部错误。

由于错误的存在，往往使编译程序不能正常地继续下去，早期的一些编译程序，例如，ALGOL 60 语言的编译程序采用结束编译的办法。如今，几乎所有常用程序设计语言的编译程序都能在发现源程序中的错误时继续进行编译，以便一次编译能查出尽可能多的错误。

在编译的过程中，发现源程序的错误时采取一定的措施，使得能继续编译下去，这称为错误复原。如果把所给不正确程序变换成正确的程序，则称之为错误校正。显然，如前所述的原因，错误校正是极其困难的。

在错误复原时，应重视以下两个方面：
- 株连信息的遏止。
- 重复信息的遏止。

株连信息指的是由于源程序中的某个错误而导致编译程序向用户发出的出错信息，该出错信息往往不是真实的。

例如，假定过程语句 P(a, b) 在输入时成了 p(a, b)，编译时，编译程序将发出出错信息：是不合法符号。如果做出的处理是删除，那么，当扫描 b 之后，将发出出错信息：缺少运算符，当扫描到 ")" 时，将再发出出错信息：参数个数少。显然后面两个出错信息是不真实的。有时可能因为源程序中的一个错误而引出一连串株连信息。不言而喻，应该遏止这种株连信息，至少使之尽可能少。

为了遏止株连错误，往往需要查看出错处的上下文和取得相关的信息。例如，对于上述例子，可

以取得关于过程 p 参数个数的信息，标识符 a 是否记录类型信息，并向前查看到 ")" 确定参数的个数。这样，甚至可以做出正确的修改：把 "·" 改成 ","。

下面再考虑遏止株连错误的另一个例子。假定对于下标变量 A[$e1$, $e2$, $e3$]，发现标识符 A 不是数组名，扫描到 "[" 时发出出错信息：[错。此后显然将发出一连串株连错误信息。究其原因，可能是因为标识符 A 未被说明。为了遏止株连信息，可以这样处理：用一个"万能"标识符 U 去代替有错的标识符 A，或者说让 A 可以与任意类型的数据结构相关联，这时在符号表的相应条目中已加标志，且填入了数组和维数的信息，只要其后形如[$e1$, $e2$, $e3$]出现，将不再发出出错信息。

重复信息是因为源程序中的一个错误反映在源程序中多处而产生的。一个典型的例子是标识符未说明。如果一个标识符 i 未在某个过程说明的过程分程序中说明，那么，在过程分程序的语句部分中每次引用 i 时都将发出出错信息：标识符 i 无定义。很明显，如果仅在过程说明的末尾处发出出错信息：XX 过程说明中标识符 i 无定义，这将简明得多。

为了遏止重复信息，可事先设立一个出错信息表，其中给出一切可能的出错信息(性质)和编号，而编译时刻，则建立一个出错信息集合，其元素呈(编号、关联信息)形式。每当发现一个错误，便把相应的(编号、关联信息)添加入该出错信息集合中。最后，编译结束时，把出错信息集合中的元素按某种次序输出，便得到了无重复的一切出错信息。

12.2 校正词法错误

12.2.1 词法错误的种类

词法分析程序的基本任务是读入源程序字符序列，识别出具有独立意义的最小语法单位(单词或符号)，并把它们变换成等价的内部中间表示——属性字序列。词法分析时发现的词法错误大多是单词拼写错误，这或者是因为书写错误，或者是因为输入错误，假定不会有连续几个字符的错误，从而可以假定有如下几类词法错误：

- 拼错一个字符，如 RECORD 错写成 RCCORD。
- 遗漏一个字符，如 REPEAT 错写成 REPET。
- 多拼一个字符，如 UNTIL 错写成 UNTILE。
- 相邻两个字符颠倒了次序，如 LABEL 错写成 LABLE。

对于错误复原问题，自然地涉及下列问题：

- 错误的查出。
- 错误的定位。
- 错误的局部化。
- 重复错误信息的遏止。

由于每一类单词可用一个正则表达式来描述，所以在识别单词时，通常采用最长子串匹配策略。如果当前的余留输入字符序列的任何前缀不能与所有的词型相匹配，则表明已出错，应调用出错子程序进行处理。

12.2.2 词法错误的校正

基于前面对词法错误的假设，不存在连续几个字符都出错的现象，对词法错误的校正一般地有

- 删除一个字符。
- 插入一个字符。

- 替换一个字符。
- 交换相邻两个字符。

由于词法分析时，还不能收集到足够的信息，发现错误便立即校正是不太恰当的，只是在某些场合可以予以校正，下面列举若干。

① 知道下一步应处理的字符号(关键字)，而当前所扫视的余留输入字符序列的任何前缀都不能构成字符号(关键字)，则可查字符号(关键字)表，从其中选择与当前所扫视的输入字符串前缀最接近的字符号(关键字)去代替这个前缀。例如"IF b THEM…"，对于"THEM"将用最接近的"THEN"去代替。

② 如果某个标识符拼写有错，因此查找符号表时不能查到相应条目，这时可用符号表中与之最接近的标识符去代替它，例如，如果有语句 X: = sim(a)，但不能在符号表中查到标识符 sim，则可以用最接近的 sin 去代替 sim。

③ 其他拼写错误的情况，例如，源程序中所引用之下标变量的数组标识符因拼写错误而不能在符号表中查到，控制转移语句的转移目标(标号)因拼写错误而无定义，等等，都可以用与上面类似的办法来校正。

一般地，可以用试探法，试验删除、插入、替换和交换四种情况，以最可能成功的那种修改作为对错误的校正。

12.3 校正语法错误

12.3.1 语法错误的复原

对于语法错误的复原，与词法错误的情况一样，自然地涉及下列问题：

- 错误的查出。
- 错误的定位。
- 错误的局部化。
- 重复错误信息的遏止。

由于程序设计语言的语法用上下文无关文法描述，源程序可由基于某种分析技术的识别程序精确地识别，源程序中的语法错误总可自动地查出。

不言而喻，不同的分析技术发现错误的手段和方式是不同的。例如，LL(1)与 LR(1)分析技术都是当前栈顶状态与当前输入符号配对所对应的分析表元素空白时为出错。然而，对于优先技术，则是当前栈顶符号和当前输入符号匹配时，它们之间不存在优先关系而发现错误。显然，有的分析技术可对所发现的错误准确地定位，采取一定的措施，使语法分析能继续进行下去。

有的编译程序，对语法错误复原采取的措施是简单地放过相应的语法结构，例如，放过一个语句的后继符号等。这种过于简单的做法往往失去发现更多语法错误的机会。更合适的是设法进行校正，尽管这种校正不能保证总是成功的，然而，关于校正的信息可供用户(程序书写人员)参考。

12.3.2 语法错误的校正

1. 自顶向下分析中错误的校正

假定在自顶向下分析过程中的某一时刻，源程序符号串可写为 w1Aw2 的形式，其中，w1 是已扫描部分，A 是当前扫描符号，而 w2 是输入符号串的其余部分。如果扫描到 A 时发现错误，分析程序又无法确定下一个合法的分析动作，换言之，已构造的语法树部分可覆盖 w1，但不能继续构造语法树去覆盖 A 与其余部分 w2。

一般可有如下三种修改措施。

① 删去 A，继续进行分析。

② 插入终结符号串 X 成为 w1XAw2，从 XAw2 的首符号开始继续进行分析。

③ 修改 w1，例如，删去 w1 尾部的若干个符号、替换 w1 尾部的若干个符号或者在 w1 之后插入若干个符号。

修改措施③显然是不可取的，因为 w1 已经处理过，不可能再次直接取到，且对已处理的部分进行修改，往往要改变语义信息，实现上较为困难，因此不宜采用。

例如，有源程序语句：

　　　i：=i+）;

处理到符号"）"时显然将发现存在错误，一般地，当按自顶向下分析技术构造语法树时，对照语法树和预期展开的符号串，采用上述修改措施①和②，将把所给语句修改成

　　　i：=i+i;

2. 自底向上分析中错误的校正

自底向上分析技术包括优先分析技术(简单优先和算符优先)与 LR 分析技术。这里以 LR 分析技术为例说明自底向上分析中语法错误的校正。

在 LR 分析技术中，LR 分析表的 ACTION 部分指明了当前分析栈顶的状态与当前输入符号配对时所应执行的动作。如果是空白元素，表明一个错误，即当前输入符号有错。为了对语法错误校正，可以对应于每个空白元素，引进一个出错处理子程序，根据出错情况，在各个出错处理子程序中做出相应处理。

这里仍以语句：

　　　i：=i+）;

为例进行讨论。

假定扫描到上述语句中的符号"+"时进入状态 Sk，则 ACTION[Sk,）]当然为出错(空白元素)。假定引进的响应出错处理子程序 Ei，其功能有二：删去当前输入符号和发出出错信息"不合法的输入符号：……"。那么，执行动作 ACTION[Sk,）]将调用子程序 Ei，因而，删去当前输入符号，并发出出错信息："不合法的输入符号：）"。这时将扫描下一个符号继续分析下去，即读入符号，执行动作 ACTION[Sk,;]，为出错，类似地引进出错处理子程序 Ej，其功能可能如下：将一假想的标识符 i 及相应状态 S1 下推入分析栈，并发出出错信息：运算符分量缺少，然后执行动作 ACTION[S1, i]，这里，

　　　ACTION[Sk,i]=S1

因此，最终，上述语句校正为

　　　i：=i+i;

其他出错处理子程序可类似地设计。

不言而喻，关于每个错误的修改信息应由出错处理子程序提供给用户(程序书写人员)以便参考，完成真正的校正。

其他各类分析技术，可以参照上述实现思想进行源程序语法错误的校正。

12.4　校正语义错误

12.4.1　语义错误的种类

如前所述，语义错误有两类，一类是在编译时可以发现的静态语义错误，另一类是在运行时才能发现的动态语义错误。

1. 静态语义错误

静态语义错误可能由数据结构引起，有运算符不合法和运算分量类型不相容等，例如，对数组变量进行加法运算，又如两个实型变量 X 和 Y 进行 MOD 运算，该 MOD 运算对于运算分量 X 和 Y 是不合法的；如果 X 为实型变量，Y 为字符型变量，它们要进行加法运算，那么，对于 Pascal 语言，该加法运算符的两个运算分量类型是不相容的。这样一些由数据结构引起的静态语义错误可由语义分析查出。

语义分析程序还进行控制流方面的某些静态语义检查，例如，由循环外控制转移到循环内，由转向语句把控制转移到一个构造语句(条件语句与情况语句等)内，或者转移到分程序内，等等，发现控制流的某些静态语义错误。

显然，静态语义错误是容易准确地定位和确定错误性质的。

2. 动态语义错误

动态语义错误是在运行目标代码时才能发现的源程序错误。最常见的动态语义错误有以下几类：

(1) 除以零；

(2) 下标变量的下标表达式的值越界；

(3) 存取位置初值或值为 NIL 的指针变量；

(4) 运行结果与预期的不一致。

前三种情况往往导致运行非正常终止而得不到任何结果，然而第四种情况虽然运行正常终止，但依然得不到预期的结果。

这些错误的产生源自与算法有关的逻辑错误以及程序设计错误。当软件开发的设计阶段，甚至需求分析阶段导致与算法有关的逻辑错误时，这时的错误往往表现为运行结果与预期的不一致，错误的校正必须在设计阶段或需求分析阶段重新考虑数学模型和算法，从根本上解决。

程序设计的错误会导致程序不反应算法，从而使运行结果与预期的不一致。程序设计的错误还常导致程序运行的夭折。与指针变量有关的语义错误由于可能对地址存储区域赋值，甚至可能造成巨大破坏。下面举例说明与指针变量有关的错误的产生。

设有下列 Pascal 程序片段：

```
P: =q;
while  P↑. next<>NIL  do
begin
  ⋮
P: = P↑. next;    P↑. inf: = …
  ⋮
end;
```

在 While 循环中的两个赋值语句可能带来致命的错误。原因在于，如果 P 的值为 NIL，或者并未为 P 所指向的对象分配存储空间，这两个语句的赋值都是错误的。应该在这个程序片段之前对 q 置初值 NIL，或者通过语句 new(q) 为 q 所指向的对象分配存储空间，并且把 WHILE 循环的重复条件

     P↑. next<>NIL

改写成

     (P<>NIL) AND (P↑. next<>NIL)

首先 P 必须不是空指针才可能对其值不是 NIL 的域变量 next 所指向的对象赋值。

12.4.2　语义错误检查措施

由于语义错误往往涉及算法，而语义通常又是非形式定义的，因此，对照语法错误，语义错误往往难以采用系统而有效的方法来发现和校正。

好在语义分析时采用语法制导的翻译，通过语法制导定义或翻译方案实现类型一致性检查和某些控制流静态语义检查等，可以发现源程序中运算符不合法、运算分量类型不相容以及控制流方面的静态语义错误。

对于未给变量置初值而导致的动态语义错误，可以通过在语义分析时查看变量是否被赋初值而避免，因为可以利用代码优化时所讨论的 "ud" 链思想，容易查出赋值之前就引用的错误。

为了发现其他的动态语义错误，通常采用以下两种方式。

① 静态模拟检查。由人阅读所写的源程序进行静态模拟，即给定若干组检查用输入数据，模拟计算机执行各个语句，沿着所模拟的执行路径，进行变量追踪，也就是记录下各个变量值的变化，最终检查结果的正确性。下面给出一个简单的例子。

【例 12.1】　利用静态模拟方法检查交换 X 与 Y 之值的下列语句序列的正确性。

$$X:=X+Y; Y:=\tilde{X}Y; X:=\tilde{X}Y;$$

假定初始时刻 t_0 时 X 和 Y 的值分别为 X_0 和 Y_0，设相继执行三个语句后的时刻分别为 t_1，t_2 和 t_3，则变量追踪表如表 12.1 所示。

表 12.1　变量追踪表

	t_0	t_1	t_2	t_3
X	X_0	$X_0 + Y_0$	$X_0 + Y_0$	Y_0
Y	Y_0	Y_0	X_0	X_0

由上表可见，X 与 Y 的值进行了交换，达到了预期结果。

② 利用调试工具。静态模拟检查是静态地由人模拟计算机的运行，进行变量追踪，同时也进行了控制路径的追踪。采用这种办法可以查出程序中相当比例的错误。然而，一个明显的不足是工作量大，尤其当变量增多，控制结构又较复杂时，此不足更为突出。利用软件工具将大大减轻人的负担。

编译程序可看成这样的软件工具。当发生下标表达式值越界或对值为 NIL 的指针变量及其域变量进行存取时发现相应的出错信息，只需在目标代码中增加相应的判别指令。当发生除以零溢出时也发出相应的出错信息，这可通过中断设施来实现。

然而毕竟目标代码是机器指令级的，用户并不容易找到出错信息与源程序中符号的对应关系。

调试程序是为了发现程序中的错误并进行校正而开发的工具软件，尤其是符号调试程序可以在源程序级上进行调试，给用户带来了极大的方便。调试程序的重要特征之一是允许对变量和控制路径进行动态追踪。首先在源程序中需进行追踪检查的语句处设置断点，当程序运行到断点处，便自动暂停，可以查看被追踪的变量值，然后按逐个语句执行的步进方式查看每执行一个语句后变量值的变化，从而检查运行的正确性。

目前的编译程序，更确切地说是编译系统，如 TURBO Pascal，TURBO C 与 BORLAND C++等都是作为程序设计语言支持系统而出现的，它们集程序设计语言程序的编辑、编译和调试于一体，大大方便了用户，对提高程序生产率有着重大影响。

当然，即使依靠调试工具，程序中错误的发现和校正仍然取决于人的经验。例如，对错误的性质和发生位置做出判断与选择断点都需要经验。然而，采用逐步缩小检查范围的办法，最终总是可以确切定位，找出错误从而校正错误的。

习题 12

12.1 源程序中的错误一般有哪几类？请分别叙述。

12.2 如何遏止源程序中的重复性错误？

12.3 词法分析阶段的错误主要是什么？通过什么办法校正？

第 13 章　编译程序自动生成工具简介

词法分析、语法分析、一遍扫描分析和多遍扫描分析其实都是非常机械的过程，完全可以由计算机代替人工完成，由此出现了词法和语法分析的自动生成工具。本章简单介绍这种自动生成工具的发展、作用、分类以及目前常用的工具。

13.1　引言

13.1.1　编译程序自动生成工具概述

编译程序自动生成工具的实质就是实现编译器中的词法和语法分析过程，其原理就是本书前几章所介绍的编译过程的词法和语法分析的自动化实现。

一般来说，程序设计语言通常由一系列保留字和一组严格定义的语法规则组成。编译程序自动生成工具的作用，就是自动识别源程序是否符合该语言所规定的语法规则。识别过程分为词法分析和语法分析两个阶段，其中，在词法分析阶段，由词法分析工具接收源程序的字符流，并按照正则表达式指定的规则，将字符流分解成一系列有特定含义和用途的单词串（Tokens）；而在语法分析阶段，则由语法分析工具检查词法分析的输出结果中单词串的排列方式是否符合这种程序设计语言的语法规定，并给出相应的处理。

在分析字符流的时候，词法分析器（Lexer）并不关心所生成的单个单词（Token）的意义及其与上下文之间的关系，这些工作由语法分析器（Parser）来完成。语法分析器将接收到的单词按照该程序语言的语法规则组织起来，通过对语法规则形成的抽象语法树（Abstract Syntax Tree，AST）的遍历，判断源程序是否符合语法规则定义。

其实，无论是词法还是语法分析器，都只是一种识别器，词法分析器是字符序列识别器，而语法分析器是单词序列识别器。它们在本质上类似，只是分工有所不同。

自 20 世纪 60 年代以来，已有若干种编译程序自动生成工具问世，其中最著名且流传最广的是美国 Bell 实验室用 C 语言研制的词法分析程序自动生成工具 Lex 和语法分析程序自动生成工具 YACC。后来又出现了基于 Lex/YACC 的词法/语法分析自动生成工具的若干变种。

13.1.2　编译程序自动生成工具的种类及常用工具简介

由于在编译器实现过程所包含的几个阶段中，词法和语法分析的实现原理明确，操作步骤确定，因此可以借助于计算机来自动完成。编译程序自动生成工具主要包含词法和语法分析两种类型。早期的研究一般分别给出词法和语法分析的实现工具，如 UNIX 操作系统平台上的 Lex 和 YACC；现在的一些工具则将词法和语法分析的实现集成在一起，而且也不再局限于 C 语言实现，出现了很多基于 Java 语言且可以生成多种目标语言的词法和语法分析工具，比如 ANTLR 和 JavaCC & SableCC 等。另外，根据语法分析阶段采用"自底向上"或"自顶向下"分析方法的不同，以及分析阶段向前看字符数的差别，可以将编译程序自动生成工具分成若干种类。表 13.1 给出的是几种典型的编译程序自动生成工具及其特性对照表。本章将按照词法和语法分析功能的不同，分别给出这几种工具的简单介绍。

表 13.1　几种编译器的词法、语法分析自动生成工具的特性对照表

工 具 名 称	开发语言	生成代码	语法规则	自动构建AST	Unicode支持	开发者(组织)	备　注
Flex/Bison	C	C 或 C++	LALR(1)	无	无	GNU	
Jlex/CUP	Java	Java	LALR(1)	无	无	Elliot Joel Berk/Scott E. Hudson	是 Flex/Bison 的 Java 版
PCCTS	C++	C++	LL(K)	有	无	Terence Parr	
ANTLR	Java	Java	LL(K)	有	无	Terence Parr	PCCTS 的 Java 版
JavaCC	Java	Java	LL(K)	有	有	SUN	
SableCC	Java	Java	LALR(1)	有	有	McGill University	生成代码框架
Grammatica	Java	C# & Java	LL(K)	无	有	GNU	
GOLD Parser		C#、C++、C、ASM 等	LALR(1)	有	有	Adrian Moore	
RunCC	Java	Java、XML	LR(PARSER)、LL(LEXER)	无	有	GNU	作者：Ritzberger Fritz

13.2　词法分析自动生成工具

编译过程的第一步是进行词法分析，该任务由词法分析工具来完成。

词法分析工具将源程序看做字符文件类型，由 Lex 创建的词法分析器与语法分析器类工具按照如下的方式协同工作(如图 13.1 所示)：词法分析器读取源程序并将文件分为若干个单词，提交给语法分析阶段使用。这种交互通常可以通过使词法分析器作为语法分析器的子程序或协作程序来实现。

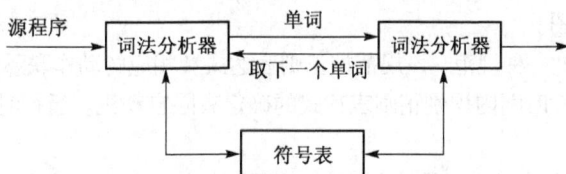

图 13.1　词法分析器与语法分析器之间的交互示意图

词法分析器被语法分析器调用，当词法分析器收到语法分析器发出的"取下一个单词"命令时，词法分析器从源程序中余下的输入字符串中逐个读取字符，直到发现最长的与某个模式 P_i 匹配的前缀，然后执行相关的动作 A_i，通常 A_i 会将控制返回给语法分析器。当控制不返回任何动作(比如 P_i 描述的是空白或注释)时，词法分析器就继续寻找其他的词素，直到某个动作将控制返回给语法分析器为止。而词法分析器只向语法分析器返回一个值，即词法单元名，但在需要时可以利用共享的全局变量 yylval 传递有关这个词素的附加信息。

单词与自然语言中的单词类似：每一个单词都是表示源程序中信息单元的字符系列。典型的有：关键字(key word)，例如 if 和 while，它们是字母的固定串；标识符(identifier)，是用户自己定义的串，它们通常由字母和数字组成并由一个字母开头；特殊符号(special symbo1)，如算术符号+和×；一些多字符符号，如>=和<>。在各种情况下，单词都表示由扫描程序从剩余的输入字符串中识别或匹配的某种字符(串)格式。

词法分析器作为编译器中读入源程序的部分，还可以完成一些相关的辅助任务。一个任务是滤掉源程序中的注释、空格、制表符、换行符等；另一个任务是使编译器将发现的错误信息与源程序的出错位置联系起来。例如，词法分析器负责记录遇到的换行符的个数，以便将记号与出错信息联系起来。

在某些编译器中，词法分析器负责复制一份源程序，并将出错信息加入其中。如果源语言支持宏预处理功能，则可以在词法分析阶段完成这些预处理功能。

有时，词法分析器可以分为两个阶段：第一阶段是扫描阶段，第二阶段是词法分析阶段。扫描程序负责完成一些简单的任务，词法分析阶段完成比较复杂的任务。例如，Fortran 编译器可以使用扫描程序从输入中清除空格。

综上，词法分析器的工作就是分析量化输入源程序中那些本来毫无意义的字符流，将它们翻译成离散的、具有一定含义的字符组(也就是一个一个的 Token)，包括关键字、标识符、符号(symbol)和操作符等，供语法分析器使用。本节介绍目前常见的几种词法分析自动生成工具以及一般的词法分析自动生成工具能够接收的词法分析源程序的结构和规则。

13.2.1 LEX 系列词法分析自动生成工具简介

Lex 是美国 Bell 实验室的 M.Lesk 等人用 C 语言研制的一个词法分析程序自动生成工具，其基本原理就是使用正则表达式扫描源程序，并为每一个匹配模式定义一些操作。Lex 和 C 语言是强耦合的，在词法分析过程中，Lex 接收一个后缀为.l 的文件(描述词法分析规则的规范文件)，分析检查并生成词法分析的可执行版本，通过 Lex 公用程序来传递并生成基于 C 语言的输出文件。当用 C 语言作为宿主语言时，这些操作都由 C 语言实现，非常方便。由于 Lex 存在着多个不同的版本，所以我们的讨论仅限于对大多数版本均通用的特征。

Lex 系列工具支持使用正则表达式来描述各个词法单元的模式，以及每一个词法单元被匹配时所采取的动作，并由此给出一个词法分析器的规约。Lex 工具的输入表示方法称为 Lex 语言，而工具本身(如 Flex)则称为 Lex 编译器。在 Lex 工具的核心部分，Lex 编译器将输入的模式转换成一个状态转换图，并生成相应的实现代码，存放到一个称为 1ex.yy.c 或 1exyy.c 的 Lex 输出文件中，这些代码用来模拟转换后的状态转换图。

Lex 工具把输入看做一种规范，该规范把正则表达式和相应的动作联系起来。根据这个规范，Lex 构建函数能够实现在线性时间内识别正则表达式的确定有限自动机。运行时，当匹配正则表达式后，相应的动作就被执行。

本节只讨论 Lex 语言的相关问题，关于 Lex 工具如何将正则表达式翻译为状态转换图不是本节的主要议题，有兴趣的读者可以参考相关的文献。

1. Lex 的使用方法

用 Lex 创建一个词法分析器的操作步骤如图13.2所示。首先，用 Lex 语言完成一个输入文件，描述将要生成的词法分析器的语言规范(图中输入文件称为 lex.l)；然后，Lex 编译器将 lex.l 转换成 C 语言程序，存放该程序的文件名总是 1ex.yy.c 或 1exyy.c；最后，这个生成的 C 语言文件被编译为一个名为 a.out 的文件。C 编译器的这个输出文件 a.out 就是一个读取输入字符流并生成词法单元流的可运行的词法分析器。

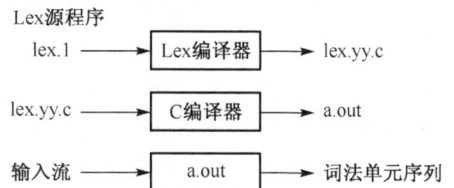

图 13.2 用 Lex 创建一个词法分析器的操作步骤示意图

编译后的 C 程序，即图13.2中的 a.out，通常是一个被语法分析器调用的子例程，该子例程返回一个整数值，即可能出现的某个词法单元名的编码。而词法单元的属性值，都保存在全局变量 yylval 中，该全局变量由词法分析器和语法分析器共享。上述实现机制可以同时返回一个词法单元和其对应的属性值，便于后续阶段使用。例如，表 13.2 给出词法分析器的一个目标示例，对于各个词素或词素的集合，该图显示了应该将哪个词法单元名返回给语法分析器，以及应该返回什么属性值。注意，对于其中的 6 个关系运算符，符号常量 LT、LE 等被当做属性值返回，其目的是指明我们发现的是词法单元 relop 的哪个实例。

表 13.2　词法单元、模式及其属性值

词　　素	词法单元名字	属　性　值	词　　素	词法单元名字	属　性　值
任意空格	—	—	<	relop	LT
if	if	—	<=	relop	LE
then	then	—	=	relop	EQ
else	else	—	<>	relop	NE
任意标识符	id	指向符号表中标识符的指针	>	relop	GT
任意数字	number	指向符号表中数字的指针	>=	relop	GE

2.　正则表达式的 Lex 约定

简单地说，正则表达式(regular expression)是一种可以用于模式匹配和替换的强有力的工具。Lex 工具允许正则表达式匹配单个字符或字符串，还允许将字符放在引号中来匹配。例如，可以用 if 或 "if" 来匹配一个 if 语句开始的保留字 if。如要匹配一个左括号，就必须将左括号放在引号中来匹配，写为 "("，这是因为左括号本身具有把字符串组合在一起的功能。也可以利用反斜杠元字符 "\" 来协助匹配，但它只有在单个元字符时才起作用。将反斜杠与特定的正规字符一起使用，字符就有了特殊意义，例如，"\(" 匹配左括号本身，"\n" 匹配一新行，"\t" 匹配一个制表位(这些都是典型的 C 语言约定，大多数这样的约定在 Lex 中也可行)。如要匹配字符序列 "(*"，就必须重复使用反斜杠，写为 "\(*"。很明显，"(*" 更方便一些。

另外，Lex 还可以按通常的方法解释元字符 *、+、? 和 | 等，即 * 表示 0 或多次重复，+ 表示至少 1 次重复，? 表示该项可有可无，| 表示用它分隔的几项内容可以选择其一。所谓元字符，是指那些在正则表达式中具有特殊意义的专用字符，可以用来规定其前导字符(即位于元字符前面的字符)在目标对象中的出现模式。

【例 13.1】　为 "以 aa 或 bb 开头，末尾是一个可选的 c" 描述的串写出两种正则表达式。

　　　　(aa|bb) (a|b)*c?

或

　　　　("aa"|"bb") ("a"|"b")*"c"?

字符类的 Lex 约定将字符类写在方括号之中。例如，[abxz] 表示 a、b、x 或 z 中的任意一个字符，此外还可在 Lex 中将例 13.1 的串的正则表达式写为

　　　　(aa | bb) [ab] * c?

在方括号格式的使用中，还可利用连字符表示出字符的范围。因此表达式 [0-9] 表示在 Lex 中任何一个 0～9 的数字。句点也是一个表示字符集的元字符：它表示除了新行之外的任意字符。

否定符——也就是不包含某个字符的集合——也可使用这种表示法：将插入符 "^" 作为中括号内的第 1 个字符，因此 [^0-9abc] 就表示不是任何数字且不是字母 a、b 或 c 中任何一个的其他任意字符。

【例 13.2】　为一个带符号的数集写出正则表达式，这个集合可能包含一个小数部分或一个以字母 E 开头的指数部分：

　　　　("+" | "–")? [0-9]+("." [0-9]*)?(E("+" | "")?[0-9]+)?

Lex 还有一个特征：在方括号中，大多数字符丧失了其作为元字符的特征，故无须使用引号，可以直接使用，如[."?]表示句号、引号和问号 3 个字符中的任一个字符(这 3 个字符在括号中都失去了它们的元字符含义)。甚至如果可以首先将"−"列出，它也可以作为正则字符。如例 13.2 中的正则表达式("+"|"−")可写为[- +]，但不可写为[+ −]，因为元字符"−"可用于表示字符的一个范围，但是，还有一些字符，即使在方括号中也仍旧是元字符，因此，为了得到这部分真正的字符就必须在该字符前加一个反斜杠，如[\^\\]就表示了真正的字符^或\。

Lex 中一个更为重要的元字符约定是，可以用花括号指出已定义的正则表达式的名字。前面已经提到过可以为正则表达式起名，而且只要没有递归引用，这些名字也可用在其他的正则表达式中。

【例 13.3】 定义前面讲述的 signed num 如下：

```
num = [0-9]+
signednum = ("+"|"−")? num
```

也可以定义为

```
num [0-9]+
signednum (+|-)?{num}
```

注意，在定义名字时并未出现花括号，它只在使用时出现。

前面讲述过的 Lex 元字符约定小结如表 13.3 所示。Lex 中还有许多其他元字符，这里就不再介绍了，感兴趣的读者可以查阅相关文献。

表 13.3 Lex 元字符约定小结

格　式	含　义	格　式	含　义
a	a	(a)	a 本身
"a"	即使 a 是一个元字符，它仍是字符 a	\	将下一个字符标记为一个特殊字符、一个原义字符、一个后向引用或一个八进制转义符
\a	当 a 是一个元字符时，为字符 a	[abc]	字符 a、b 或 c 中的任何一个
a*	a 的 0 次或多次重复	[a-d]	字符 a、b、c 或 d 中的任何一个
a+	a 的 1 次或多次重复	[^ab]	除了 a 和 b 以外的任何一个字符
a?	1 个可选的 a	.	除了新行以外的任何单个字符
a|b	a 或 b	{xxx}	名字 xxx 表示的正规表达式

3. Lex 词法输入文件的格式

Lex 输入文件(即 Lex 程序)由 3 部分组成：定义(definition)集、规则(rule)集、辅助程序(auxiliary routine)集或用户程序(user routine)集。这 3 部分由位于新一行第 1 列的双百分号分开。Lex 输入文件的格式如下：

```
{ definitions }
%%
{ rules }
%%
{ auxiliary routines }
```

定义(或称声明)部分出现在第 1 个双百分号之前，包括两部分可选内容：一是包含在分隔符"%{"

和 "%}" 之间的任何函数外部的任意 C 代码（注意这些字符的顺序），这些 C 代码可以插入到生成的 C 程序中；二是正则表达式名字的定义。

规则部分由一系列带有 C 代码的正则表达式组成，每个转换规则的格式为

　　　　模式　{动作}；

其中，每个模式是一个正则表达式，可以使用声明部分给出的正则定义。当匹配相对应的正则表达式时，这些动作对应的 C 代码片段就会被执行。虽然后来又出现了很多 Lex 的变种，但这些代码片段通常还是用 C 语言编写的。

Lex 程序的第 3 个部分包含的是规则部分各个动作需要使用的所有辅助函数，这部分是可选内容。另外一种方法是将这些函数单独编译，并与词法分析器的代码一起加载。

通常，当不需要第 3 个部分的辅助函数时，第 2 个双百分号就无须出现了，但第 1 行双百分号总是需要出现的。

4．Lex 输入文件格式示例

下面通过一个示例来说明 Lex 输入文件的格式。

【例 13.4】　以下的 Lex 输入文件能够识别表 13.2 中的各个词法单元并返回，观察这段代码，分析 Lex 程序的特点。

```
%{
/* 常量定义(声明)
LT, LE, EQ, NE, GT, GE, LT,
THEN, ELSE, ID, NUMBER, RELOP
*/
#include <stdio.h>
int lineno = 1;
%}
/*      正则表达式定义    */
delim     [ \t\n]
ws        {delim}+
letter    [A-Za-z]
digit     [0-9]
id        {letter}({ letter }|{ digit})*
number    {digit}+(\.{digit}+?(E[+-]?{digit }+)?
line      *.\n
%%
{ws}      {   /* 没有动作或没有返回 */   }
if        {return (IF);}
then      {return (THEN);}
else      {return (ELSE);}
{id}      {yylval = (int) installID().; return(ID);}
{number}  {yylval = (int) installNUM().; return(NUMBER);}
"<"       {yylval = LT; return(RELOP);}
"<="      {yylval = LE; return(RELOP);}
"="       {yylval = EQ; return(RELOP);}
"<>"      {yylval = NE; return(RELOP);}
">"       {yylval = GT; return(RELOP);}
">="      {yylval = GE; return(RELOP);}
```

```
{line}    {printf("%5d %s", lineno++, yytext);}
%%
int installID(). {/* 将词素初始化到符号表中的函数，返回一个指针；其中 yytext 是指向
                     词素开头的指针，yyleng 存放刚找到的词素的长度   */}
int installNUM(). {/* 与 installID 相似，但初始化和存放的是数字常量   */ }
main().
   { yylex().; return 0; }
```

分析上述 Lex 程序，可以得到 Lex 的很多重要特点。

首先，声明部分有一对特殊的括号 "%{" 和 "%}"，出现在分隔符 "%{" 和 "%}" 之间的所有内容都被直接插入到由 Lex 产生的 C 代码文件 lex.yy.c 中，它们不会被当做正则定义处理，而且位于任何过程的外部。在例子中，我们在一个注释中列出了 LT、IF 等常量，但没有显示它们被赋予哪些特定的整数，这些注释可以插入到程序开头的附近，还将从外部插入 #include 指示与声明部分包含的整型变量 lineno 的定义，因此 lineno 就变成了一个全程变量且在最初被赋值 1。出现在第 1 个 %% 之前的其他定义是名字 line 的定义以及一个正则定义序列，其中，line 被定义为正则表达式 ".*\n"，它与零个或多个其后接有一新行的字符匹配(但不包括新行)，换言之，由 line 定义的正则表达式与输入的每一行都匹配；而其他定义则使用了正则表达式的扩展定义方法，那些将在后面定义中或某个转换规则的模式中使用的正则定义用花括号括起来。例如，delim 被定义为表示一个包含了空格、制表符及换行符的字符类的缩写，后两个字符分别用反斜杠加上 t 和 n 来表示，这样，ws 通过正则表达式 {delim}+ 定义为一个或多个分隔符组成的序列。注意，在 id 和 number 的定义中，圆括号是用于分组的元符号，并不代表圆括号自身，相反，在 number 定义中的 E 代表其自身。如果我们希望 Lex 的某个元符号(比如括号、+、*或?等)表示其自身，可以在该符号前面加上一个反斜杠，比如在 number 定义中的 "\."就表示小数点本身。

例子中的辅助函数部分包含两个函数：installID().和 installNUM().，以及一个调用函数 yylex 的 main 过程(yylex 是由 Lex 构造的过程的名字，这个 Lex 实现了正则表达式和输入文件的行为部分中与给出的行为相关的 DFA)。和位于 %{…%} 中的声明部分一样，出现在辅助部分的所有内容都被直接复制到文件 lex.yy.c 中，虽然它们位于转换规则部分之后，但这些函数可以在规则部分的动作定义中使用。

Lex 程序的第二部分包含一些模式和规则。首先，第一词法单元定义的标识符 ws 有一个相关的空动作，表明我们发现空白符后，并不返回给语法分析器，而是继续寻找另一个词素；第二词法单元有一个简单的正则表达式 if，其相应动作表明，如果在输入中看到两个连续字母 if，并且 if 之后没有跟随其他字母或数字(若有的话，词法分析器会寻找一个和 id 模式匹配的最长输入前缀)，那么词法分析器从输入中读这两个字符，并返回词法单元名 IF，也就是常量 IF 所代表的整数值。关键字 then 和 else 的处理方法与此类似。第五词法单元的模式由 id 定义。注意：虽然 if 这样的关键字既和这个模式匹配，也和之前的 if 模式匹配，但是当最长匹配前缀与多个模式匹配时，Lex 程序总是选择最先列出的模式。当 id 被匹配时，相应地，处理动作分为三步：

① 调用函数 installID().将找到的词素放到符号表中。

② 函数 installID().返回一个指向符号表的指针，该指针被放到全局变量 yylval 中，并可被语法分析器或编译器的某个后续组件使用。

③ 将词法单元名 ID 返回到语法分析器。

而当一个词素与模式 number 匹配时，执行的处理流程与此类似，只是使用的辅助函数是 installNUM().。

而规则部分的 {line} 表示，每当匹配了一个 line 时，都要完成该规则部分对应的行为(根据 Lex 约

定，line 前后都用花括号，以示与其作为一个名字相区别，与构成下面行为中的 C 代码块的花括号有完全不同的作用），该行为由包含在一组花括号中的 C 语句组成。本例中这个 C 语句将输出行号（列宽为 5 且右对齐）以及该 lineno 所对应的串 yytext。yytext 的名字是 Lex 赋予并由正则表达式匹配的串的内部名字，此时的正则表达由输入的每一行组成（包括新行）。

5. Lex 中的冲突解决

前面已经提到了 Lex 解决冲突的两个规则，即当输入的多个前缀与一个或多个模式匹配时，Lex 用下列规则选择正确的词素：

① 总是选择最长的前缀。

② 如果最长的可能前缀与多个模式匹配，总是选择在 Lex 程序中先被列出的模式。

13.2.2　其他词法分析自动生成工具简介

随着 Java 语言的流行，现有的很多编译工具都转向 Java 语言。除了最成熟、最经典、最常用的基于 C 语言的 Lex 系列词法工具外，目前已经出现了很多种其他的词法分析工具，比如，最常见的 Flex、基于并支持生成面向对象方式的 C++或 Java 代码的 JLex、PCCTS、ANTLR 等词法分析工具，另外，还有 Sun 公司推出的 JavaCC，以及最早由加拿大 McGill 大学开发的、用 Java 语言来生成编译器（或解释器）的面向对象框架的开源软件 SableCC 等。本节简单介绍其他几种词法分析自动生成工具。

1. Flex

Flex（Fast Lex）是最常见的 Lex 开源版本，它是由 Free Software Foundation 创建的 Gnu Compiler Package 的一部分，可以在许多 Internet 站点上免费得到。与其配套的开源语法分析器编译工具是 Bison，这组工具使用 C 语言来指定动作代码（我们使用属性"动作"来指代由编程人员所写的在词法或语法分析执行部分某个特定点要执行的代码）。

2. JLex

JLex 是 Lex 的一个 Java 版本，由普林斯顿大学计算机科学系的一个学生 Elliot Joel Berk 开发。JLex 在功能上与 Flex 非常相似，它接收类似 Lex 文件格式的词法分析文件，生成 Java 源代码格式的词法分析器。与其配套的语法分析器编译工具是 CUP（Constructor of Useful Parsers，YACC 的 Java 版本）或 BYacc/J（Bob Jamison 对经典 Berkeley YACC 的 Java 扩展）。

3. PCCTS/ANTLR

PCCTS（Purdue Compiler Construction Tool Set）主要是由 Terence Parr 开发的集词法、语法分析于一体的编译自动生成工具，最初 PCCTS 是用 C++语言写的，产生的目标代码也是 C++语言的。PCCTS 开发的主要目的是应对使用 Lex/YACC 系列工具解决编译问题时所产生的复杂性。后来 PCCTS1.33 版本转向了 Java 并更名为 ANTLR2.xx。

ANTLR（ANother Tool for Language Recognition），是 PCCTS 的 Java 版本，它可以接收词法和语法规则描述，并能产生识别这些规则的程序代码。同时作为翻译程序的一部分，我们可以使用简单的操作符和动作来参数化表示词法、语法规则的文法，告诉 ANTLR 怎样去创建抽象语法树（AST）及产生输出，ANTLR 知道怎样去生成相应代码的识别程序，包括 Java、C++、C#代码。

作为开放源代码的对象关系映射独立框架，Hibernate 就是采用 ANTLR 来编译 HQL 查询语言的。

4. JavaCC（Java Compiler Compiler）

JavaCC 是 Sun 公司开发的、用 Java 语言编写的与 ANTLR 非常相似的一个编译器自动生成工具，所产生的文件都是纯 Java 代码。

与 PCCTS/ANTLR 一样，JavaCC 集词法分析生成器和语法分析生成器于一体，可以同时完成对输入文件的词法分析和语法分析的工作，使用起来相当方便。JavaCC 和它所自动生成的语法分析器可以在多个平台上运行。另外，JavaCC 可以看成 Java 世界里的一个类 Lex/YACC 工具，同时也是一个可以免费获取的通用工具，它遵循 BSD License（Berkeley Software Distribution License），可以自由使用，也可以在很多 Java 相关的工具下载网站下载。当然，要获得最新版本的 JavaCC，还是在其官网 https://JavaCC.dev.java.net 下载比较好。与 ANTLR 相比，除了版权和生成代码的类别外，两者之间没有重要的差别。

5. SableCC

SableCC 是一种新的生成 Java 目标代码的编译器自动生成工具，同时具有词法和语法分析的功能。其实现原理与 PCCTS/ANTLR、JavaCC 类似，其中的词法分析也是作为语法分析的一部分而构成整个系统的。SableCC 可以从网站 http://sablecc.org 免费获取。

13.3 语法分析自动生成工具

语法分析是编译过程的核心部分，是编译过程的第二个阶段。语法分析在词法分析提供的单词流的基础上，对源代码的结构做总体分析。语法分析的任务有：按照文法识别出词法分析器提供的各类语法成分，同时进行语法检查，检查它是否能由源语言的文法产生，为语义分析和代码生成做准备。执行语法分析任务的程序称为语法分析器，是编译程序的主要部分之一。无论分析的内容有多少，语法分析总是从一个起始规则开始，最后生成一棵语法树的。在一般情况下，语法规则是一个文法的主体部分，也是编写文法的难点。

语法分析生成器接收某种指定格式编程语言的语法作为它的输入，并按照指定规范对该语言进行分析以产生其对应抽象语法树作为其输出。由于按照规律可将所有的编译步骤作为包含在分析程序中的动作来执行，因此在历史上，语法分析生成器又被称为编译-编译程序，即 Compiler-Compiler。现在的观点是将分析程序仅视为编译处理的一个阶段，但仍然沿用前述叫法。

目前语法分析常用的方法有自顶向下分析和自底向上分析两大类。而自底向上分析又可分为算符优先分析和 LR 分析，每种分析方法各有其优缺点，但都是当今编译程序构造的实用方法。

语法分析器在编译器中的位置如图 13.3 所示。

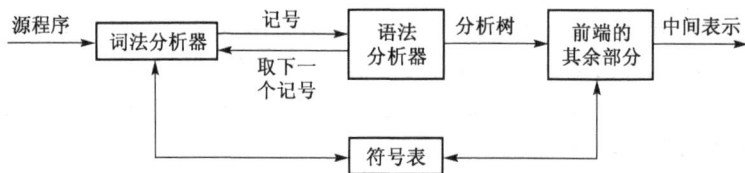

图 13.3　语法分析器在编译器中的位置

语法分析器的作用主要有两点：

① 根据词法分析器提供的记号流，为语法正确地输入构造分析树（或语法树）。

② 检查输入中的语法（可能包括词法）错误，并调用出错处理器进行适当处理。

假定语法分析器的输出是分析树的某种表示，本节介绍分析器的生成器如何用来帮助进行编译器前端的构造。事实上，可能还有一些其他任务也在分析时完成，例如把各种记号的信息收入符号表、完成类型检查和其他的语义检查、产生中间代码等，所有这些都包罗在图 13.3 "前端的其余部分" 框中，本节不再详细讨论它们。

13.3.1　YACC 系列语法分析自动生成工具简介

YACC（Yet Another Compiler-Compiler）是语法分析器生成工具中最著名的、也是最早开发出来的一个采用 LALR（1）分析算法的语法分析生成器，它源于 Bell 实验室 UNIX 计划，最初由 S.C.Johnson 设计开发，是 20 世纪 70 年代初期分析器的生成器盛行时的产物。YACC 除了具有自动生成特性外，还有一些默认规则来处理二义性文法和操作符顺序，大大简化了语法分析器设计时的手工劳动，将程序设计语言编译器的设计重点放在语法制导翻译上，方便了编译器的设计和对编译器代码的维护。就像 Lex 一样，YACC 读取语法规范，该规范包含被编译语言的文法以及该文法产生式中每一个可替代者对应的动作。然后 YACC 生成语法分析器，该语法分析器一旦发现就将执行与每一个可替代者对应的动作代码。

若使用 Lex/YACC 的组合工具来完成词法和语法分析，编程人员只需要给出被编译语言的两个规范（一个 Lex 规范，一个 YACC 规范）文件就可以实现一遍编译器的词法和语法分析。后来，Berkeley 大学还开发了和 YACC 完全兼容的工具 BYACC，GNU 也推出了和 YACC 兼容的工具 Bison。本节以经典的 YACC 使用为例，介绍借助于工具自动生成语法分析器的方法。

1. YACC 的使用方法

与 Lex 的使用方法类似，YACC 的使用方法如图 13.4 所示。首先，用 YACC 语言完成一个输入文件，比如 translate.y，描述对将要构造的编译器的规约；然后，YACC 编译器使用 LALR 方法将 translate.y 转换成一个名为 y.tab.c 的 C 语言程序，该程序是一个用 C 语言编写的 LALR 语法分析器；最后，这个生成的 C 语言文件被编译后就得到了我们想要的目标程序 a.out，该程序执行了由最初的 YACC 程序 translate.y 所描述的翻译工作，如果需要其他过程，它们可以和 y.tab.c 一起编译并加载。C 编译器的这个输出文件 a.out 就是一个读取词法分析结果作为输入并生成语法分析结果的可运行的语法分析器。

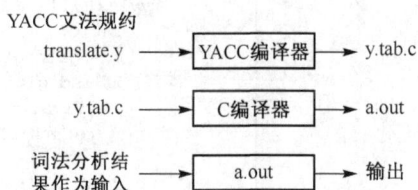

图 13.4　用 YACC 创建一个语法分析器的操作步骤

2. YACC 文法输入文件的格式

完整的 YACC 源程序由用两组%%分隔的 3 部分组成：

　　声明部分
　　%%
　　翻译规则
　　%%
　　程序部分

其中，声明部分和程序部分是可省略的，但规则部分是必须的。因此，YACC 源程序文件的最简形式是：

　　%%
　　规则部分

下面给出用 C 语言编写的支持例程。

【例 13.5】　为了说明怎样准备 YACC 源程序，构造一个简单的台式计算器，该计算器读入一个算术表达式，计算表达式的值，然后打印输出表达式的结果值。台式计算器的建立从下面的表达式文法开始：

$$E \rightarrow E + T \mid T$$
$$T \rightarrow T * F \mid F$$
$$F \rightarrow （E）\mid \text{digit}$$

记号 digit 是 0～9 之间的单个数字。从这个文法起源的 YACC 台式计算器程序如图13.5所示。

```
%{
#include <ctype.h>
%}
% token DIGIT
%%
line      :       expr '\n'  {printf("%d\n", $1);}
          ;
expr      :       expr '+' term  {$$ = $1 + $3;}
          |       term
          ;
term      :       term '*' factor  {$$ = $1 * $3;}
          |       factor
          ;
factor    :       ' (' expr ') '    {$$ = $2;}
          |       DIGIT
          ;
%%
yylex().{
  int c;
  c = getchar().;
  if(isdigit(c)) {
    yylval = c -'0';
    return DIGIT;
  }
  return  c;
}
```

图 13.5　简单台式计算器的 YACC 说明

① 声明部分。YACC 程序的声明部分有任选的两节。第一节处于分界符%{和%}之间。它是一些普通的 C 语言的声明。在这里放置由第二部分和第三部分的翻译规则或过程使用的声明。图13.5中，这一节只有一个包含语句#include <ctype.h>，它使得 C 语言的预处理程序完成标准文件<ctype.h>的包含，这个文件含有谓词 isdigit。

声明部分的第二节是文法记号的申明，图 13.5 中的%token DIGIT 语句声明 DIGIT 是一个记号。这一节说明的记号可用于 YACC 说明的第二部分和第三部分。

② 翻译规则部分。这部分位于第一个%%后面，放置翻译规则，每条规则由一个文法产生式和相关的语义动作组成。我们前面写的产生式集合

　　　　<产生式头> → <产生式体 1> | <产生式体 2> | … | <产生式体 n>
在 YACC 中写成

　　　　<产生式头> ：<产生式体 1>{语义动作 1}
　　　　　　　　 | <产生式体 2>{语义动作 2}
　　　　　　　　……
　　　　　　　　 | <产生式体 $\underline{n}$>{语义动作 n}
　　　　　　　　 ;

在 YACC 产生式中，没有加引号的字母数字串如果没有被声明为词法记号单元，就会被当做非终结符来处理；单引号括起来的单个字符，如 'c' 会被当做终结符号 c 以及它所代表的词法单元所对应的整数编码。产生式右部的各个选择项之间用竖线隔开，最后一个选择项的后面用分号表示该产生式集合的结束。第一个左部非终结符是开始符号。

YACC 的语义动作是 C 语句序列。在语义动作中，符号$$表示和相应产生式头的非终结符号相关联的属性值，而$i 表示和相应产生式体中右部第 i 个文法符号相关联的属性值。每当归约一个产生式时，执行与之相关联的语义动作，所以语义动作一般根据$i 的值决定$$的值。在上述计算器的 YACC 说明中，两个 E 产生式

$$E \rightarrow E + T \mid T$$

及和它们有关的语义动作写成

```
expr: expr'+'term    {$$ = $1+$3}
    | term
  ;
```

注意：第一个产生式的非终结符 term 是右部的第三个文法符号，'+' 是第二个文法符号。与第一个产生式关联的语义动作把产生式体中 expr 和 term 的值相加，并把结果赋给产生式头部的非终结符 expr。第二个产生式的语义动作说明可以省略，因为当产生式体中只包含一个文法符号时，默认的语义动作就是复制属性值，即它的语义动作是{ $$ = $1; }。

注意，本例的 YACC 规范中加入了一个新的开始符号产生式：

```
line : expr'\n'    { printf("%d\n", $1); }
```

这个产生式说明台式计算器的输入是一个跟着换行符的表达式，它的语义动作是打印输出/输入表达式的十进制值并且换行。

③ 支持例程部分。YACC 说明的第三部分是一些用 C 语言编写的支持例程。这里必须提供名字为 yylex().的词法分析器。其他的过程，如错误恢复例程等，可以根据需要选加。

词法分析器 yylex().返回一个由词法单元名和相关属性值组成的词法单元二元组(记号类，属性值)。如果要返回词法单元名或者记号类，如 DIGIT，那么这个名字必须先在 YACC 说明的第一部分声明，属性值则通过 YACC 定义的变量 yylval 传给语法分析器。

图 13.5 的词法分析器是非常原始的，它用 C 函数 getchar().逐个读入字符，如果是数字字符，则取它的值存入变量 yylval 中，返回记号 DIGIT，否则把字符本身作为记号类返回。如果输入中有非法字符，可能会引起词法分析器宣布一个错误而停机。

3. 使用带有二义性文法的 YACC 规约

现在修改这个 YACC 说明，使台式计算器更加有用。首先，让台式计算器计算表达式序列，每行一个，还允许表达式之间有空白行。为做到这一点，修改第一条为

```
lines :   lines expr '\n'    { printf("%g\n",$2); }
      |   lines'\n'
      |   /*    empty */
      ;
```

在 YACC 中，第三行那样的空白产生式表示ε。

其次，扩展表达式的种类，使之可以包含由多个数字位组成的数值，包括算符+、−(一元和二元)、*和/。描述这类表达式的最简单方法是用下面的二义文法：

$$E \rightarrow E + E \mid E - E \mid E * E \mid E / E \mid (E) \mid -E \mid NUMBER$$

最终的 YACC 说明如图13.6所示。

```
%{
#include <ctype.h>
#include <stdio.h>
#define YYSTYPE double     /* double type for YACC stack */
%}
% token NUMBER
% left '+' '-'
% left '*' '/'
% right UMINUS
%%
lines     :   lines expr '\n' {printf("%g\n", $2);}
          |   lines '\n'
          |   /* ε */
          ;
expr      :   expr '+' expr   {$$ = $1 + $3;}
          |   expr '-' expr   {$$ = $1 - $3;}
          |   expr '*' expr   {$$ = $1 * $3;}
          |   expr '/' expr   {$$ = $1 / $3;}
          |   ' (' expr ') '  {$$ = $2;}
          |   '-' expr %prec UMINUS  {$$ = - $2;}
          |   NUMBER
          ;
%%
yylex().{
   int c;
   while((c = getchar().) ==  '') ;
   if((c == '.')||(isdigit(c)) ){
      ungetc(c,stdin);
      scanf("%lf", &yylval);
      return NUMBER;
   }
   return  c;
}
```

图 13.6　一个更加先进的台式计算器的 YACC 规约

因为图13.6的 YACC 说明的文法是二义的，LALR 算法将会产生语法分析动作的冲突。YACC 会报告产生的语法分析动作的冲突数目。使用-v 选项调用 YACC 可以得到关于项目集和语法分析动作冲突的描述，这个选项会产生一个附加的文件 y.output，它包含语法分析时发现的项目集的核、由 LALR 算法产生的语法分析动作冲突的描述以及 LR 分析表的可读表示。这个可读表示形式显示了 YACC 是如何解决这些语法分析动作冲突的。当 YACC 报告它发现了语法分析动作冲突时，明智的做法是建立和查阅文件 y.output，以明白为什么会出现分析动作的冲突和它们是否已经被 YACC 正确解决。

在默认方式下，YACC 按下面两条规则来解决语法分析中的所有动作冲突：

① "归约-归约"冲突：从冲突产生式中选择在 YACC 说明中最先出现的那个产生式。

② "移进-归约"冲突：总是移进优先于归约。这条规则正确地解决了悬空 else 二义性所产生的"移进-归约"冲突。

因为这些默认的规则并不总是编译器编写者所需要的，因而 YACC 提供了一个通用的机制来解决"移进-归约"冲突。

在声明部分，我们可以为终结符指定优先级和结合性。例如：

● 声明：% left '+' '-' 使得算符+和算符-有相同的优先级，并且都是左结合的。

● 声明：% right '↑' 使得算符 ↑ 为右结合。

此外，还可以声明一个运算符是非结合性的二目运算符（即该运算符的两次相邻出现不能合并到一起），例如：% nonassoc '<'。

词法单元的优先级是根据它们在声明部分的出现顺序而定的，优先级最低的词法单元最先出现，同一个声明中的词法单元具有相同的优先级。如图 13.7 的 YACC 说明中：

```
% left '+' '-'
% left '*' '/'
% right UMINUS
```

表明，+和−运算有相同的优先级，并且运算级别较低，*和/运算有相同的优先级，并且运算级别比+和−运算的高，而词法单元 UMINUS 的优先级在这几个运算符中是最高的。

除了可以给各个终结符号赋予优先级外，YACC 也可以给和某个冲突相关的各个产生式赋予优先级和结合性，来解决"移进–归约"冲突。如果 YACC 必须在移进输入符号 a 和按产生式 A→a 进行归约这两个动作之间进行选择，那么，当这个产生式的优先级高于 a 的优先级，或者两者优先级相同但产生式是左结合时，YACC 就选择归约动作，否则选择移进。

通常，一个产生式的优先级和它最右边的终结符号的优先级一致，在大多数情况下这是合理的决策。例如，给定产生式：

$$E \rightarrow E+E \mid E*E$$

若向前看符号（搜索符）是+，按照产生式 $E \rightarrow E+E$ 选择归约，因为产生式体中的+和向前看符号有同样的优先级，而+是左结合；但如果向前看符号是*，那么选择移进，因为向前看符号的优先级高于这个产生式中+的优先级。

在那些最右终结符不能给产生式提供正确优先级的情况下，可以给产生式附加标记%prec <终结符号>来强制指明该产生式的优先级。此时，该产生式的优先级和结合性将和这个终结符相同，而这个终结符的优先级和结合性应该已经在声明部分定义。用于指定优先级和结合性的终结符可以是普通的终结符，也可以只是一个占位符，像图13.6中的 UMINUS 那样，它不由词法分析器返回，仅用来决定一个产生式的优先级。

图13.6中，声明%right UMINUS 赋予词法单元 UMINUS 一个高于*和/的优先级。而在翻译规则部分，产生式 '−' expr 后面的标记%prec UMINUS 使得这个产生式的一元减运算符具有比其他运算符更高的优先级。

YACC 不会报告用这种优先级和结合性机制已经解决了的"移进–归约"冲突。

4．YACC 中的冲突解决

YACC 中，错误恢复可以使用出错产生式的形式。首先，用户决定哪些"主要的"非终结符将具有相关的错误恢复动作。通常的选择是非终结符的某个子集，包括那些用于产生表达式、语句、程序块或函数的那些非终结符。然后用户在文法中加入形如"A → error α"的错误产生式，其中"A"是一个主要的非终结符，"α"是一个可能为空的文法符号串，error 是 YACC 的一个保留字。YACC 把这样的错误产生式当做普通产生式处理，根据这个规约生成一个语法分析器。

当 YACC 产生的语法分析器遇到错误时，它用一种特殊的方式来处理其项目集中包含错误产生式的状态。遇到错误时，YACC 从栈中不断弹出状态，直到发现栈顶状态的项目集包含形如"A →error α"的项目为止，然后语法分析器把虚构的记号 error "移进"栈，好像它在输入中看见了这个记号一样。

当α为ε时，立即执行一次归约到 A 的动作，并调用和产生式"A → error"相关的语义动作（可能是用户定义的错误恢复例程），然后语法分析器抛弃若干输入符号，直到找到一个能回到正常处理的输入符号为止。

如果 α 非空，则 YACC 在输入串上跳过一些字符，向前寻找能够归约为 α 的子串。如果 α 包含的都是终结符，那么它在输入上寻找这样的终结符号串，并把它们移进栈中进行"归约"。这时，语法分析器的栈顶是 error α。随后，语法分析器把 error α 归约成 A，恢复正常的语法分析。

例如，一个形如"stmt→error"；的错误产生式要求语法分析器碰到一个错误时跳到下一个分号之后，并假设已经找到了一条语句。这个错误产生式的语义子程序不需要处理输入，只需直接产生诊断信息和设置禁止生成目标代码的标记。

【例 13.6】 图 13.7 给出了图 13.6 中台式计算器带有错误产生式的 YACC 说明。

```
%{
#include <ctype.h>
#include <stdio.h>
#define YYSTYPE double   /* double type for YACC stack */
%}
% token NUMBER
% left '+' '-'
% left '*' '/'
% right UMINUS
%%
lines       :   lines expr '\n'  {printf("%g\n", $2);}
            |   lines '\n'
            |   /* ε */
            |   error '\n'  {yyerror("reenter previous line :");  yyerrok;}
            ;
expr        :   expr '+' expr   {$$ = $1 + $3;}
            |   expr '-' expr   {$$ = $1 - $3;}
            |   expr '*' expr   {$$ = $1 * $3;}
            |   expr '/' expr   {$$ = $1 / $3;}
            |   '(' expr ')'    {$$ = $2;}
            |   '-' expr %prec UMINUS  {$$ = - $2;}
            |   NUMBER
            ;
%%
#include "lex.yy.c"
```

图 13.7 带有错误恢复的台式计算器的 YACC 规约

错误产生式为

　　　　lines：error   '\n'

当输入行有语法错误时，系统便停止正常的语法分析工作，语法分析器开始从栈中弹出符号，直至在栈中发现一个输入为 error 时执行移进的状态。状态 0 就是这样的一个状态(本例中，它是唯一的这种状态)，因为它的项目包含

　　　　lines → · error   '\n'

同时，状态 0 总是在栈的底部。语法分析器把词法单元 error 移进栈，然后向前跳过输入符号，直至发现一个换行符为止。此时，语法分析器把换行符移进栈，把 error '\n' 归约成 lines，输出诊断信息"重新输入上一行"。专门的 YACC 例程 yyerrok 用于使语法分析器回到正常操作方式。

13.3.2 其他语法分析自动生成工具简介

1. Bison

GNU Bison 实际上是使用最广泛的一种类 YACC 的通用目的的语法分析自动生成工具，它将 LALR(1)上下文无关文法的描述转化成分析该文法的 C 程序。Bison 主要由 Rovert Corbett 编写，Richard Stallman 使它与 YACC 兼容，Carnegie Mellon 大学的 Wilfred Hansen 为 Bison 添加了多字符

字符串文字(multi-character string literal)和其他一些特性。它不但与 YACC 兼容，还具有许多 YACC 不具备的特性。Bison 最新版本是 Bison 2.1，该版本的最大改进就是支持以 C++语言作为输出，并且在分析器的本地化输出中有多项改进。

使用 Bison 从语法描述到编写一个编译器或者解释器，共包含以下四个步骤。

① 以 Bison 可识别的格式正式地描述语法。对每一个语法规则，描述当这个规则被识别时相应的执行动作，动作由 C 语句序列描述。

② 编写一个词法分析器处理输入并将记号传递给语法分析器。词法分析器既可以是手工编写的 C 代码，也可以是由 Lex 自动生成的代码。

③ 编写一个调用 Bison 产生的分析器的控制函数。

④ 编写错误报告函数。

而要将上述这些语法描述源代码转换成可执行程序，需要按以下步骤进行。

```
%{ Prologue %}
Bison declarations
%%
Grammar rules
%%
Epilogue
```

图 13.8　Bison 语法文件构成示例

① 按语法运行 Bison 产生分析器。

② 同其他源代码一样编译 Bison 输出的代码。

③ 链接目标文件以产生最终的产品。

与 YACC 的语法文件类似，Bison 语法文件也通过两组%%分隔的三部分来构成，如图 13.8 所示。

其中，第一部分中的%{和%}是 Bison 在每个 Bison 语法文件中用于分隔部分的标点符号，Prologue 是在动作中用到的类型和变量的定义，也可以在该部分中使用预处理器命令定义宏，或者使用#include 包含相关的头文件。

Bison declarations 声明了终结符和非终结符以及操作符的优先级和各种符号语义值的各种类型。

Grammar rules 定义了如何从每一个非终结符的部分构建其整体的语法规则。

Epilogue 可以包括任何你想使用的代码。在 Prologue 中声明的函数经常在这里定义。在简单的程序里，剩余的所有程序也可以放在这里。

关于 BISON 的其他详细用法可以参考http://www.gnu.org/software/bison/manual。

2. CUP/BYACC/J

YACC 的 Java 版本叫做 CUP（Constructor of Useful Parser），由乔治技术学院图形可视化和使用中心的 Scott E. Hudson 所开发。CUP 和 YACC 非常相似，也是一个 LALR(1)的语法分析器生成器，但动作代码是用 Java 书写的。

使用 JLex/CUP 组合工具来构建编译器有以下一些优点：基于词法分析器 Lexer 的 JLex DFA 通常比手写的 Lexer 速度快；JLex 支持宏来简化复杂正则表达式的规范；JLex 支持 Lexer 状态，这是在 GNU FLEX 中发现的非常流行的特性；CUP 产生 LALR(1)的语法分析器，能够使用一些默认选项解决 LALR 冲突的方法来处理一些二义性文法；LALR(1)语法分析器能够识别的语言集是 LL(k)语言的子集。此外，LALR(1)文法可以左递归而 LL(k)文法不能；对同一种语言来说，LALR(1)语法分析器比同等的 LL(k) 语法分析器(如 PCCTS)要快，因为 LL(k)使用耗时的语法预测判定来解决分析冲突；JLex 和 CUP 都可以获得源代码。

缺点：JLex 只支持 8 位字符，但 Java 已经采纳了 16 位的 Unicode 字符集作为其自身的字符集合。虽然 JLex 有一个 Unicode 指令，但还没有实现；JLex 中的宏可以像 C 语言中的宏一样来对待，但 JLex 对现实使用中一些复杂的宏仍然存在一些缺陷，这就意味着这些宏会以正则表达式的形式进行原文替换，这种处理将导致很难发现类似于 C 中"不带括号的宏"所引起的那些程序错误。

　　随着现在内存价格的降低，处理器速度的加快，许多编程人员更愿意在分析器程序的抽象语法树 AST 形式上工作，而 CUP 没有提供对构建 AST 的支持，因此，编程人员不得不去写一些适当的动作代码来为文法的每个可选的产生式创建节点。缺乏对 AST 的支持致使 CUP 不适合多遍编译器。

　　很多类 YACC 语法分析中，包括 CUP/BYACC/J 工具，在语法分析时需要把语义动作嵌入到语法规范描述文件中，而一般地，语法分析工具又不允许将规范分成几个文件，这就造成填写语义动作代码后的规范文件会非常大。因此安全地调试这类规范文件，包括 JLex/CUP 工具产生的动作代码，经常需要在修改、编译规范文件和编译、执行结果程序并查找和定位错误之间多次重复。

3. PCCTS/ANTLR

　　Terence Parr 博士最早提出的 PCCTS 是基于 C++代码的，而他和同事们十几年来的出色工作，为编译理论的基础和语言工具的构造做了大量基础性工作，也直接导致了 ANTLR(Java 版本)的产生。

　　YACC 使用的是 LALR(1)分析，而 ANTLR 采用的是 LL(1)分析，不过它具有连接词法分析和语法分析的能力。ANTLR 生成递归下降的词法分析器，就像它对语法分析器和树分析器所做的一样，ANTLR 自动地为一个假想的规则生成一个称为 nextToken 的方法，以通过查看超前预测分析的字符来预测词法分析规则将匹配的字符。你可以把这方法想象成一个大的 switch 语句，其路径识别流向合适的规则(尽管其代码可能比一个简单的 switch 语句复杂得多)。nextToken 方法是 TokenStream(在 Java 中)的唯一方法。

　　ANTLR 能够提供从包含动作的语法描述到识别器构建、解释器、编译器以及翻译器的框架生成的语言工具，可以生成多种目标语言。ANTLR 能够对语法树的构建和遍历、翻译器、错误恢复、错误报告等提供非常好的支持。目前 ANLTR 的使用者非常多，每个月的下载量为 5000 多人次。

　　此外，ANTLR 还有一个相对复杂的语法开发支持环境，是由 Jean Bovet 写的 ANTLRWorks。ANTLRWorks 为包括 Java、C++、C#在内的语言提供了一个通过语法描述来自动构造自定义语言的识别器(recognizer)、编译器(parser)和解释器(translator)的框架。ANTLR 可以通过断言(Predicate)解决识别冲突；支持动作(Action)和返回值(Return Value)；更棒的是，它可以根据输入自动生成语法树并可视化地显示出来，由此，计算机语言的翻译变成了一项普通的任务。在这之前的 YACC/Lex 显得过于学院派，而以 LL(k)为基础的 ANTLR 虽然在效率上还略有不足，但是经过近些年来的升级修改，ANTLR 足以应付现存的绝大多数应用。

4. JavaCC

　　与 Lex 和 YACC 一样，JavaCC 也是一个可以免费获取的通用工具，可以在很多 Java 相关的工具下载网站下载，当然，JavaCC 所占的磁盘空间比起 Lex 和 YACC 更大一些，里面有标准的文档和 example。相对 Lex 和 YACC 来说，JavaCC 做得更人性化，更容易一些。

　　与 ANTLR 类似，JavaCC 也是采用 LL 算法，可以同时进行词法和语法分析的自动分析工具。JavaCC 的输入文件中，有一系列系统参数，比如其中 lookahead 可以设置成大于 1 的整数，也就是说，它可以为我们生成 LL(k)算法(k≥1)，而不是简单的递归下降那样的 LL(1)算法。当然，LL(2)文法比起前面讨论的 LL(1)文法(判断每个非终结符时候需要看前面两个记号而不是一个)对于文法形式的限制更少。不过 LL(2)的算法当然也比 LL(1)算法慢了不少。作为一般的计算机程序设计语言，LL(1)算法已经足够了。同时，新版本的 JavaCC 除了常规的词法分析和语法分析以外，还提供 JJTree 等工具来帮助我们建立语法树。

　　和 YACC 等一样，JavaCC 不直接支持分析树或抽象语法树(AST)的生成，如果要完成这些功能，用户需要自己编写相应的代码。幸运的是，JavaCC 有一个扩充工具 JJTree 支持分析树或抽象语法树的生成。

实际上，JJTree 可以看成 JavaCC 的预处理程序，它的输入是后缀为.jjt 的文件，经它处理之后生成的.jj 文件包含生成分析树的能力。JJTree 采用压栈出栈的方法生成分析树。当它碰到一个非终结符要展开时，就会做一个标记，然后开始分析展开后的各个非终结符（此时，分析子树作为节点压入栈中），之后从栈中弹出合适个数的节点（分析子树），并以被展开的非终结符生成一个新节点，以这个新节点为根节点，以刚弹出的节点为子节点生成新的分析子树（分析树）。

5. SABLECC

作为一种编译器自动生成工具，SableCC 不仅产生词法和语法分析器，而且还创建完整的一组 Java 类，严格地说，SableCC 是一个用 Java 编程语言来生成编译器（或解释器）的面向对象的框架。该框架基于两个基本的设计决策：首先利用面向对象技术自动构建严格类型的抽象语法树，该语法树能够匹配被编译语言的文法，并且简化调试；其次，该框架使用经过扩展的 Visitor 访问者模式来生成树遍历（tree-walker）类，这样抽象语法树上节点动作的实现就可以使用继承机制。上述两个设计决策保证 SableCC 能够在短周期内构建一个编译器。

与其他方法的不同在于，SableCC 规范文件不包含任何动作代码。相反，SableCC 产生 OO 框架，在该框架内动作可以通过简单地定义包含动作代码的新类来添加，这样就可以产生支持短开发周期的工具。此外，SableCC 产生的 AST 是类型严格的，这就意味着 AST 是自保留的，防止内部发生的任何破坏。这一点与"ANTLR（以及 JavaCC）产生的 AST 的完整性是留给编程人员的"特点形成了极大的反差。

6. 其他语法分析生成器工具简介

Grammatica 是一个 C#和 Java 的语法剖析器生成器（Parser Generator）。它相对于其他一些类似的工具（如 YACC 和 ANTLR）有了更好的改进。这是因为 Grammatica 创建了更好的注释和易读的源代码，拥有错误自动恢复能力并能够详述错误信息，支持语法/词法测试与调试。

Grammatica 支持 LL(k)语法分析，允许向前看的字符数没有限制，同时也是 GNU LGPL 下的开源软件。更多详细信息可以查看网址 http://grammatica.percederberg.net/index.html。

RunCC 是一种在运行时生成 Parsers 和 Lexers 的语法分析生成器，它的特色是简单，源代码的生成是可选的，只生成一个独立、可运行、能识别 Unicode 码的词法分析器和为识别语法的简单扩展巴克斯范式（Extended Backus-Naur Form，EBNF）表示的文件。虽然设计之初是用于小型语言的，但它同时也附有 Java 和 XML 示例的语法分析器，更多详细信息可以查看网址 http://runcc.sourceforge.net。

习题 13

13.1　编译程序自动生成工具有哪几种？常用工具有哪些？

13.2　词法分析工具的实现流程包含哪些步骤？常用的词法分析自动生成工具有哪些？各自的特点是什么？

13.3　LEX 文件包含哪几部分？每部分的功能及特点是什么？

13.4　语法分析工具的实现流程包含哪些步骤？常用的语法分析自动生成工具有哪些？各自的特点是什么？

13.5　YACC 文件包含哪几部分？每部分的功能及特点是什么？

13.6　YACC 工具是如何解决语法冲突的？

第 14 章　面向对象语言的编译

面向对象方法的基本思想是对问题域进行自然分解，以更接近人类思维的方式建立问题域模型，从而使设计出的软件尽可能直接描述现实世界，构造出模块化、可重用性和可维护性好的软件，并为有效控制软件的复杂性和降低开发维护费用提供保证。面向对象技术提供了强有力的建模方法，例如，信息隐藏不仅有利于提高软件模块的可重用性，而且这种信息局部化也极大地降低了设计、实现人员所面对的信息量，并使相关信息能够聚集在一起。

和其他技术一样，面向对象技术的建立也需要坚实的基础，这个基础不仅包括面向对象技术自身的内在思想、方法，也包含了实现这些思想的具体技术手段，编译技术作为现代计算机技术的重要组成部分，为面向对象程序设计提供了支持。

本章首先介绍面向对象的基本概念和面向对象编译器的特征，然后重点讨论面向对象语言中的类和成员、继承等特有属性的编译处理，最后介绍面向对象的动态存储分配问题。

14.1　概述

14.1.1　面向对象语言的基本特征

面向对象编程语言的两个最重要概念是类和对象。对象由一组属性和对属性进行操作的方法构成，用于表示现实世界中具体或抽象的概念或实体，类定义了一组具有相同属性和方法的对象，类可以表示为

　　　　CLASS(class_name, attributes, methods, class_herit)

其中，class_name 表示类名，attributes 表示类的状态属性，methods 表示类的行为属性，class_herit 表示类的继承关系。

在支持对象的语言分类中，把支持对象（信息隐藏模块）但不支持继承的语言（例如 Ada 和 Modula-2）称为基于对象的语言，把既支持类又支持对象的语言（例如 Clu）称为基于类的语言，而把支持对象、类和继承的语言（例如 Smalltalk、C++和 Eiffel）称为面向对象的语言，即"面向对象=对象+类+继承"。

采用面向对象语言构造软件具有以下特征。

1.　对象之间通过消息相互通信

消息（Message）是指对象之间在交互中所传送的通信信息。面向对象的封装机制使对象各自独立，各司其职，消息是对象间交互、协同工作的手段，它激发接收对象产生某种服务操作，通过操作的执行来完成相应的服务行为。通常，一个对象向另一个对象发送消息请求某项服务，接收消息的对象响应该消息，激发所要求的服务操作，并把操作的结果返回给发出请求消息的对象。图 14.1 给出了两个对象之间消息通信的示意图。

发送消息格式如下：

　　　　message：[destination，operation，parameters]

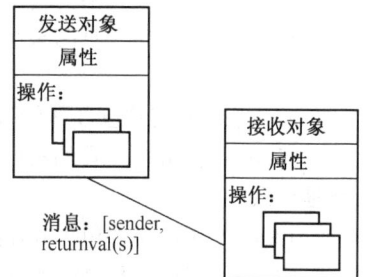

图 14.1　对象之间的消息通信

其中，destination 定义被消息激发的接收对象，operation 指接收消息的方法，parameters 提供操作所需的参数信息。

图14.2给出了一个消息通信的例子。假设有四个对象 A、B、C、D，通过消息传递相互通信，如果对象 B 要求对象 D 配合处理操作 op10，它将向对象 D 传递如下消息：

message：[D, op10, <data>]

作为执行 opl0 的一部分，对象 D 传递如下消息给对象 C：

Message：[C,op08, <data>]

对象 C 完成操作 op08 后，将执行的结果传送给对象 D。对象 D 执行操作 op10 后将返回值传送给对象 B。

每一条消息都是向对象发出的一个服务请求，它将激发接收消息的对象执行其一个服务。除了主动对象外，一般的对象都只有接收了消息后才能触发执行所要求的服务，而消息的发

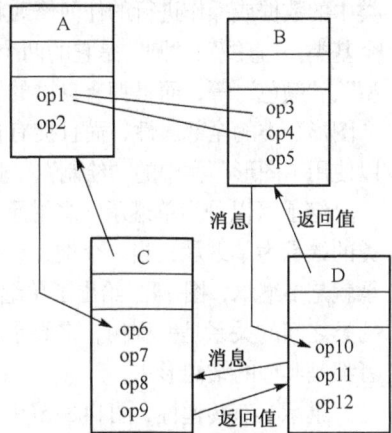

图 14.2　一个消息通信的例子

送对象则要等待消息的接收对象执行所要求的服务并返回执行结果后，才继续执行该消息之后的操作。

与传统的函数调用相比，对象之间的消息通信具有四个特点：面向对象的消息通信具有明确的数据对象；任何时刻的对象成员调用都是通过一个当前的对象实现的；对于属性成员和方法成员的访问，接收消息的方式都是一致的；接收消息的对象目标以及成员目标是多态的。

2. 封装

封装(encapsulation)是面向对象方法的一个重要原则，类和对象的封装为大型软件的开发和组织提供了便利。封装是指将对象的属性和方法组合在一起，构成一个不可分割的、独立的对象，其内部消息对外界而言尽可能是隐蔽的，不允许外界直接存取对象的属性，而保留与对象发生联系的有限接口。

封装的目的是将对象的设计者和对象的使用者分开，使用者只需要知道对象所表现的外部行为，利用设计者提供的接口来访问该对象，而不必了解对象行为的内部实现细节。封装作为面向对象方法的一种信息隐蔽技术，应具有以下几个条件。

① 有一个清楚的边界，对象的属性和操作细节都被限定在该边界内。

② 至少具有一个接口，这个接口描述了该对象与其他对象之间的相互作用、请求和响应，外界通过该接口与对象通信。

③ 对象行为的内部实现细节受封装体的保护，其他对象不能直接修改该对象所拥有的数据及相关程序代码。

面向对象的封装机制提供了一种动态共享程序代码的手段。通过封装，可以把一段代码定义在一个类中，在另一个类所定义的操作中，可以通过创建该类的实例，并向它发送消息而启动这一段代码，从而达到了共享代码的目的。

3. 继承

对现实世界建立系统模型时，可以根据事物的共性抽象出基本的对象类(称为基类)，在此基础上再根据事物的特性抽象出新的对象类，它们既包含基类中的全部属性与方法，又包含自己独特的属性或方法。这些新的对象类称为基类的子类(或称为特化类或派生类)，基类也称为父类、泛化类或超类，父类与子类之间的关系是一般与特殊的关系。

继承(inheritance)是指子类可以自动拥有、共享父类中的全部属性与方法。子类能继承其父类的全部属性和方法，这就意味着父类中所有数据结构和算法不需要做进一步的修改就可被子类使用，对父

类中的数据或操作进行的任何修改将立即被其所有子类继承。例如，在一个图形系统中，"图形"是一个基类，"直线"、"圆"是它的两个子类。在类"直线"中，不但拥有类"图形"的全部属性，如"线型"、"颜色"等，而且拥有自己的属性，如"起点"、"终点"、"角度"等。在类"圆"中，不但拥有"图形"类的全部属性，而且拥有自己的属性，如"圆心"、"半径"等。子类"直线"和"圆"都可以使用"图形"类中的"绘制"、"选颜色"等方法，而且可以定义自己特定的方法。

继承可以分为单继承、多继承。当一个类只允许有一个父类时，类的继承为单继承；当一个类允许同时有两个以上的父类时，类的继承就是多继承，图 14.3 给出了单继承和多继承的示意图。单继承构成的类之间的关系是一棵树，多继承构成的类之间的关系是一个图，两者都是典型的结构形式。

继承具有传递性，图 14.3(a)中，类 A 有子类 C，类 C 又有其子类 E，那么子类 E 继承父类 A 的属性和服务。因此一个类的对象除了具有该类的全部特性外，还具有该类的所有上层基类的一切特性。

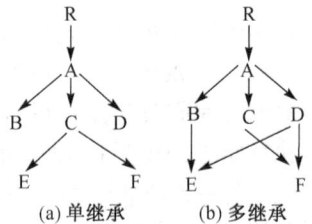

(a) 单继承　　(b) 多继承

图 14.3　类的继承的层次关系

4．多态性

对象的多态性(polymorphism)是指在基类中定义的属性和方法被其子类继承后，可以具有不同的数据类型或表现出不同的行为，这就使得同一属性或方法名在基类及其子类中具有不同的语义。

在一般与特殊关系的类层次结构中，不同层次的类可以共享一个方法(操作)的名字，却有各自不同的实现。当一个对象接收到一个请求进行某项服务的消息时，将根据该对象所属的类，动态地选用该类中定义的操作。多态性机制不但为软件的结构设计提供了高度的灵活性，减少了信息冗余，而且显著提高了软件的可复用性和可扩充性。

子类继承父类的属性或方法的名称，而根据子类对象的特性修改属性的数据类型或方法的内容，称为重载(overloading)。重载有两种形式：一种是函数重载，它是指同一个作用域内的若干个参数特征不同的函数可以使用相同的函数名字；另一种是运算符重载，它是指同一个运算符可以施加在两个不同类型的操作数上。重载特征进一步提高了面向对象软件系统的灵活性和可读性，它是实现多态性的方法之一。

14.1.2　类和成员的属性构造

在传统的结构化程序设计语言中，一个简单类型的变量是按照关键字来进行处理的，如 int、real、float、char 等，编译程序通常不把这些关键字作为标识符放到符号表中，因为它们的属性是默认的。而对于复杂数据结构的自定义类型名，如 Pascal 中 record 声明的自定义类型名，编译程序通常都应该把它们作为标识符放到符号表中，因此在结构化程序设计语言中，类型名本身就有两种不同的处理方式。面向对象语言建议采用统一的处理，对所有的类型(包括简单类型)一律采用类定义的方式。

为了举例说明面向对象的编译技术，下面给出声明类的文法规则：

(1) dec→classdec

(2) classdec→ class class_id {memberspec}| class class_id : class_id {memberspec}

(3) memberspec→ memberdec memberspec | memberdec

(4) memberdec→accessspec : type var ;| accessspec:funcdec;

(5) accessspec→private | protected | public

(6) type→comtype|classtype

(7) classtype→ID

(8) var→ID|ObjDef

(9) funcdec→type ID（paramlist）；| type ID（paramlist）funcbody；|ID（paramlist）；|ID（paramlist）procbody；

下面对类的文法规则进行简要的说明：

- 产生式(1)和(2)给出了类的定义，包含了关键字 class、类名 class_id、该类的父类 class_id 和类成员的定义，class B：A{…}表示声明了一个由类 A 扩展而来的新的类 B，所有属于 A 的公共属性和公共方法隐含地属于类 B，类 B 中可以重载 A 的某些方法，这个重载方法的参数和结果的类型必须与被重载的方法的参数和结果的类型兼容，但是不能对类 A 的属性进行重载。
- 产生式(3)给出了类成员的递归定义，产生式(4)给出了属性和方法的声明格式，产生式(5)给出了属性和方法的访问权限只能是 public、private 和 protected 之一。
- 产生式(6)和(7)给出了属性和函数返回值类型的定义：comtype 表示面向对象语言中的基本数据类型，classtype 表示已经声明的类。
- 产生式(8)和(9)给出了属性和方法的定义。

在面向对象语言中，一个类的类型就是它自己，类名及类成员名作为符号表的表项，除了具有符号表项的属性外，还有其自己特有的属性。

1. 类名的属性和结构

类名的特有属性包括种类、继承链和类的成员集，下面对这些属性进行说明。

（1）种类

在面向对象语言中，类描述了一个抽象数据类型的软件定义，定义了该类的属性和操作。如果一个类定义的全部成员中至少有一个成员尚未被具体实现，该类就是一个不能用来创建对象的类，我们称之为延迟类。如果一个类定义中的全部成员都已经按照某种方式具体实现，该类就是一个可以用来创建对象的类，我们称之为有效类。区分有效类和延迟类是为了保证前者允许实例化，而后者不允许实例化。类名的类型属性值除了 int、real、float、char 等基本类型属性值和通过 field、struct、union、record 等声明的自定义的组合数据结构类型属性值之外，还需要有对象类型的属性值，能区分有效类、延迟类、继承类、基类等。种类属性如图 14.4 所示。

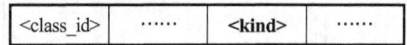

<class_id>	……	<kind>	……

图 14.4　种类属性示意图

（2）继承链

对于继承类来说，可以有若干个父类(被直接继承的类)，并且它们在类的定义中的次序必须是严格确定的，继承链属性的示意图如图 14.5 所示。

（3）类成员集

类具有属性成员和方法成员。对于每个类来说，这两类成员的个数都是相同的，因此可以用两张成员表来表示。类成员示意图如图 14.6 所示。

这两个成员集的具体实现有两种方式。

① 这些成员（包括属性和方法）名的符号表项与它们的类名的符号表项放在一张符号表中，而这两个成员集中存放的是指向各自对应的符号表项的指针；

② 每个类构造两张子符号表，即类的属性成员符号表和类的方法成员符号表，这两个成员集中存放这些成员名的符号表项。

比较两种方式，第一种方式比较传统，但是符号表的组织管理方面比较复杂；在面向对象语言中，创建对象时只需要根据属性成员建立对象的状态域集，与操作无关，同时在类继承的特定化、有效化及扩展时，特别是处理多态性方面，第二种方式显示出较大的优势。

| procedure1 |
| procedure2 |
| …… |

| <class_id> | …… | <inherit> | …… |

| parent1 |
| parent2 |
| …… |

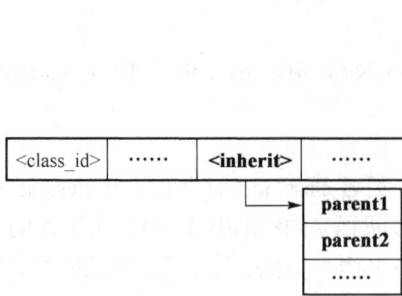

图 14.5　继承链属性示意图

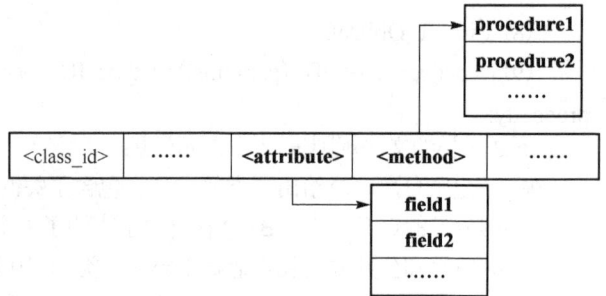

| <class_id> | …… | <attribute> | <method> | …… |

| field1 |
| field2 |
| …… |

图 14.6　类成员示意图

2. 类成员名的属性及其结构

在类的定义中，属性成员是某个类型的实例，这种属性成员的类型有两种方式：其一，定义该属性成员的类型在包含该成员的类型之外的另一个类型中进行定义；其二，定义该属性成员的类型在包含该成员的类型之内的一个嵌套的类型定义。

如果属性成员的类型嵌套定义在属性成员所在的类中，属性的结构就会出现嵌套的情况，为了避免下推处理，不要将嵌套类的符号表项与该属性成员所在类的符号表项放在同一张符号表中。而当一个类中有多个嵌套类型定义的属性成员时，这些局部定义的类型名的符号表项可以组成一张符号表，因为这些类型定义都是同一层的，嵌套结构示意图如图14.7所示。

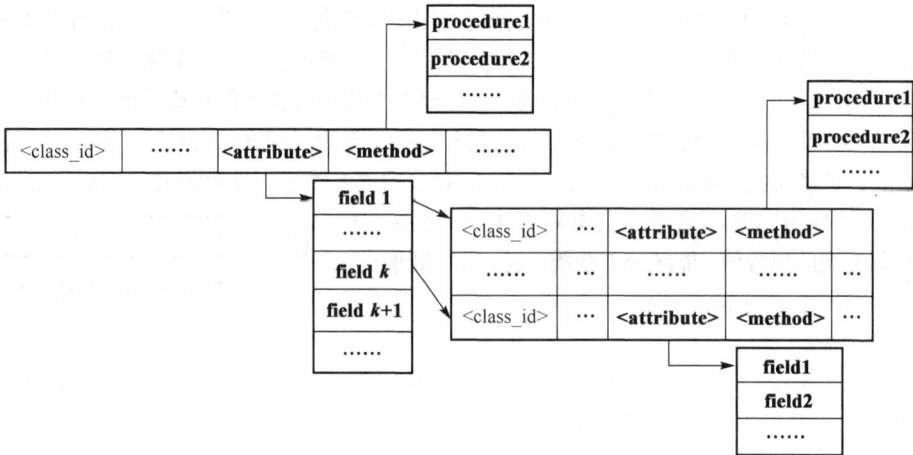

| procedure1 |
| procedure2 |
| …… |

| procedure1 |
| procedure2 |
| …… |

| <class_id> | …… | <attribute> | <method> | …… |

| field 1 |
| …… |
| field k |
| field k+1 |
| …… |

<class_id>	…	<attribute>	<method>	
……	…	……	……	…
<class_id>	…	<attribute>	<method>	…

| field1 |
| field2 |
| …… |

图 14.7　嵌套结构示意图

方法成员可以是没有返回值的过程和有返回值的函数(返回值的类型也就是该函数的类型)，在一个类中方法成员至少要定义它的语义信息。

类成员的特有属性如下。

① 类成员的导入属性。通常，类中的成员包括从父类继承的成员和该类自定义的成员，当从父类中继承的成员被重定义或重命名时，需要给出相应的标志，如图14.8所示。

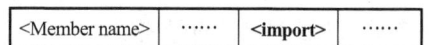

② 类成员的访问权限属性。类成员被外部对象访问的

| <Member name> | …… | <import> | …… |

图 14.8　导入属性示意图

权限有三种：类的公有成员、类的私有成员和类的保护成员。在面向对象语言中，对象的私有属性不

能被其他对象的方法直接访问，私有方法是不能在对象之外调用的方法。属性和方法的私有性是由编译器的类型检查阶段来保证的，在类 class 的成员符号表项中，一个域用来指出该成员的访问权限。当编译表达式 c.f() 或者 c.x(其中 c 是类 C 的对象，f() 是类 C 中声明的方法)时，只需简单地检查这个域，并且拒绝该对象之外声明的方法对其私有成员的任何访问。

成员的私有访问权限和保护访问权限存在各种形式，不同的语言允许不同程度的访问：

- 属性和方法只可由声明它们的类来访问。
- 属性和方法只可由声明它们的类来访问，并且也可由这个类的子类来访问。
- 属性和方法只在声明类的同一个模块(包、名字空间)内是可以访问的。
- 属性在类声明之外是只读的，但对本类的方法是可写的。

成员符号表项中的访问权限属性如图14.9所示。

③ 类成员的延迟属性。如果一个类定义的全部成员中至少有一个成员尚未被具体实现，该类就是一个不能用来创建对象的类，我们称之为延迟类，尚未被具体实现的成员，我们称之为延迟成员，这些类定义为它的各种不同程度的实现提供了灵活的、可复用的、可扩充的实现空间。在设计过程中，我们需要每个模块的抽象描述，而不是实现细节，类成员的延迟性决定了类的延迟性，在成员符号表项中用一个域指出该成员是类的延迟成员，还是类的有效成员，类的成员符号表项延迟属性如图14.10所示。

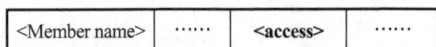

\<Member name\>	……	**\<access\>**	……

图 14.9　访问权限属性示意图

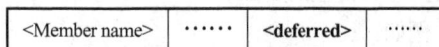

\<Member name\>	……	**\<deferred\>**	……

图 14.10　延迟属性示意图

14.1.3　面向对象编译程序的特点

面向对象语言的编译与传统的编译技术相比，在以下几个方面存在联系与区别。

1．词法和语法分析

面向对象语言中的类描述了一组具有相同的属性和方法的对象。类是一个静态的软件模块，仅仅声明了一种数据类型，从语法角度来看，面向对象语言并没有超出 Chomsky 体系，因此编译程序处理这些元素时与传统结构化程序设计语言中的变量声明及过程声明一样，作为符号表中的一个表项。由于类本身是一种数据类型，它也作为符号表中的一个表项。因此，类的词法及语法分析所得到的结果类似于过程设计语言中的词法及语法分析结果。

不过，面向对象建模具有较高的抽象层次，其语义处理与语法分析的关系更密切，整个分析流程、编译程序内部数据结构的组织和运行时的环境都和传统的编译程序有一定差别。

2．语义分析

由于类及其对象具有的封装、继承、多态性等语言特征，不仅使静态语义分析更为复杂，也使运行时环境更为复杂。由于静态分析无法完全确定所有语义信息，因此需要运行时的环境提供必要的支持机制。

3．内存管理

和过程设计语言一样，面向对象语言中变量的存储管理有 3 种方式：静态(static)存储区管理、栈式(stack-based)存储区管理、堆式(heap-based)存储区管理。除此之外，一些面向对象语言还提供了废弃单元回收等自动内存管理机制。

14.2　面向对象语言的编译

14.2.1　单一继承

继承是一种特别有效的可复用技术。一个类可以看做一组服务的提供者，类 B 继承类 A 就是类 B 包含了类 A 的服务和自己声明的服务。对继承类的编译分析，可以得到继承关系的相关信息，因此在继承类的符号表中，应具有继承类的标识以及指向其父类的标识。由于这种继承性是递归展开的，对每个继承类的编译分析可得到一支反映该类继承关系的继承链，继承链的终端是该继承类的根类，在继承链上的所有类都是该根类的子类。

1．属性编译

在仅支持单继承的语言中，每个类最多只能继承一个父类，子类不仅可以访问该类中定义的新方法，还可以访问父类中的方法。因此，对单继承关系的类定义的处理，除了要根据其定义的成员进行检测外，还要根据父类和继承规则进行进一步的检测，这些可以采用下面两种方式处理。

① 简单的前缀技术来处理。如果类 B 是由类 A 扩展得到的，则将类 B 中从父类 A 继承过来的属性放在类 B 符号表的开始处，并保持这些属性与类 A 符号表中相同的顺序；而类 B 中定义的特有属性放在继承属性的后面。

例如：

```
Class A { public: int a }
Class B : A { public: int b;
                     int c;}
Class C : A { public: int d; }
Class D : B { public: int e; }
```

如图 14.11 所示。

② 在符号表中，对子类进行处理时，仅给出在子类中直接定义的属性，而对父类中定义的成员，则通过在子类的符号表项中增加指向父类的指针来表示，当需要对父类属性进行相关处理时，可根据此指针获取父类的相关信息。

2．方法的编译

编译一个方法类似于编译一个过程：方法被转换成驻存在指令空间中一个特定地址的机器代码。在编译程序的语义分析阶段，每个对象的符号表项中有一个指向其类符号表的指针，每个类的符号表有一个指向其父类的指针和一张方法的链表，每一个方法都有一个地址。

对于静态方法，一些面向对象语言允许将方法声明为静态的，调用 c.f( )（其中 c 是类 C 的对象）时执行的机器代码取决于变量 c 的类型。为了编译形如 c.f( )的方法调用，编译程序要找到 c 的类，假设是类 C，于是编译器在类 C 中搜索方法 f；若在类 C 中找不到，则要在类 C 的父类 B（假设类 C 的父类为类 B）中搜索；若找不到，则需要在类 B 的父类中搜索，以此类推。假设在某个祖先类 A 中找到了静态方法 f，编译程序就将该方法编译成相应的 A.f( )。

对于动态方法，如果类 B 中的方法 f 是从父类 A 中继承的，且在类 B 中对方法 f 进行了重载，则在编译期间，调用方法 f 时无法确定对象指向的是类 B 的一个对象，还是类 A 的一个对象。为了解决这一问题，类符号表必须包含一个向量，该向量中每个方法名对应一个方法实例。当类 B 继承类 A 时，类 B 的方法符号表从类 A 的所有方法开始，然后是类 B 中声明的新方法。如果类 B 重载类 A 中的方法 f，则方法 f 在类 B 方法符号表中的位置与它位于类 A 的方法符号表中的位置一致，但它指向的是一个不同的方法实例。如图 14.12 所示。

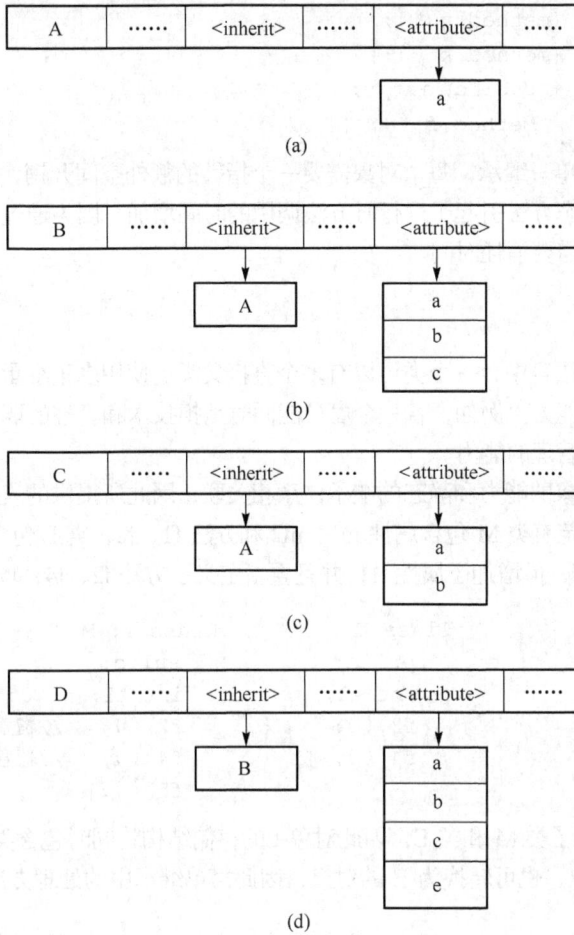

(a)

(b)

(c)

(d)

图 14.11　类属性的单继承

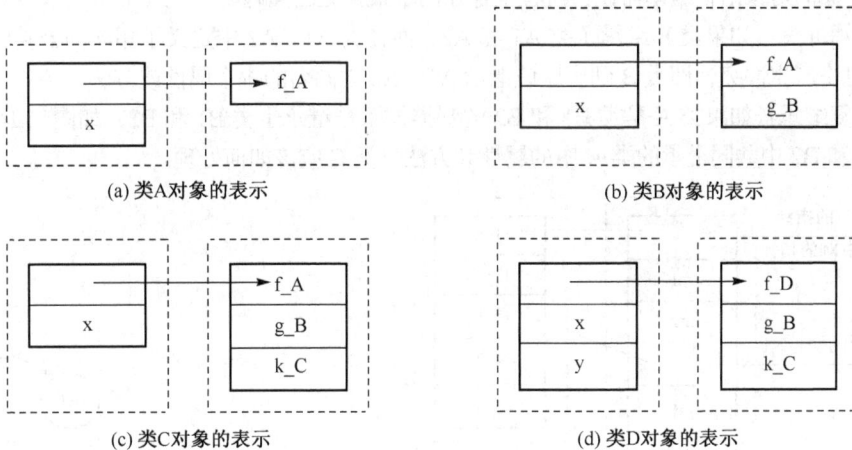

(a) 类A对象的表示

(b) 类B对象的表示

(c) 类C对象的表示

(d) 类D对象的表示

图 14.12　动态方法的处理

例如：

```
Class A { public: int x;
      method f ();}
```

```
Class B : A {method g (); }
Class C : B {method k ();}
Class D : C { public: int y;
              Method f (); }
```

用动态方法来实现单一继承，每个对象需要一个指针的额外空间开销，另外，和每个类关联的方法表需要存储空间。动态方法引起了运行时方法调用的时间增加，因为通过指针找到方法表以及获得要激活方法的入口地址需要消耗时间。

14.2.2 多重继承

在支持多重继承的语言中，一个类可以有多个直接父类。使用多重继承的目的在于使一个对象同时具有多个对象的表达能力。例如，若一个雇员能同时承担技术和管理的职责，则可以通过多继承使其同时具备执行技术和管理的能力。

由于多重继承将对象的能力和静态的继承体系相关联，因此所提供的表达能力是以牺牲灵活性为代价获得的。例如，假定有类 M 包含属性 m1、m2 和方法 f1、f2，类 E 包含属性 e1 和方法 f3、f4，类 T 继承了类 M 和类 E，但增加了属性 t1，并且重新定义了方法 f2、f4，增加了方法 f5。例如：

```
Class M              Class E              Class T: M,E
{ public:            { pulic:             { Pulic:
  int  m1 ;            int e1;              int t1;
  real  m2;           f3 ();               f2 ();     //覆盖M中的f2
  f1 ();              f4 (); }             f4 ();     //覆盖E中的f4
  f2 (); }                                 f5 ();}
```

由于类 T 同时继承了类 M 和类 E，因此对象 t 的存储结构将同时包含类 M 和 E 中的属性，而 T 既可以转换为 M 的对象，也可转换为 E 的对象，因此简单继承中的处理方法将难以凑效。类 T 对象的表示如图14.13所示。

由于多继承的副作用较大，而带来的好处又并非总是十分明显，因此应适当限制其使用。除了上述问题外，面向对象语言编译器设计过程中存在两个最常见的问题。

① 继承冲突：如果类 B 继承了类 A1 和 A2，而在类 A1、A2 中定义了相同的公共属性和方法，则在继承时将产生冲突，即类 B 到底应该继承 A1、A2 中同名的哪个属性或方法。

② 重复继承：如果类 A 是类 B1 和 B2 的基类，而 C 继承了类 B1 和 B2，如图14.14 所示，那么对于类 B1 和 B2 中共同继承的类 A 中的属性和方法，类 C 应该如何处理。

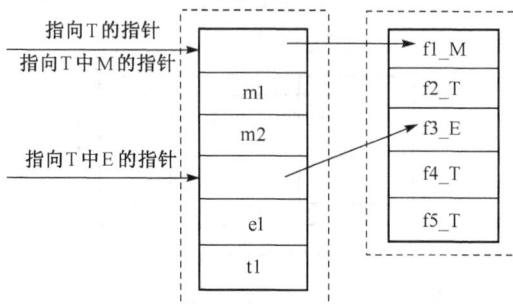

图 14.13　类 T 对象的表示

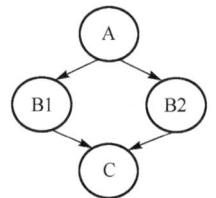

图 14.14　重复继承

继承冲突和重复继承的实现都比较复杂，这里不再进行更多的介绍，有兴趣的读者可以参阅相关面向对象语言的规范，以便对其有更深入的了解。

14.2.3　多态性

当类 B 继承类 A 并且该语言允许"类 B 的指针"类型的指针能够赋值给一个"类 A 的指针"类型的变量时，那么该语言支持多态性。"类 A 的指针"类型的变量实际引用了类 A 的一个对象或其扩展类的对象。该功能的实现要求一种新的操作，即指针 supertyping，它将指向子类 B 对象的指针转换为指向其父类 A 对象的指针，这一操作用于赋值中。假定类 A 有属性 a1、a2 和方法 f1、f2，类 B 是类 A 的子类，类 B 通过增加属性 b1 和方法 f3 来扩展类 A，例如：

```
Class B *b=…;
Class A *a=b;
```

在上面的语句中，第二行代码被翻译成

```
Class A *a=covert_ptr_to_B_to_ptr_to_A(b);
```

现在，例程 covert_ptr_to_B_to_ptr_to_A( ) 为一编译时类型的操作。因为类 B 的对象也是从类 A 的字段开始的，因而指针的值并不需要改变，唯一影响的是改变了指针的类型，如图 14.15 所示：

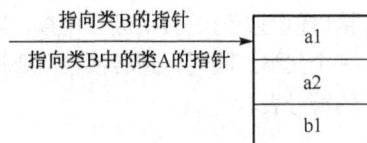

图 14.15　多态性

14.2.4　动态绑定

动态绑定是语言处理多态的机制，反映了操作自适应应用对象的能力。在用户不作任何干预的环境下，类的成员函数的行为能根据调用它的对象类型自动做出适应性调整，而且调整发生在程序运行时。假定类 A 包含属性 a1、a2 和方法 f1、f2，类 B 是类 A 的子类，类 B 增加了属性 b1 和方法 f3，并重新定义了类 A 中的方法 f2。

因为类型 class A *p 的指针 p 可能引用了类 B 的一个对象，那么方法的应用就会产生问题。如果源程序调用 p 引用对象的方法 f2，那么编译时调用类 A 中的 f2 还是类 B 中的 f2 呢？对于这一问题有两种解决办法，一种为静态绑定，认为 p 静态地引用类 A 的对象，因此应该调用类 A 中的方法 f2；另一种是动态绑定，如果实际上是类 B 的对象，那就应该调用类 B 的方法 f2，如果实际为类 A 的对象，那么就应该调用类 A 中的方法 f2。

当下面条件存在时，调用 x.f(arg) 不需要动态绑定：

- f 在系统其他任何地方没有重新定义。
- x 不是多态的。

例如：

```
a : A;
b : B;
```

a 是多态引用，因而根据多态引用规则：a 可引用类 B 的对象，对方法 f2 的动态绑定情况如下：

- a.f2( ) 引用类 A 的对象时，绑定类 A 定义的方法 f2；当执行 a: = b 之后，绑定类 B 重新定义的方法 f2。
- b.f2( ) 只能绑定类 B 重新定义的方法 f2。

14.2.5　接口类型

在 Java 语言中包括了一种扩展，它减少了对单一继承的限制，但没有增加多重继承的复杂性。这种扩展由所谓的接口组成，接口与类相似，由许多方法说明组成，然而与类相比较，接口只有常量和抽象的方法，一个接口可以对父接口进行扩展。

接口不能像对象那样实例化,但可以声明接口类型的 Java 变量,并从它们的接口声明中调用方法,该 Java 变量实质上就是指向对象的指针。一个类可以实现一个或多个接口,且一个接口类型与实现了该接口的任一个对象类型都是兼容的。因此,如果给定一个接口:

```java
public interface Comparable {
    public int compare (Comparable o);
}
```

它可能定义了实现这一接口的类,而该接口仍然可以扩展其他的类。

编译程序必须为类所实现的每一个接口建立单独的符号表,每个符号表只包含该接口声明中方法的入口,由入口引用对象类型的方法。接口类型的变量可以用包含两个指针的记录来表示,一个指向接口符号表,另一个指向对象,接口上的方法调用可以通过指向符号表的指针完成,但是,需要对从接口值到类值的转换进行检查,以确定对象类与被接口值引用的对象类型相符,或该接口是对象类的一个父类。同时,逆转换也需要进行检查,以确定对象类实现了该接口类型,并且在类中定位了合适的符号表。

14.3　面向对象的动态存储分配

14.3.1　对象的存储区管理方式

通常程序设计语言中变量的存储管理有 3 种模型:静态存储区管理、栈式存储区管理、堆式存储区管理。同样,对象的存储管理也采用了这三种模型。

在静态模型中,程序装入或开始执行时为所有对象一次分配所有空间,一个实体在整个软件运行过程中最多只能与一个运行时对象联系。这种模型简单,在通常的计算机体系结构上都能有效地实现,但也存在一定的局限性:不允许递归,因为一个递归例程必须允许自己的多个实例同时存在,每个实例副本都有自己的例程实体的副本;它也不允许动态创建数据结构,因为编译程序必须能从软件中推断出每个数据结构的准确长度。

在栈式模型中,一个实体在运行时可以相继与多个对象联系,它以先进后出的方式分配和释放对象。这种模式支持递归,同时如果编程语言允许的话,数组的边界可以在运行时再确定。

在堆式模型中,存储分配是完全动态的,对象通过显式的请求动态创建,堆式模型最具有通用性,它是面向对象的计算所需要的。

14.3.2　静态模型和栈式模型废弃单元的回收

在静态模型下,每个对象只与一个实体联系,执行时只要实体存在,就要保留对象的空间,因此一般情况下静态模型不存在废弃单元回收的问题,但是在栈式存储区模型和堆式存储区模型下可以动态创建对象,当一个对象不再使用时怎么办?是否可能回收其空间,使得在以后执行创建新对象的指令时能够利用这些空间?

在栈式模型下,与某一实体联系的对象可以在栈中分配。在分程序结构的语言中,声明实体的同时为对象分配空间,整个程序可以只使用一个栈。例如,每当执行一次函数调用时,就将该函数运行所需的所有局部变量进栈,在栈顶为该函数建立运行的工作区,并且每当一个函数执行结束时,它在栈顶的工作区退栈,该函数运行所占用的空间得到了释放,释放的空间回收后可提供给下次调用的函数使用,如图14.16 所示。

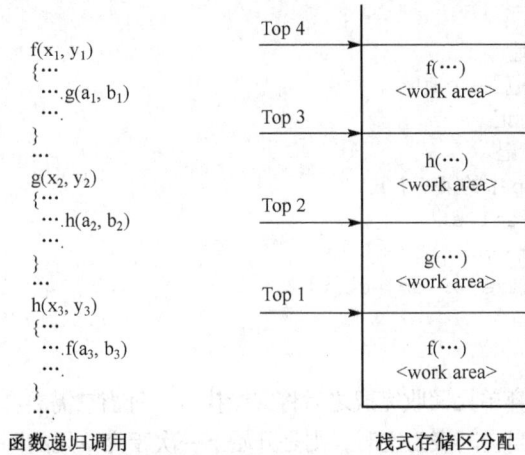

图 14.16　函数递归调用的栈式存储区模型

　　每当发生一次对象委托时，就将该委托对象进栈，在栈顶建立起该委托对象的委托运行工作区，并且每当一次对象的委托结束时，委托对象在栈顶的工作区退栈，该委托对象所占用的空间得到了释放，释放的空间回收后可提供给下次委托的对象使用。

14.3.3　堆式模型废弃单元的回收

　　堆中分配且通过任何程序变量形成的指针链都无法到达的对象称为不可到达的对象。例如，当一个对象被切断了所有对它的引用时，该对象就是不可到达的对象。不可到达的对象是废弃单元，需要回收。废弃单元的回收不是由编译器完成的，而是由运行时系统完成的，运行时系统是与编译好的代码连接在一起的一些支持程序。下面我们介绍一下废弃单元回收技术。

1．标记-清扫技术

　　实体和堆分配的对象构成了一个有向图，每一个实体是图中的一个根。如果从某个根节点 r 出发，存在由有向边 r→…→n 组成的一条路径，则称这个节点 n 是可到达的对象，类似于深度优先搜索的图搜索算法可以标记出所有可到达的对象。

```
标记阶段:
for 每一个根节点 r
   DFS(r);
Function DFS(x)
  If  x 是一个指向堆的指针
    If  对象 x 还没有被标记
      标记 x
      for 对象 x 的每一个成员 pi
        DFS(x.pi)
      End Loop
    End If
  End If
```

　　任何未标记的对象都是废弃单元，应当回收。通过从第一个地址到最后一个地址对整个堆进行清扫，查找那些未标记的对象。清扫阶段将未标记的对象置于空闲表中，并清除带标记的对象中的标记，为下一次回收废弃单元做好准备。

```
清扫阶段:
P←堆中第一个地址
While p< 堆中最后一个地址
  If  对象p已标记
      去掉p的标记
  else 令f1为p中的第一个域
      p.f1←freelist
      freelist←p
      p←p+( size of object p)
  End If
End Loop
```

已编译好的程序在废弃单元回收完成之后将继续执行。每当它需要在堆中分配一个新的对象时,便从空闲表中获得空间。当空闲表为空时,则是开始下一次废弃单元的回收来补充空闲表的好时机。

2. 引用计数技术

每一个对象都设置了一个统计量,用于对该对象的引用进行计数,该统计量称为对象的引用计数。它与每个对象存储在一起,当该引用计数为0时,对象可以被回收。当执行了某个对象的创建操作时,就在存放对象的堆式存储区中查找与新创建的对象同类型,且为不可到达的对象,如果有,则将该对象的引用计数赋初值1,将新的引用与它建立引用关系,并将原有的引用全部切断;否则申请一个新的对象单元进入堆式存储区,建立对象的引用关系,并将该对象的引用计数赋初值1。

引用计数技术实现简单,但它存在两个主要的问题。

① 无法回收构成环的垃圾,例如,存在一个由表元素组成的环,这些元素是从程序实体不可到达的,但是每一个表元素的引用计数都不是0,因此不能回收;

② 增加引用计数所需的操作代价(时间和空间)非常大。一个引用计数器会对对象的每一次赋值都执行这种增加和减少计数的动作,这样做的代价极其昂贵。

用于解决"环"问题的方法:简单地要求程序员在使用一个对象时显式地解开所有的环,这比调用 free 简单些,但是很难保证每一个程序员都可以做到这一点。总体来讲,引用计数的问题超过了它的优点,所以它很少在程序设计环境中用于自动存储管理。

3. 复制式收集

堆中的可到达部分是一个有向图,堆中的对象是图中的节点,指针是图中的边,每一个原对象在图中是一个根。复制式垃圾收集遍历这个图(称为源空间),并在堆的新区域(称为目标空间)建立一个同构的副本。副本目标空间是紧凑的,它占据连续的、不含碎片的存储单元。原来指向源空间的所有的根在复制之后变成指向目标空间副本,在此之后,整个源空间便成为不可达的。

为了开始一次新的收集,初始化指针 next 指向目标空间的开始。每当在源空间发现一个可到达对象,便将它复制到目标空间的 next 所指的位置,同时 next 增加该对象的大小。

例如,在收集之前,next 已到达了 limit,源空间充满了可到达节点和废弃单元,已没有剩余的空间可用于分配[见图14.17(a)]。收集之后,位于 next 和 limit 之间的目标空间区域可用于已编译好的程序分配新对象[见图14.17(b)]。因为新分配的区域是连续的,故给指针 p 分配一个大小为 n 的对象非常容易:只需将 next 复制给 p,并使 next 增加 n 即可,复制式收集没有碎片。

当程序已分配了足够多的空间从而使 next 到达 limit 时,需要下一次废弃单元回收,此时源空间和目标空间将交换角色,并再次复制可到达对象。

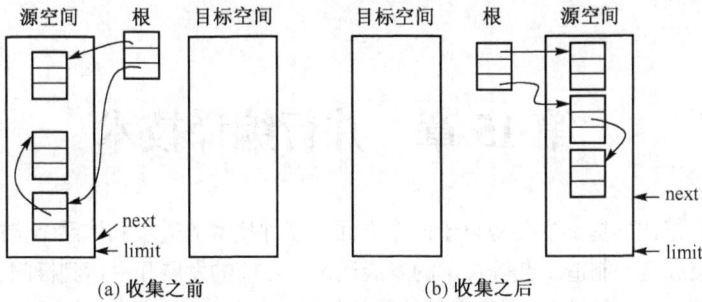

图 14.17　复制式收集

最简单的复制式收集算法使用宽度优先搜索对可到达对象进行遍历，但宽度优先顺序复制的指针数据结构的引用局部性较差，即如果一个位于地址 a 的对象指向另一个位于地址 b 的对象，则 a 和 b 很可能会相距很远，相反，位于地址 a+8 的对象却很可能与位于地址 a 的对象无关；而深度优先复制能得到更好的局部性。因此，常采用一种混合方法，即部分采用深度优先和部分采用宽度优先的算法，能提供可接受的局部性。

对于复制式收集，它需要的存储空间是可达数据的 4 倍，并且对于每一个已分配的 4 字对象，需要 40 条指令的开销。为了显著减少空间和时间开销，一般使用分代收集。

4. 分代收集

在许多程序中，新创建的对象最有可能产生可收集的垃圾，但一些经过多次废弃单元回收之后仍然可到达的对象，则很可能再经过多次的废弃单元回收之后还是可达的。因此，回收器应当将它的注意力集中在那些较"年轻"的数据上。

我们将堆划分成若干"代"，最年轻的(即最近分配的)对象属于 G_0 代，所有属于 G_1 代的对象都比 G_0 代的对象"老"，所有属于 G_2 代的对象都比 G_1 代的对象"老"，依次类推。为了只收集 G_0 代中的对象(通过标记–清扫式方法或复制式方法)，回收器只需要从根节点开始进行深度优先标记或宽度优先复制。这些根不仅仅是原对象，其中还包括 G_1，G_2，…中那些指向 G_0 中对象的指针。为了避免在所有的 G_1，G_2，…中搜索 G_0 的各个根节点，让编译好的程序记住这种从老对象指向新对象的指针。

在对 G_0 进行了若干次收集后，G_1 可能积累了相当多的应当收集的垃圾。由于 G_0 可能包含许多指向 G_1 的指针，因此最好将 G_0 和 G_1 合在一起进行收集，同时也必须扫描 G_1，G_2，…中那些指向 G_0 中对象的指针，甚至在很少的情况下还可能对 G_2 进行收集，如此等等。当一个对象经历了对 G_i 的两到三次收集之后仍是可到达的，就应当将它从 G_i 提升到 G_{i+1}。

习题 14

14.1　面向对象语言的编译过程需要处理哪些基本问题？

14.2　类的封装性在编译中会涉及哪些问题？

14.3　在面向对象语言编译中如何处理类的继承性？

14.4　具体说明在面向对象语言中多态性和动态绑定的处理。

14.5　试说明面向对象语言中废弃单元的回收问题。

第 15 章　并行编译技术

计算机性能价格比的提高主要源自于两个方面：器件技术的进步和体系结构的创新。由于计算机硬件的元器件、集成度、制造工艺等技术的发展迅速，目前的发展几乎达到极限，而且很多系统实际上并没有充分利用现有的硬件性能(称为新的软件危机)。因此，致力于发掘系统内在并行性的并行处理技术成为当今高性能计算的关键技术。

自 20 世纪 70 年代初到现在，并行计算机的发展已有 40 多年的历史，并行处理已成为现代计算机的关键技术。典型的并行语言编程需要程序设计人员改变传统的串行程序设计观念，熟悉相应的并行程序语句、结构等相关内容的特点和方法，给出计算结果的数据分布，对程序设计人员要求较高。而并行化编译器作为目前较为理想的并行系统实现方式，可以沿用原来的串行程序设计理念，但实现起来比较困难，除了常规编译器设计中包含的各阶段外，更重要的是分析串行程序中可并行化的一些因素，并自动转换为并行程序的过程。本章主要讨论并行化编译器实现中的一些技术。另外，在并行语言编译器实现时，编译辅助工具在将串行程序自动转换为并行程序的过程中，也会用到本章讨论的一些相关技术。

15.1　并行计算机及其编译系统简介

为实现高性能并行计算，并行系统通常采用两种形式：

① 程序设计人员编写常规的串行应用程序，由编译器将其转换为并行目标代码执行。

② 按照某种并行语法规范编写相应的并行程序，由并行语言编译器将其编译转换为并行目标代码执行。

前者称为并行化编译，后者称为并行语言编译。两种方式的示意图如图15.1所示。

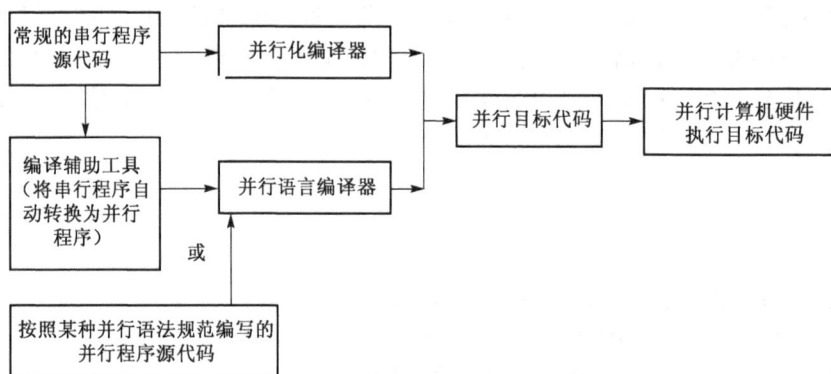

图 15.1　并行系统实现的两种方式示意图

并行编译技术同目标机的体系结构密切相关。因此，本章在介绍并行编译系统之前，先给出并行计算相关技术的一些介绍，然后再针对不同体系结构的目标机器介绍并行编译系统实现的分类及结构。

15.1.1　并行计算相关技术简介

并行处理技术通过处理开发过程中的并行事件，使并行性达到较高水平，涉及的内容包括并行结构、并行软件和并行算法等多个方面，这些方面相互联系，互为条件，互为保证。本节在叙述并行性基本概念的基础上，简单介绍与并行处理相关的技术。

1．并行性概念

并行处理是一种有效的强调开发计算过程中并行事件的信息处理方式。并行性是计算机系统提高性能的重要手段。并行性(Parallelism)定义为，"在同一时刻或同一时间间隔内完成两种或两种以上的任务"。

并行性有两种含义：一是同时性(simultaneity)，指两个或多个事件在同一时刻发生在多个资源中；二是并发性(concurrency)，指两个或多个事件在同一时间间隔内发生在多个资源中。

2．并行粒度(granularity)和时延的概念

并行粒度：是衡量软件进程所含计算量的尺度。颗粒规模决定并行处理的基本程序段，一般用细、中、粗粒度来描述，这与处理的级别相关。

时延：是机器各子系统间通信开销的时间量度。例如，存储时延是处理机访问存储器所需时间，同步时延是两台处理机为了达到互相同步所需的时间。

并行粒度与通信时延密切相关，粒度越细，通信时间就越长，反之，当处理粒度较粗时，处理器之间通信量就较小。

3．并行的等级和分类

① 从计算机信息加工的各个步骤和阶段的角度看，并行性等级可分为

- 存储器操作并行——可以采用单体多字、多体单字或多体多字方式。在一个存储周期内访问多个字，进而采用按内容访问方式在一个存储周期内用位串字并或全并行方式实现对存储器中大量字的高速并行比较、检索、更新、变换等操作。例如，并行存储器系统和以相联存储器为核心构成的相联处理机。
- 处理器操作步骤并行——处理器操作步骤是指一条指令的取指、分析、执行等操作过程，具体可以是这些过程之间并行。例如流水处理机，也可以是这些过程的某一个子过程内部并行，如浮点加法的求阶差，对阶、尾加、舍入、规范化等是过程阶段内部并行。
- 处理器操作并行——为支持向量、数组运算，可以通过重复设置大量处理单元，让它们在同一控制器控制下按照同一条指令的要求对多个数据组同时操作。例如并行处理机。
- 指令、任务、作业并行——称为较高级并行，虽然也可包含操作、操作步骤等较低等级的并行，但原则上与操作级并行不同。指令级以上的并行是多个处理机同时对多条指令及有关的多数据组进行处理，属于多指令流多数据流计算机。在非冯·诺依曼结构计算机，如数据流计算机、归约计算机等，都属于并行处理范畴，同时也可以对任务、作业级实现并行处理。

② 并行性的等级还可以按开发程序的大小和并行粒度的不同来划分。

按照应用程序粒度大小的不同，通常可以划分成五个层次：作业级、任务级、例行程序或子程序级、循环和迭代级、语句和指令级，如图15.2所示。五种程序执行级别体现了不同的算法粒度规模以及通信和控制要求的变化。级别越低，软件进程的粒度越细。在一般情况下，程序还可在这些级别的组合状态下运行。实际组合与应用形式、算法、语言、程序、编译支持和硬件限制等因素有关。一般地，细粒度并行性常在指令级或循环级上借助于并行化或向量化编译器来开发；任务或作业级中粒度

并行性开发需要程序员和编译器的共同作用。开发作业的粗粒度并行性主要取决于高效的操作系统和所用算法的效率。

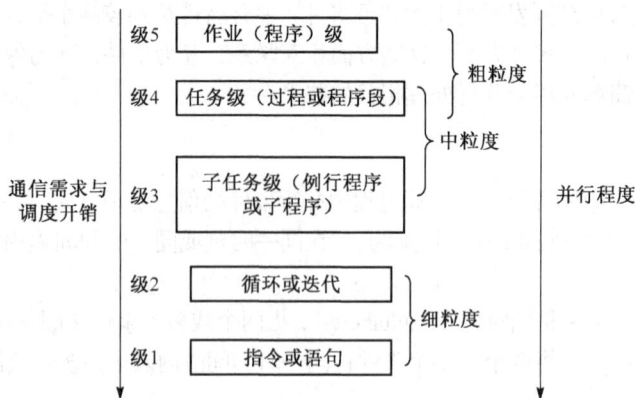

图 15.2　现代计算机程序运行并行性级别

4．并行处理

并行处理指的是在并行计算机上实现并行计算。并行体系结构、并行软件系统和并行算法是并行处理的 3 个要素，而并行编译系统在并行处理中起着十分重要的作用。

（1）并行体系结构

并行体系结构是并行处理的基础，大致可分为以下 3 类。

① 向量计算机。向量计算机除标量寄存器和标量功能部件外，还专门设有向量寄存器、向量长度寄存器、向量屏蔽寄存器、向量流水功能部件和向量指令系统，能对向量运算进行高速处理。它对向量编译系统的主要支持是向量存储访问和向量运算。

② 共享存储器并行计算机。这种并行机的多个处理机共享一个中央存储器。处理机可以是向量机，也可以是标量机，数目一般为几个到几十个。系统一般是 MIMD（多指令流多数据流）体系结构，并设有专门的多机同步通信部件。它对并行编译系统的主要支持是各处理机可以同时执行相同或不同的指令，访问共享存储器中的任一地址，以及用共享信号灯和共享寄存器进行同步通信。

③ 分布存储器并行计算机。这种并行机由很多个节点构成，每个节点有自己的处理机和存储器，节点之间以互联网络相连，节点数可以为几十个到上万个不等。早期的系统有 SIMD（单指令流多数据流）的，但现在一般是 MIMD 体系结构。它对并行编译系统的主要支持是各个处理机可以同时执行相同或不同的指令，互联网络支持由硬件或软件实现的一个节点的处理机对其他节点上的存储器的访问，有些系统还实现了各节点间的障碍同步等机制。

（2）并行软件系统

并行软件是随着并行体系结构的发展而发展的，因此相应地有适应于向量计算机、共享存储器并行计算机和适应不同类型分布存储器并行计算机的并行软件系统。同时，并行软件系统也不是全新的内容，而是在串行软件技术的基础上改造、发展而来的，主要是增加了并行机制。并行软件系统可分为以下两大类。

① 并行系统软件。并行系统软件一方面指挥、协调并行计算机运行，另一方面为用户提供并行计算机的使用界面。因此并行系统软件对充分发挥并行计算机的高性能，对有效、方便地使用并行计算机都具有关键作用。并行系统软件主要包括并行操作系统和并行编译系统两大部分。20 多年来，对并行编译技术的研究多于对并行操作系统技术的研究，一是因为高效的并行计算取决于对程序的语义

有准确而深入的理解，而这正是并行编译系统的特长；二是希望减少操作系统的介入，从而降低组织并行执行的开销。

② 并行应用软件。并行应用软件是实际解决具体应用问题的程序。随应用领域的不同，应用软件也就有许多类型。并行计算机的广泛应用使得科学计算库软件、图形软件、可视化软件、数据库软件等逐步趋于标准化，也逐步带有了一定的系统软件的特性。

（3）并行程序设计

并行程序设计是在并行计算机上编写求解应用问题的并行程序的技术。实现并行程序设计的 4 个要素是：并行体系结构、并行系统软件、并行程序设计语言和并行算法。并行语言从功能上可分为向量机的向量语言和并行机的并行语言两类，后者又可分为共享存储器并行机并行语言和分布存储器并行机并行语言。并行语言的实现方法有 3 种，由此决定了并行程序设计的几种途径。

① 在串行语言基础上扩充显式开发并行性的成分。其一是扩充并行编译指导命令（一般采用带关键字的注释行的形式）。在这种情况下，并行程序设计由程序员或并行编译系统自动地或交互地在串行程序中插入指导命令；对于向量机，向量编译系统把向量化命令说明的语句编译成向量指令；对于并行机，并行编译系统把并行化命令编译成相应的并行运行库调用，从而得到并行目标程序。其二是扩充并行运行库调用。在这种情况下，并行程序设计是由程序员或并行编译系统自动地或交互地在串行程序中插入实现并行所需的并行运行库调用，再由并行编译系统编译后，与并行运行库连接，从而得到并行目标程序。其三是扩充并行语句。在这种情况下，程序员用原有的串行语言成分和扩充的显式表达并行性的语言成分来编写并行程序。

② 设计一个支持并行的协同语言和串行语言配合使用。如耶鲁大学研究开发的并行程序语言 Linda 就是一个可以和 Fortran、Pascal 和 C 语言配合使用的协同语言。在这种情况下，程序员采用支持并行的协同语言和串行语言配合编写并行程序，再由并行编译系统编译，从而得到并行目标程序。这时并行编译系统是由一个协同语言编译器和一个串行编译器组合而成的。

③ 设计新的并行语言。如 Ada 就是一种专门设计的并行语言。在这种情况下，程序员采用并行语言编写程序，再由并行编译系统编译，从而得到并行目标程序。

15.1.2　并行编译系统的分类及结构

根据图 15.1，简单来说，并行编译系统就是能够处理并行程序设计语言，或者能够实现串行程序并行化，并且具有并行优化能力的编译系统。

1. 并行编译系统的分类

并行编译系统的功能是将并行源程序转换为并行目标代码，可分为以下两类。

① 不具有自动并行化功能的系统。这类系统以程序员编写的并行程序为输入，将其编译成并行目标程序，可分为两个子类：一是只能处理并行编译指导命令或并行运行库子程序调用的系统；二是能处理并行语言的系统。处理并行语言的功能可以由独立的并行语言处理工具来实现，也可以在并行编译器内实现。在前一种实现途径下，并行编译系统实际上是由一个独立的并行语言处理工具和一个串行编译器组成的。例如，Fortran 90 标准问世后，在前两年采用一个预编译器将 Fortran 90 转换成 Fortran 77，再利用 Fortran 77 编译器进行编译，而直接支持它的向量编译系统在 20 世纪 90 年代中期才推出。

② 具有自动并行化功能的系统。串行程序自动并行化功能可以由独立于并行编译器的并行化工具来实现，也可以由嵌入在并行编译器之中、作为一遍扫描的并行化过程来实现。在前一种实现途径下，并行化工具在源程序一级对程序进行并行化，而编译器接收并行化工具输出的并行化程序，完成栈式存储分配、程序可再入和指令级并行化等。这种途径采用较多，其原因一是能充分利用现有串行

编译器;二是可移植性好;三是直接看到源程序的并行化情况,有利于分析和改进并行编译技术;四是(可能也是最主要的原因)并行语言迄今为止主要采用编译指导命令的形式,而这种形式可以方便地用独立的并行化工具来实现。在后一种实现途径下,编译器在中间语言一级对程序进行并行化,这种方法只有几个向量编译系统采用。这类系统支持在并行计算机上采用串行语言实现并行程序设计。

有些并行编译系统既具有串行程序自动并行化的功能,又具有处理并行语言的功能,从而为并行程序设计提供了更有力的支持。针对并行程序设计语言进行编译和对标准串行语言进行的并行化编译之间的区别如表15.1所示。

表 15.1　并行化编译与并行语言编译的比较

类　　型	并行化编译	并行语言编译(HPF 为例)
语言特征	标准的串行语言	带有并行结构语句和数据分布提示的并行语言
编译器构造	需完成串行程序的自动并行化工作及数据分布的实现,构造复杂,难于实现	只需完成并行程序的编译工作,将计算数据按程序指定进行分布,实现比较简单
生成并行目标代码的效率	只能针对特定的结构语句及较为简单的数据引用程序生成并行执行的目标代码,并行化程度受限制	根据程序中的并行结构生成高效率并行执行的目标代码
对程序设计人员等要求	只能使用串行语言编写串行程序,对程序设计人员要求较低	必须掌握并行语言的程序设计方法及使用数据分布的方法,对程序设计人员要求较高
对原有串行程序的使用	无须修改可直接编译使用	改造成并行程序,增加数据分布提示后使用

2. 并行编译系统的结构

并行编译系统包括并行化工具、并行编译器和并行运行库等,其结构如图15.3所示。并行化工具可以是独立于并行编译器的,也可以是嵌入在并行编译器之中的。其输入是串行源程序,输出是并行源程序。并行编译器通常包括预处理器、前端、主处理器和后端4部分。预处理器的输入是经过并行化工具改写或用户自己编写的并行源程序。预处理器根据并行编译指导命令对源程序进行改写,插入适当的并行运行库子程序调用。前端对程序进行词法和语法分析,将程序转换成中间形式。主处理器对中间形式的程序进行处理和优化。后端将中间形式的程序转换成并行目标程序,同时完成面向体系结构或并行机制的优化。

一个编译器可以有几个预处理器和前端,分别处理不同的语言或不同并行机制的程序。一个编译器也可以有几个后端,分别针对不同的机器或并行机制。由于采用了这种组织结构,现在的并行编译器可以是多语言、多工作平台、多目标机和多并行机制的。其中,并行运行库子程序在目标文件连接装配时被连接到目标文件中。

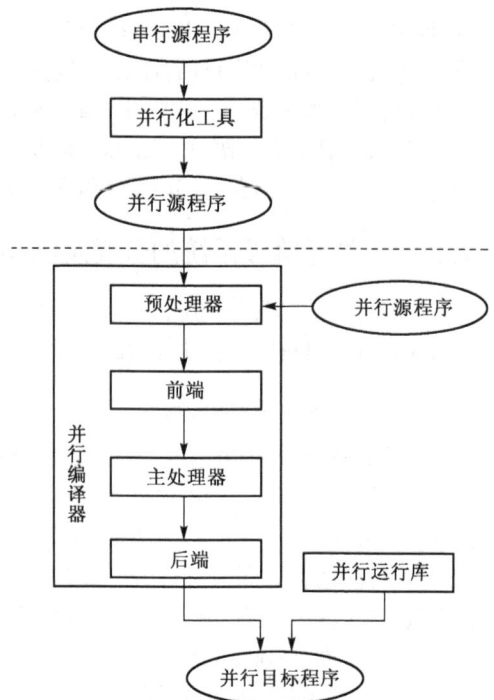

图 15.3　并行编译系统的结构图

3. 并行编译技术的分类

并行编译技术可按以下两种方法来分类。

（1）体系结构

按所针对的目标机的体系结构分类，可分为向量编译技术和并行编译技术两大类。

向量编译技术是针对向量计算机和向量程序的。向量运算和多功能部件、多流水线等一样，属于一台处理机内部的并行。因此，向量编译技术是使用处理机的向量运算功能来加速一个程序运行的技术。它主要包括串行程序向量化技术和向量语言处理技术。串行程序向量化技术指的是将串行程序中的可向量化循环识别出来，并以向量语言或向量化指导命令改写成向量循环的技术。向量语言处理技术指的是对向量语言或指导命令进行语法语义分析，生成正确高效的向量指令的技术。

并行编译技术是针对并行计算机和并行程序的，是一种能够实现使用多个处理机同时执行一个程序的技术。共享存储器并行机和分布存储器并行机是两种非常典型的并行计算实现技术，两种并行编译技术虽然有许多相同的基础，但侧重点又各不相同。从技术角度讲，并行编译技术可以分成串行程序并行化技术、并行语言处理技术、并行程序组织技术 3 个方面。在串行程序并行化技术中，并行化的对象可以是子程序、循环和语句块，但主要是针对循环的。因为循环一般占程序的大部分运行时间，而循环的并行化分析和改写又相对较容易。子程序和语句块的并行化分析和改写不太规则，但子程序并行化的一个明显优点是并行的粒度比较大。并行语言处理技术指的是对并行语言或指导命令进行语法语义分析，采用适当的任务调度、同步和通信方式，生成正确高效的并行指令的技术。并行程序要在多机上执行，硬件只可能提供一些同步通信支持。因此多指令流的创建、控制和终止，多数据流的管理等，都要由编译系统在操作系统和并行运行库的支持下来实现，这就是并行程序组织技术。

（2）内在特性

按内在特性分类，可分为依赖关系分析技术、程序并行化技术、并行编译技术和并行运行库技术四大类，本书第 3 节即按这种分类来详细阐述并行编译系统的构造。

① 依赖关系分析技术是程序并行化技术的基础，也是并行编译技术的基础。并行计算要在不破坏程序各部分之间存在的依赖关系的前提下，把程序分解成多个任务来并行执行，从而缩短整个程序运行所需的时间。

基本的依赖关系分析问题是指给定两个程序变量，判定它们在程序执行中是否会访问相同的存储单元。依赖关系分析技术按分析的对象来分类，有过程内分析和过程间分析两类；按分析的方法来分类，有数值分析和符号分析两类；按分析的精度来分类，有精确分析和近似分析两类；按进行分析的时机来分类，有静态分析（编译时）和动态分析（运行时）两类。

② 程序并行化技术是以实现程序的并行执行、提高运行速度为目的的程序等价变换技术，包括向量化和并行化技术。为了尽可能挖掘出程序中的并行性，编译系统需要对循环施加一些等价变换，以消除某些依赖关系，使之满足并行所需的条件，或增加循环的并行粒度，最大限度地利用并行计算机体系结构的特点。

程序并行化时关心的是正确性和效率，既要改善程序的性能，又不能破坏程序的正确性。因此，进行程序变换时要保证变换前和变换后的程序在语义上等价。循环变换的效率既与目标机的体系结构和系统软件的支持有关，也与循环的迭代次数和循环体的粒度有关。

程序并行化技术从针对的并行机体系结构来看，可分为向量化技术和并行化技术；从实施程序变换的层次来看，可分为语句层次的变换（改变循环体中的语句执行顺序）和迭代层次的变换（改变循环体中迭代的执行顺序）；从变换技术的基础来看，可分为基于线性代数的和基于图论的；从进行并行化的时机来看，可分为静态并行化（编译时）和动态并行化（运行时）。

③ 并行编译技术指的是用于实现并行编译器的有关技术，包括向量语言处理、并行语言处理和并行目标程序组织技术等。并行编译既要给用户提供方便、友好、具有良好的可移植性的语言环境，又要保证用户程序在并行计算机中高效运行。这两个方面的要求往往是矛盾的，可移植性要求希望用

户看不到硬件平台的差异，而高效性要求则往往需要充分利用硬件平台提供的各种特性。正是这两方面的不同要求，对并行编译技术提出了巨大的挑战。

④ 库软件已经有了很长的历史，而并行运行库技术的出现，一是为了在并行操作系统、并行程序设计语言及编译技术都还不成熟的情况下，提供一种并行程序设计的手段；二是为了减少并行程序执行时的操作系统开销。

与体系结构相对应，并行运行库也有支持共享存储器并行机的和支持分布式存储器并行机的两类；与不同的并行程序设计技术相对应，并行运行库有支持多任务并行程序设计的、支持消息传递并行程序设计的和支持数据并行程序设计的三类；按使用方式分，则有由用户直接调用的和由编译系统调用的两类。

15.2　并行程序设计模型

如同汇编程序员必须熟悉机器指令集一样，在了解并行体系结构的基础上才能更好地理解和掌握并行程序设计模型以及并行编译系统。本节简要介绍并行计算机体系结构的三种类型以及相应并行编译系统需要解决的问题。

15.2.1　并行体系结构分类及并行程序设计

如 15.1 节所述，并行计算机体系结构大致可分为向量计算机、共享存储器多处理机以及分布式存储器并行计算机三类。基于这些不同体系结构，并行程序设计的方法也各有差异。

1. 向量计算机

向量计算机是以流水线结构为主的并行处理计算机，采用的主要技术包括：先行控制和重叠操作技术、运算流水线、交叉访问的并行存储器等。向量运算很适合于流水线计算机的结构特点，向量型并行计算与流水线结构相结合，能在很大程度上克服通常流水线计算机中指令处理量太大、存储访问不均匀、相关等待严重、流水不畅等缺点，并可充分发挥并行处理结构的潜力，显著提高运算速度。

从向量计算机问世以来，程序设计技术对向量程序设计的支持有两个途径：一是在现行串行语言的基础上扩充向量语言成分，二是研制自动向量化工具，将现行串行语言程序转换为向量化程序。扩充向量语言成分要求用户重新编写程序，但可以获得高效的向量计算，这种方法适用面很广，机器实现比较容易。到 1982 年底，世界上约有 60 台巨型机，其中大多数是向量机。中国于 1983 年研制成功的每秒千万次的 757 机和亿次的"银河"机也都是向量机。在普通计算机中，机器指令的基本操作对象是标量，而向量机除了有标量处理功能外还具有功能齐全的向量运算指令系统。

2. 共享存储器多处理机

共享存储器结构并行计算机系统内的多个处理机通过高速交换网络或总线与共享物理存储器连接，存储模块的数目等于或略大于处理单元的数目，每个处理机访问共享存储器的权限相同，如图 15.4 所示，图中的处理机 $P_i(i = 1, \cdots, n)$ 可以是向量机，也可以是标量机。各个处理机可以同时执行相同或不同的指令、访问共享存储器中任一地址，可采用共享信号灯和共享寄存器进行同步通信。如目前应用较为广泛的对称多处理机系统 SMP 就是共享内存结构。

共享存储器并行处理的关键特征是系统具有全局统一的地址空间，多个处理机可以对存放在共享存储器中的数据进行统一处理，数据为所有处理机所共享。针对这种结构的并行程序设计无须考虑数据分布，处理机之间没有明显的通信，进程(线程)间通信通过对全局变量的存取实现。这种结构通过统一的内存视图提供了一种简单的编程模式，但这种结构的可扩展性较差，存储器带宽往往成为规模扩展的瓶颈。

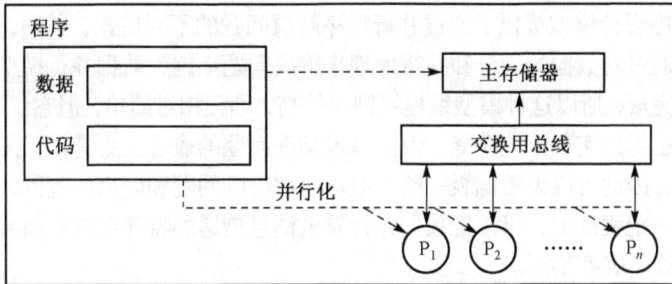

图 15.4 共享存储器多处理机系统示意图

共享存储器多处理机上执行的并行程序代码包括串行和并行执行两类。串行代码仅由一个处理机执行，一般用来进行程序并行执行前的准备工作、程序中一些不能并行的工作以及程序并行后的扫尾工作。并行代码由所有处理机执行，用来完成程序中可以并行执行的工作。

3．分布存储器大规模并行计算机

与共享存储器结构并行系统的有限规模相比，分布存储器并行系统具有可扩展性强的优势，其计算节点数目可达上万个。系统范围内的内存访问由处理机编号和局部内存地址两部分组成。每个处理机可直接存取本地存储模块，但只能显式地以消息传递方式访问其他处理机的局部存储，如图 15.5 所示。数据局部性成为分布存储器并行机上影响整个程序性能的关键因素之一。如果并行程序的数据分布合理，局部性好，并行程序运行过程中的远程存储访问就少，运行的效率就高；反之，若数据分布不合理，远程存储访问频繁，则程序的效率就低。

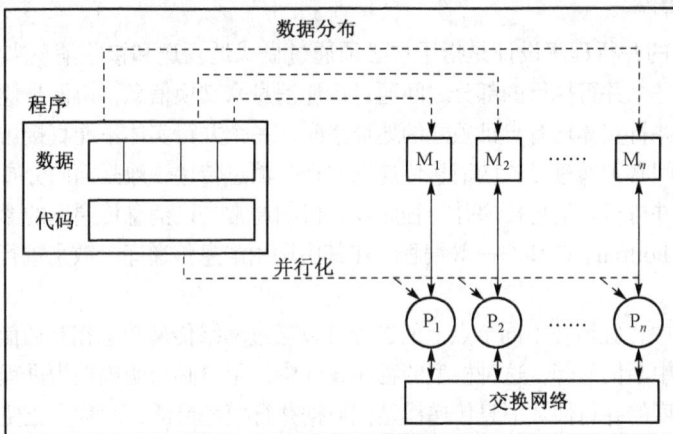

图 15.5 分布存储器多处理机系统示意图

大规模并行多机系统 MPP 具有典型的分布内存结构，这种结构具有良好的扩展性，但程序设计者需明确知道数据在整个系统中的分布方式，编程的难度较大。

分布式存储器模型容易构成大型系统，目前大部分并行处理机是基于分布式存储器模型的系统。

15.2.2 并行程序设计模型

并行程序设计模型（Parallel Programming Model, PPM）指的是用户在某种计算机硬件体系结构上实现并行算法的方式。针对不同的硬件体系结构，目前常用的典型并行程序设计模型主要有：数据并行模型(初衷为 SIMD 并行机)、消息传递模型(初衷为多计算机)和共享存储模型(初衷为共享存储多处理机)三种。

不同的并行程序设计模型提供了通过并行程序解决问题的不同模式,其中,数据并行的主要特征是以数据为中心,通过对数据的划分和并行处理来解决问题。因为数据并行模型将复杂的消息传递工作交给了编译器去完成,所以这种模型编程级别比较高,编程相对简单,但它仅适用于数据并行问题。消息传递模型当然也可以实现上述功能,但是该模型在问题的表述上更具体,复杂的消息传递工作都需要编程者来完成,因此可以说更低级一些,但可以解决的问题和应用的范围,相对于数据并行模型来说也更广泛;在一定程度上,可以把数据并行看做消息传递的特殊形式。而共享存储模型与上述两种模型既有相似之处,又有不同。

1. 数据并行模型

数据并行模型将相同的操作同时作用于不同的数据,数据并行编程模型提供给编程者一个全局的地址空间,一般这种形式的语言本身就提供并行执行的语义,因此对于编程者来说,只需要简单地指明执行什么样的并行操作和并行操作的对象,就实现了数据并行的编程。

比如对于数组运算,使得数组 B 和 C 的对应元素相加后送给 A,则通过语句 A=B+C(或其他的表达方式)就能够实现上述功能,使并行机对 B、C 的对应元素并行相加,并将结果并行赋给 A。因此数据并行的表达是相对简单和简洁的,它不需要编程者关心并行机是如何对该操作进行并行执行的。

数据并行模型既可以在 SIMD 计算机上实现,也可以在 SPMD 计算机上实现,取决于粒度的大小。SIMD 程序着重开发指令级细粒度的并行性,而 SPMD 程序着重开发子程序级中粒度的并行性。数据并行程序设计强调局部计算和数据选路操作,比较适合于使用规则网络、模板和多维信号及图像数据集来求解细粒度的应用问题。

2. 消息传递模型

基于消息传递的并行程序设计是指用户必须通过显式地发送和接收消息来实现处理机间的数据交换。消息传递即各个并行执行的部分之间通过传递消息来交换信息,协调步伐,控制执行。在这种并行模式中,每个并行实体均有自己独立的地址空间,一个并行实体不能直接访问另一个并行实体的数据,这种远程访问必须通过显式的消息传递来实现。消息传递一般是面向分布式内存的,但是它也适用于共享内存的并行机。消息传递并行程序设计机制通常是以消息传递库的形式实现的,用户使用现有的编程语言如 Fortran、C 和 C++等编程,在其中调用消息传递库函数来进行消息传递,从而实现并行化。

消息传递模型中,驻留在不同节点上的进程可以通过网络传递消息相互通信。消息可以是指令、数据、同步信号或中断信号等。这种模型的程序设计中,用户必须明确地为进程分配数据和负载,比较适合于开发大粒度的并行性。消息传递模型比数据并行模型灵活,两种广泛使用的标准库 PVM 和 MPI 使消息传递程序大大增强了可移植性。一些用数据并行方法很难表达的并行算法,都可以用消息传递模型来实现。

消息传递模型一方面为编程者提供了灵活性,另一方面,它也将各个并行执行部分之间复杂的信息交换和协调、控制的任务交给了编程者,这在一定程度上增加了编程者的负担,这也是消息传递编程模型编程级别低的主要原因。虽然如此,消息传递的基本通信模式是简单和清楚的,学习和掌握这些部分并不困难,因此目前大量的并行程序设计仍然是消息传递并行编程模式。

3. 共享存储模型

在共享存储模型中,驻留在各处理器上的进程可以通过读/写共享存储器中的公共变量相互通信。

它与数据并行模型的相似之处在于：它有一个单一的全局名字空间；它与消息传递模型的相似之处在于：它是多线程和异步的。然而，数据驻留在单一共享存储器的地址空间中，不需要显式分配数据，而工作负载既可显式也可隐式分配。通信通过共享的读/写变量隐式完成，而同步必须是显式的，以保持进程执行的正确顺序。

共享存储模型目前还没有一个可广泛接受的标准，常用的共享存储器编程标准包括线程库标准（Win32 API，POSIX threads 线程模型和 X3H5 概念性线程模型）、OpenMP 标准（最常用的编译制导共享存储并行编程方式）。

上述三种并行程序设计模型的主要特性见表 15.2。

表 15.2　三种并行程序设计模型的主要特性一览表

主 要 特 性	数据并行模型	消息传递模型	共享存储模型
控制流(线)	单线程	多线程	多线程
并行操作方式	松散同步	异步	异步
地址空间	单一地址	多地址空间	单地址空间
并行粒度	进程级细粒度	进程级大粒度	线程级细粒度
数据分配	隐式或半隐式	显式	隐式
编程级别	高	低	低
数据存储方式	共享内存	分布式存储	共享内存
通信的实现	编译器负责	程序员负责	程序员负责
可扩展性	一般	好	较差
目前状况	缺乏高效编译器支持	使用广泛	使用受限

15.3　并行编译系统的构造

本节主要讨论将常规的串行应用程序转换为并行目标代码执行时，与并行化编译器构造相关的技术要点。

15.3.1　并行编译系统的构造简介

不管采用哪种技术，从功能上看，并行编译系统通常包括程序分析(也称为流分析)、程序优化和并行代码生成三部分，如图15.6所示。

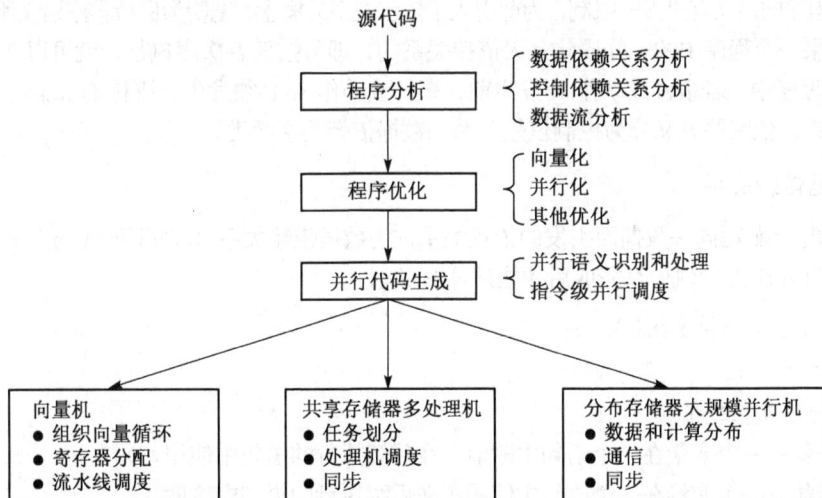

图 15.6　并行编译系统的主要组成部分示意图

其中，程序分析阶段确定源代码中数据和控制的相关性，是各种并行优化的基础，包括数据依赖关系分析、控制依赖关系分析以及数据流分析。对于不同的并行体系结构，程序的并行粒度有所不同，因此程序分析的级别也不一样。例如，对于超标量机而言，通常仅需做一般的数据流分析，而对于提供指令级并行的超长指令字机器、向量机或并行机而言，还需要做数据依赖关系分析和控制关系分析。此外，程序分析的范围也会随并行粒度的变化而变化，例如，小粒度并行往往是循环级并行，分析对象一般是循环；而大粒度并行则是子程序级并行，还需要分析子程序之间的关系。

程序优化是指以尽可能利用并行硬件能力为目的的各种程序变换，常常是将代码变换成与之等效但"更好"的形式，以利于尽量挖掘硬件潜力，最终达到全局优化的目的。优化技术包括利用向量流水线的向量化、利用多处理机结构的并行化、针对分布存储器结构的数据分布、计算分布、数据局部化和通信优化等，以及其他与机器相关的优化。在实际的并行编译系统中，程序优化分散于不同层次的多遍处理中。通常向量化、并行化为单独的一遍，且多为源程序到源程序的转换，其他的优化则可能发生在中间代码生成阶段，也可能发生在最终的代码生成等阶段。

并行代码生成就是将源程序的代码转换成可以并行执行的代码，通常涉及从一种描述转换成另一种中间形式的表示。针对不同类型的计算机，生成的并行代码也各不相同。并行代码生成既包括源程序中的并行语法、语义的分析处理，也包括与体系结构相关的目标代码生成。对于不同的并行语言和不同的计算机系统结构，并行代码生成阶段所做的工作也有所不同。对于向量处理机，它包括向量运算语句的处理，即将向量语句组织成向量循环；对于共享存储器多处理机，它包括并行循环的迭代划分、处理机调度、同步库子程序调用的插入；对于分布存储器大规模并行机，则还包括数据与计算的同步、分布数组的地址计算、通信所需的消息传递库子程序调用的插入等。最后，生成的并行目标代码将与并行库连接在一起而成为一个可以并行执行的文件。

15.3.2   程序分析

在多处理机系统中，传统的串行程序必须经过重新设计，才能适应并行处理机，获得高计算性能。串行程序的自动并行化检测需要通过有效的程序分析和优化去标识程序中可以并行执行的独立任务。程序分析是并行编译系统的主要组成部分之一，目的是找出可以在不同节点上并行执行的计算。程序分析是否深入透彻，直接关系到并行转换后程序的执行效率。

早期的程序设计语言是为单处理器开发的，它规定了程序语句执行的明确次序。保持程序的整个次序比保持一个程序的语义有更多的限制，为此引入了依赖关系的概念，阐明为保持程序语义所绝对需要的固有次序。如果一个程序中的一些语句是无依赖关系的，即可按任意次序执行，就可以并行执行。

在一个程序中，若事件或动作 B 发生前，事件或动作 A 必须发生，则称 B 依赖于 A，称这种关系为依赖关系。依赖关系又分为控制依赖关系和数据依赖关系两类。

1. 数据依赖关系

程序中由于读/写同一数据而引发的依赖关系称为数据依赖关系。例如下面代码中 B 的值依赖于 A 的值，因为只有在 A 的值计算完成后才能计算 B 的值：

```
A = X + Y + SIN(Z)
B = A*C
```

通常定义以下三类数据依赖。
- 流依赖：一个变量在一个语句中赋值，在后续执行的语句中使用。
- 反依赖：一个变量在一个语句中使用，在后续执行的语句中赋值。
- 输出依赖：一个变量在一个语句中赋值，在后续执行的语句中重赋值。

当对程序做优化变换时，原始程序中的执行次序需要保持上述三种依赖关系。其中，反依赖和输出依赖是由变量的重赋值引起的，可以通过变量更名的办法消除；而流依赖是计算中固有的，是不能消除的，故又称为真依赖。

数据依赖关系可以从不同的角度来定义，我们先定义循环中两个语句实例之间的依赖关系，然后再定义循环中两条语句之间的依赖关系。

(1) 循环中两条语句实例之间的依赖关系

嵌套循环 L 中语句 T 的一个实例 $T(j)$ 和语句 S 的一个实例 $S(i)$，如果存在一个存储单元 M，且满足下述条件，则称语句 T 的实例 $T(j)$ 依赖于语句 S 的 $S(i)$：

- $S(i)$ 和 $T(j)$ 都要读或写 M。
- 在程序串行执行时，$S(i)$ 在 $T(j)$ 之前执行。
- 在程序串行执行时，从 $S(i)$ 执行结束到 $T(j)$ 开始执行前，没有其他对 M 的写操作。

语句 S 和 T 不一定是不同语句，但条件要求实例 $S(i)$ 和 $T(j)$ 是不同的。若 $i<j$，则称这个依赖关系为循环携带的(跨迭代的)依赖关系；若 $i=j$，则称这个依赖关系为循环无关(迭代内的)依赖关系。对于循环无关的依赖关系，因为 $S(i)$ 要在 $T(j)$ 之前执行，显然 S 和 T 是不同的两条语句，且 $S<T$(即 S 和 T 满足偏序关系)。

(2) 循环中一对语句实例之间的依赖关系类型

由于对一个存储器引用可以是读或写，一对语句实例可以用 4 种不同的方式引用相同的存储单元，这就导致了 4 种类型的依赖关系：

- 当 $T(j)$ 依赖于语句 $S(i)$，如果 $S(i)$ 写 M 而 $T(j)$ 读 M，则 $T(j)$ 流依赖于 $S(i)$。
- 当 $T(j)$ 依赖于语句 $S(i)$，如果 $S(i)$ 读 M 而 $T(j)$ 写 M，则 $T(j)$ 反依赖于 $S(i)$。
- 当 $T(j)$ 依赖于语句 $S(i)$，如果 $S(i)$ 和 $T(j)$ 都写 M，则 $T(j)$ 输出依赖于 $S(i)$。
- 当 $T(j)$ 依赖于语句 $S(i)$，如果 $S(i)$ 和 $T(j)$ 都读 M，则 $T(j)$ 输入依赖于 $S(i)$。

由于输入依赖不影响程序向量化和并行化，所以我们只讨论前三类的依赖关系。

(3) 循环中两条语句之间的依赖关系

嵌套循环 L 中的语句 T 和语句 S，如果存在 S 的一个实例 $S(i)$，T 的一个实例 $T(j)$，以及 S 的一个变量 x，T 的一个变量 y，且满足以下条件，则称语句 T 依赖于语句 S：

- x 和 y 至少有一个是它所在语句的输出变量。
- x 在实例 $S(i)$ 中和 y 在实例 $T(j)$ 中都表示同一个存储单元 M。
- 在程序串行执行时，$S(i)$ 先于 $T(j)$ 执行。
- 在程序串行执行时，从 $S(i)$ 执行结束到 $T(j)$ 开始执行前，没有其他对 M 的写操作。

因此我们有：语句 T 依赖语句 S，当且仅当语句 T 的语句实例 $T(j)$ 对于语句 S 的实例 $S(i)$ 的依赖关系集合非空。语句 T 对 S 的依赖关系也可以分为循环携带的和循环无关的两类，循环携带是由满足条件 $i<j$ 的实例 $S(i)$ 和 $T(j)$ 引起的，而循环无关的是由满足条件 $i=j$ 的实例 $S(i)$ 和 $T(j)$ 引起的。对于循环无关的依赖关系显然也有，S 和 T 是不同的两个语句，且 $S<T$。

(4) 循环中两个语句之间的依赖关系类型

设有两个集合 IN 集和 OUT 集，其中语句的输入变量即语句对该变量做读操作，保存在 IN 集中，语句的输出变量即语句对该变量做写操作，保存在 OUT 集中，由变量 x 和 y 引起的语句 T 关于语句 S 的三种依赖关系是：

- 如果 $x \in \mathrm{OUT}(S)$，$y \in \mathrm{IN}(T)$，则 T 流依赖于 S。
- 如果 $x \in \mathrm{IN}(S)$，$y \in \mathrm{OUT}(T)$，则 T 反依赖于 S。
- 如果 $x \in \mathrm{OUT}(S)$，$y \in \mathrm{OUT}(T)$，则 T 输出依赖于 S。

用符号 δ 来表示依赖关系；用 δ^f 表示流依赖，T 依赖于 S 记做 $S\delta^f T$；用 δ^a 表示反依赖，T 反依赖于 S 记做 $S\delta^a T$；用 δ^o 表示输出依赖，T 输出依赖于 S 记做 $S\delta^o T$；$\bar{\delta}$ 表示间接依赖关系，若语句 T 依赖于 S，F 依赖于 T，则称语句 F 间接依赖于 S，记为 $S\bar{\delta}F$。

对于上述三类依赖关系，相应计算之间的并行性处理可遵循如下准则。

① 数据不直接存在依赖关系的计算可并行执行，亦可串行执行，但是当串行执行时，它们的次序可以任意交换，这种顺序称为可并行顺序。

② 存在流依赖或输出依赖的计算不可并行执行，只能在 write_read 次序下串行执行，即在前的计算先写，在后的计算后读，这种顺序称为 W_R 串行顺序。

③ 存在反依赖的计算(例如 $S(i)\ \delta^a T(j)$)，只要保持先读和后写，则允许它们并行执行，这种顺序称为 W_R 可并行顺序。

(5) 依赖距离、依赖方向和依赖层次

设语句 S 和 T 是嵌套循环 L 中的语句，如果语句 T 依赖于 S，则存在实例 $S(i)\,\delta T(j)$。令 $d=j-i$，$\sigma=\mathrm{sig}(d)$，$l=\mathrm{lev}(d)$，称 d 是这个依赖关系的依赖距离向量。其中，σ 是依赖方向向量，l 是依赖层次，也称语句 T 在第 l 层上以距离向量 d、方向向量 σ 依赖于语句 S。

依赖距离向量指明了对同一存储单元的两次访问之间相隔的循环迭代数。依赖方向向量指明了存在依赖关系的两个迭代在每一维上的依赖方向。依赖层次指明了是由哪一层循环引起的依赖关系。如果 T 在第 l 层上依赖于 S，$1 \leqslant l \leqslant m$，则称 T 对 S 的依赖是循环携带的依赖关系，也称为跨迭代的依赖关系；若 $l=m+1$ 是 T 依赖于 S 的唯一层次，则称 T 对 S 的依赖是循环无关的依赖关系，也称为迭代内的依赖关系。

数据依赖关系对于程序的向量化和并行化有关键影响，是整个并行分析的基础。

2. 控制依赖关系

关于控制依赖关系的定义，我们借用计算机学科中常用的控制流图(Control Flow Graph, CFG)来描述：

CFG 中的两个节点 X 和 Y，如果满足下述条件，则称节点 Y 控制依赖于节点 X，记为 $X\Delta Y$：

● 从 X 的某一条出边到出口的路径总要通过 Y。

● 从 X 的另一些出边到出口的路径则可以不通过 Y。

Y 控制依赖于 X 也可形式化地描述为

● Y 是 X 的某些后继的后必经节点。

● Y 不是 X 的所有后继的后必经节点。

【例 15.1】 找出图 15.7 所示控制流图 CFG 中的控制依赖关系。

分析：显然不会有节点控制依赖于只有一个后继节点的节点。如果 X 有唯一的后继，而 Y 是这个后继的后必经节点，则 Y 也必然是 X 的后必经节点。图中有多个后继的节点是 a、b、c，可以看出 b 控制依赖于 a，因为 b 是 a 的一个后继(b 本身)的后必经节点，但不是另一个后继 h 的后必经节点。又可知 b 控制依赖于它本身，因为 b 是它的一个后继 c 的后必经节点，但不是另一个后继 g 的后必经节点。类似地可以找出 CFG 中的所有控制依赖关系：

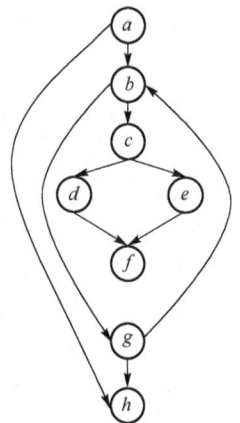

图 15.7　表示控制依赖关系的控制流图

　　　　$a\Delta b,\ a\Delta g,\ b\Delta c,\ b\Delta f,\ b\Delta b,\ c\Delta d,\ c\Delta e$

对于控制依赖关系，相关的两个实体可以是基本块或语句等，控制依赖关系将导致程序流程的变化。

【例 15.2】　在下面给出的程序中，语句 T 可能执行，也可能不执行，取决于语句 S 的测试结果，即语句 T(控制)依赖于语句 S：

```
S:    if I=0 then
T:      A=B*C
      Endif
```

3. 依赖关系分析和测试

并行编译系统为了获得程序中的依赖关系信息，要用一定的算法对程序进行分析，其中主要是分析计算程序中所有语句之间的依赖关系，这也称为依赖关系分析。

对于嵌套循环 L 中的任意两条语句 S 和 T，设 $x \equiv A(f_1(I), f_2(I), \cdots, f_n(I))$ 是 S 的一个变量，$y \equiv A(g_1(I), g_2(I), \cdots, g_n(I))$ 是 T 的一个变量，且 x 和 y 中至少有一个是其所在语句的输出变量，A 为 n 维数组，$f_k(I)$ 和 $g_k(I)$ $(1 \leq k \leq n)$ 均是索引向量 $I = (I_1, I_2, \cdots, I_m)$ 的线性整值函数。如果这两个变量导致 S 和 T 之间存在依赖关系，则方程组：

$$f_k(I) - g_k(I) = 0 \, (1 \leq k \leq n) \tag{15.1}$$

有满足约束条件(以下简称"约束")：

$$P_r \leq i_r \leq q_r, P_r \leq j_r \leq q_r \, (0 \leq r \leq m) \tag{15.2}$$

的整数解 (i, j)，其中 $i = (i_1, i_2, \cdots i_m)$，$j = (j_1, j_2, \cdots j_m)$。并且，这个解满足下述特定情形下的附加条件：

$$\begin{aligned} &\text{若 } S < T \text{ 且 } S\delta T，\text{则 } i \leq j; \\ &\text{若 } S = T \text{ 且 } S\delta T，\text{则 } i < j; \\ &\text{若 } S < T \text{ 且 } T\delta S，\text{则 } i > j。 \end{aligned} \tag{15.3}$$

方程组(15.1)称为依赖方程，它由 n 个 $2m$ 元方程构成，这 $2m$ 个变量是 i 的 m 个元素和 j 的 m 个元素。这种方程组是线性丢番图方程。不等式组(15.3)称为方程组(15.1)的依赖约束。

依赖关系的分析问题可以转化为上述方程组(15.1)所示的线性丢番图方程的求解问题，而针对依赖关系的测试，目前也有很多数学方法，常用的有精确测试算法和近似测试算法两类。精确测试法实际地求出方程组的整数通解，并检查是否有满足所有约束条件的解。在依赖关系存在时，它可以给出相关迭代对集合和依赖距离向量，但它的缺点是不能处理复杂的情况。近似测试法检查方程组是否有整数解，然后测试方程组满足约束条件的实数解存在的某些必要条件，当判断出这些必要条件不满足时，便可肯定不存在依赖关系，否则便做出一个保守的假设，即假设依赖关系存在。因此，它不能给出引起依赖关系的相关迭代对集合。显然，近似方法是一种安全测试方法，它可以保证程序的正确性，但可能因保守的假定依赖关系存在而损失一些程序中的并行性。

进行依赖关系测试的目的：一是试图证明同一数组变量的下标引用对(即引用两个数组某维中的一对下标)之间的依赖关系是不存在的；二是若依赖关系存在，则应以某种方式(例如使用依赖方向向量的最小全集)将它们表示出来。依赖性测试是一种保守的策略，即如果不能证明依赖关系不存在就会认为依赖关系是存在的。进行依赖关系测试所追求的目标就是构造依赖距离向量或依赖方向向量的全集。此全集可以表达对同一数组变量任意下标引用对之间可能存在的依赖关系。这实际上是求依赖方程的通解。精确测试是当且仅当依赖关系存在时，检查这些依赖关系，它所花费的开销太大，因此一般情况下无法实现精确解，所以一般采用近似测试法。近似测试法又分为边界法和消去法两种。

对于标量，传统的数据流分析可以得到精确的数据依赖关系。对于数组，问题比较复杂，主要是需要检测在一个嵌套循环中，相同数组的元素的多次引用问题，数据依赖分析技术要比较相同数组的每两个引用对，确定它们的下标表达式是否跨过不同迭代而可能具有相同的值，即相同的存储单元。

对于多维数组，数据依赖测试归结为确定一个线性方程组在满足一组线性不等式约束下是否有整数解的问题，线性方程组的变量是循环索引变量，不等式约束由循环界产生。对于一维数组只有一个方程需要测试，当测试多维数组时，如果一个下标的循环索引不出现在其他的下标中，则称这个下标的状态是可分的；如果两个不同的下标含有相同的循环索引，则称它们是耦合的；当所有下标是可分的，我们可以分别测试每个下标，因为各线性方程是独立的。因此，一般情形，数据依赖测试是测试一个线性方程组在满足一组线性不等式下是否有整数解，但这种方法对多维数组有耦合下标的情形，则只能引入保守近似解。

15.3.3 程序优化

程序优化是指对解决同一问题的几个不同的程序进行比较、修改、调整或重新编写程序，把一般程序变换为语句最少、占用内存最少、处理速度最快、外部设备分时使用效率最高的最优程序。程序优化时关心的是正确性和效率，它要改善程序的性能，但不能破坏程序的正确性，进行程序变换时要保证变换前后的程序在语义上是等价的。

程序优化主要包括：

- 代码向量化(code vectorization)——把标量程序中由一种可向量化循环完成的操作变换成向量操作。
- 代码并行化(code parallelization)——代码并行化将串行程序的可并行化部分展开成多线程，以同时供多台处理机并行执行，其目的是减少总的执行时间。

向量化是将串行程序的可向量化部分改写为用向量运算表示的等价程序，其编译技术已趋成熟。并行化是将串行程序的可并行化部分改写为在多处理机上并行执行的等价程序，由于涉及数据的私有化、分布和通信，以及并行任务划分等诸多问题，并行化技术目前仍然在研究之中。向量化和并行化这两种并行编译技术有很大的共同之处，其一是它们的优化对象相同，二者都把串行源程序中的循环作为优化对象；其二是它们所依赖的基础技术相同，二者都把数据依赖关系分析技术作为优化的依据。

1. 向量化

一个向量是由一组元素组成的有序集，元素的个数称为向量的长度。串行程序中常常用循环来实现对数组元素的操作。当满足一定的条件时，就可以把一个循环中对数组元素的操作用向量操作来实现。串行程序向量化指的是在依赖关系分析的基础上，通过一系列程序转换技术，消除妨碍向量化的依赖关系，使程序中尽可能多的循环向量化。一个可向量化的循环在源语言一级可用向量语言或串行语言加向量化编译指导命令来表示。在直接生成目标程序的向量编译系统中，一个可向量化的循环则直接用向量运算中间语言来表示。

2. 并行化

程序并行化的主要目的是发现和构成并行任务。有些并行化技术通过程序变换构成并行任务，如归约变量替换、递归下标消除、标量和数组扩张及私有化、语句重排和语句分裂、循环展开、循环置换、幺模变换、余数变换、循环分段和分块技术等。另一些并行化技术通过避免或消除访存冲突(数据竞争)来实现并行，如标量和数组扩张及私有化、循环分布、合并技术等。程序并行化的次要目的是优化存储访问和减少同步、通信与组织循环并行执行的开销。有关的变换技术包括循环置换、循环联合、循环合并、循环散布、循环结合等。

循环变换的效率是与目标机的体系结构和系统软件的支持有关的，也是与循环的迭代次数和循环体的粒度有关的。循环变换有时还要引入一定的开销，因此是否实行一种循环变换是要权衡得失的。在对程序进行并行化时，通常要施加多种并行化变换。每种变换可能带来一定效益，也可能带来一定开销。各种变换之间还可能有一定的互相影响。所以施加各种变换的顺序不同，效果可能也不同。有的变换可以在不同时刻施加多次，施加的时刻和次数不同，效果可能也不同。有些变换对于不同体系结构的并行计算机的程序并行化都是有效的，有些却只对特定体系结构的并行计算机的程序并行化有效。程序并行化系统一般都提供了许多并行化功能和默认的变换组合，同时许可程序员选择实施或不实施哪些变换。最优的并行化变换组合是一个 NP 问题。

并行化的对象可以是子程序、循环和语句块，本小节要介绍的串行程序自动并行化技术主要是针对循环的。循环一般占程序的大部分运行时间，而循环的并行化分析和改写又相对较容易，所以在这方面进行了大量的研究，也取得了较好的效果。因为组织循环并行执行的开销一般比组织循环向量执行的开销大得多，所以对嵌套循环总是选择可并行化的外层循环做并行化。对于向量多处理机系统，同时还可以将最内层循环向量化。子程序和语句块的并行化分析和改写不太规则，所以这方面的技术发展较慢。子程序并行化的一个明显优点是并行的粒度比较大。

多个任务并行执行的前提是不能破坏程序中原有的数据和控制依赖关系。从一个极端来说，若两个任务间不含任何依赖关系，则它们是可以并行执行的。这样并行化对依赖关系的要求就比向量化要严。从另一个极端来说，若加上适当的同步通信，则含有任何依赖关系的两个任务都是可以并行的。最极端的情况是，同步太多，使得并行化后的两个任务在事实上还是串行执行的。因此，并行化对依赖关系的要求也可以说比向量化要宽。目前的问题在于，迄今为止还没有适应于小粒度并行的、高效的同步通信机制，所以循环一级主要是开发不含跨迭代依赖关系的并行循环。并行执行一个循环，就是把循环中的迭代分配给各个处理机去执行。

串行程序并行化时，对于一个循环首先进行依赖关系分析，若可以并行化则好，否则便根据情况进行一定的程序转换，力图使它并行化。对可并行化的循环，有时为了提高效率也要进行某种程序转换。现在的并行编译系统都在源语言一级对程序进行并行化。程序并行化的结果可以用并行语言或并行化编译指导命令来描述。

15.3.4 并行代码生成

并行代码生成(code generation)涉及将优化后的中间形式的代码转换成可执行的具体的机器目标代码，包括执行次序、指令选择、寄存器分配、负载平衡、并行粒度、代码调度以及后优化(post optimization)等问题。

1. 并行语义的识别和处理

并行语义的识别和处理是"并行代码生成"的重要前提和保障。通常，在应用程序中存在不同层次的并行性，按照其粒度大小，可以分为任务级并行性、循环级并行性和指令级并行性三类。

2. 向量化编译器的并行代码生成

向量计算机是具有向量处理能力的计算机，它是在标量处理机的基础上增加了向量处理部分而构成的。向量处理部分通常是由若干个向量寄存器、若干个向量流水功能部件以及一个控制向量操作长度的寄存器所构成的。针对向量计算机，并行编译器的一个重要功能是串行程序向量化。并行编译器要自动地寻找源程序中可以向量化的循环并将它们向量化。显然，程序中的向量成分越多，向量机的运行效率越高。在一条向量操作指令控制下，向量寄存器和向量功能部件以流水线方式产生一组结果。

向量化编译器的并行代码生成阶段主要包含的问题有以下三个方面。

(1) 向量循环的组织。

在程序设计语言中向量通常是用数组来表示的，如果要计算两个数组的对应元素相乘，在串行程序设计语言中通常设计为循环。

【例 15.3】 设 A、B、C 分别是由 N 个元素组成的一维数组，如果要计算 A 与 B 的对应元素乘积，结果送给 C，则设计为下面的循环：

```
for i=1 to N    C(i) = A(i)*B(i)
```

但是在并行程序设计语言中，如 Fortran 90 中可以直接用赋值语句表示为：

```
C = A*B
```

或者

```
C(1:N) = A(1:N)*B(1:N)
```

若 $N = 1024$，硬件向量长度最大为 128，则编译器将按 128 个元素一组进行向量运算，迭代 8 次便可以完成全部运算。而标量循环需要迭代 1024 次，因为每次迭代都要计算地址和迭代次数，所以迭代次数越多开销就越大。由此可以看到，若在向量计算机上运行该程序，就应该把循环转化为向量计算。这样不仅可以充分利用流水线提高运算速度，而且还减少了组织循环的开销，从而更大地提高了程序运行的效率。

当一次向量计算的长度大于向量计算机的向量长度上限 v1 时，向量编译器就必须在程序代码中自动组织向量操作循环。在进入向量循环之前，要根据向量长度来计算迭代次数。当向量长度是编译未知量时，则生成动态计算迭代次数的指令。

(2) 寄存器分配。

寄存器分配的目的是尽量减少不必要的访存操作。若能够将那些需要频繁访问的变量存放在寄存器中，则可以大大加快程序的执行速度。寄存器分配阶段需要决定程序中哪些变量(包括用户定义和编译生成的临时变量)的值应该存放在寄存器上。对于大多数现代高性能处理器，寄存器分配都是最重要的编译优化步骤之一。此外，许多优化最终能否获益，也依赖于寄存器分配的结果，比如，对公共子表达式的删除能够消除多余的计算，但同时增大了变量的活跃区间，若由此导致变量溢出到内存，则有可能会得不偿失。

(3) 流水线调度。

代码序列重排一方面旨在将基本块中同类向量操作指令组合到一起，使功能部件充分满载执行。因为装满功能流水线的部件，建立新的数据通路是要有额外开销的，所以组合同类向量指令是向量代码优化的一个重要技术。另一方面旨在将标量操作指令散播到向量指令之间，以便使标量操作不占用程序执行的绝对时间，这是向量编译优化技术同传统代码优化技术的一个显著差异。

3. 共享存储器多处理机的并行代码生成

与向量机相比，共享存储器多处理机能够在更大的范围内提供并行处理的能力。向量机只能并行处理向量操作，而共享存储器多处理机可以并行执行多个循环迭代、语句块、子程序段。如果它的每个处理机都是向量处理机，还可以实现高层的并行处理和低层的向量处理。比如例 15.3 中的循环，如果共享存储器多处理机由 8 个向量处理机构成，则系统可以把任务分配给这 8 个向量机并行处理，每个向量机只需进行向量运算循环的一个迭代，完成 128 个元素的操作，从而使得执行时间只有单个向量处理机的 1/8。

共享存储器多处理机的并行代码生成，主要是在传统编译技术的基础上，有效应用系统的同步通信机制组织程序，在具有共享存储器的多个处理机中并行执行。在串行编译系统基础上，共享存储器多处理机的并行编译系统所作的主要扩充是增加一个预编译器（又称预处理器）。预编译阶段将完成主要的并行语言处理工作，包括并行指导命令的语法语义分析、实现并行指导命令功能的程序改写和并行库调用等。

传统的 Fortran 编译采用静态存储分配方式，这种方式支持并行任务执行时需要采用的多副本方式。针对静态存储的多副本方式所带来的"既要占据大量程序空间，又会使任务数难以动态变化"问题，共享存储器多处理机的并行编译器目前采用栈式存储分配方式。通过将私有变量分配到栈中来实现一个程序副本的可再入。这样一个程序副本可以由多个任务同时调用，每个任务调用时都将获得自己的私有变量空间。

并行编译系统生成一个过程的可再入目标代码时有 3 项工作：在过程的入口处构造栈空间申请指令序列，在过程出口处构造栈空间释放指令序列，在处理外部过程调用时构造将实参填放到本过程栈空间的自变量区中的指令序列。

栈空间申请指令序列要完成的主要工作是：形成本过程栈空间，该空间大小是编译可计算的，其中哑参区和自变量区大小相同；完成哑实结合，按逆序从调用者栈中将自变量取到本过程栈空间的哑参区（主过程可以跳过这一步骤）；将要保护的寄存器内容压入栈的寄存器保护区中对应的位置，寄存器保护区中包含调用者栈的栈段指针、堆栈指针、程序计数器当前值（返回地址）、程序状态字等；修改栈段指针、堆栈指针等使其指向本过程栈空间，使其后的程序代码在本过程栈空间中执行。

栈空间释放指令序列的主要工作是：从寄存器保护区取出调用者栈的返回地址、程序状态字、栈段指针、堆栈指针等信息，回写到对应寄存器中，并按返回地址返回。

4．分布存储器大规模并行机的并行代码生成

目前大规模并行机上的并行编译器主要是针对数据并行语言的，其主要处理有以下几项。

（1）数据分布

数据分布的目的是提高数据的局部性和并行性，减少通信开销，从而提高程序的执行速度。并行编译根据程序中的数据分布描述将数据按用户指定的方式或编译内定的方式分配到各个节点的存储器上。由于已分布的数据与相关的计算并不总能保持在同一个节点上，即一些计算所需要的数据可能存放在其他节点的存储器上，因此必要时编译器还要根据运算的分布情况对已分布的数据进行再分布，以减少通信。

数据分布的好坏极大地影响着并行程序的执行效率。实际的数据分布情况是与处理机分配情况相关的，好的数据分布就要有好的处理机分配策略。

（2）任务划分

任务划分就是将源程序的任务划分为若干个可以并行的子任务，然后将它们分配到多个处理机中并行执行。针对分布式存储器，大规模并行机的任务分配原则是，尽可能使计算和它的数据都属于同一个处理机。数据并行语言一般提供了循环一级的并行描述，并行编译的任务划分就是确定并行循环的迭代如何分配到多个处理机中执行。通常采用的划分原则就是数据拥有者计算原则，即数据在哪个处理机上，计算就分配到哪个处理机中执行。循环中的并行计算一般都与分布数组有关，因此将迭代分布与数据分布对准即可，但是一个循环中可能有多个语句，一个语句又可能涉及多个数组，对此，在实现上又有两种方法，一种是按左部量划分，即按每个语句组织并行循环，按语句左部数组的数据分布来进行循环分布；另一种是按程序员在并行循环指导命令中指明的对准数组的数据分布来进行循环分布，此时若循环体中有多个语句也要统一组织并行循环。

（3）同步与通信

将并行程序划分成多个并行任务，其目的是让它们并行执行，以减少程序的执行时间，但任务一

般不可能完全独立地并行执行，任务之间需要交换数据，然后计算才能继续下去。我们将并行任务之间的数据交换称为通信，同步和通信的实现与采用的并行程序设计语言或环境关系密切。

同步与通信的处理主要包括确定同步与通信点并插入相应的并行库子程序调用以及通信优化。数据并行语言中的同步描述既可以是显式的，也可以是隐式的，如隐含在并行循环前后。通信描述一般都是隐式的，因为语言支持全局名字空间，所以无论是本地还是远程数据访问，都是通过变量引用来表示的。在不支持分布式共享存储器的大规模并行机上，通信(即远程数据的访问)是通过消息传递库子程序支持的。在支持分布式共享存储器的大规模并行机上，通信由硬件与操作系统支持，编译器的工作是给出数据访问的节点号和节点存储器内的偏移。通信优化的方法之一是通信消除，即通过把多个单独的消息合并成一个大消息一次传递，从而减少消息传递次数；或者通过数据局部化或再分布等方法来消除必要的通信。另外就是通信隐藏，即通过消息预取、消息流水等让通信与计算重叠，从而隐藏通信开销。

15.4 自动并行化技术目前研究现状

从 20 世纪 80 年代中期开始，随着并行计算机系统的发展，人们开始在自动并行化领域内开展广泛研究，国内、外各研究机构纷纷研制并行编译系统，目前出现了各种各样的自动并行化系统。SUIF、Polaris 等都是国际上著名的自动并行编译系统，国内开发的自动并行编译系统有中科院计算所开发的PORT、Autopar，复旦大学开发的 AFT 等。自动并行编译系统研究的难点主要有以下几个方面。

① 程序并行性的挖掘。由于自动编译器分析得到的程序信息难以十分精确(如过程调用、非线性引用数组、一些信息在编译时未知等因素)，导致程序并行性的挖掘有很多困难。

② 数据分布。在程序的数据使用情况变得复杂时，在全局范围内对数据做出最优或较优的分布变得十分困难。

③ 通信。通信优化必须与数据分布、计算分割统一考虑，才可能使并行软件的通信开销尽量小，目前还没有一个较好的综合分析方法。

总的来说，目前并行编译系统还缺乏复杂的编译分析技术来完成并行编译的目标。在这种情况下，自动并行编译系统采用一种折中的方法，即把自动并行编译系统变成与程序员交互的编译方式，把一些编译器无法确定的问题交给程序员来确定，程序员也可以从编译器那里得到程序的一些信息，以更好地理解程序，这样无疑会使并行化的效果有显著提高。而且，对于程序员而言，这也是他们可以接受的。

目前比较典型的自动并行化系统有以下几类。

(1) VAST 系统

VAST 系统由 PSR 公司开发。它可对 Fortran 和 C 程序进行自动变换。其主要功能有：循环以外部分的检查；循环并行部分和循环以外并行部分向大粒度并行块的合并；微任务伪指令的插入等。

(2) KAP 系统

KAP 系统由 Kuck & Associates 公司开发。它可进行 Fortran 和 C 程序并行化和自动变换，主要功能有：循环结构变换；增大并行粒度；降低同步频度和过程的分支；过程的在线展开；并行循环和循环以外并行部分的检查；微任务伪指令的插入等。

(3) PFC(Parallel Fortran Converter)

PFC 是 RICE 大学研制的源到源的自动向量化软件，为 ParaScope 交互式并行编程环境的重要子系统。它可把 Fortran 77 代码变换成 Fortran 90 代码，其分析结果主要用于开发循环级的并行性。

（4）FORGE90 系统

FORGE90 系统是由 Applied Parallel Research 公司开发的与 Fortran 90 相对应的对话型变换系统。系统根据用户的提示进行并行化作业，用户根据系统分析所得到的信息进行理解和判断。

（5）CAPTools 系统

CAPTools 系统由英国 Greenwich 大学的并行处理组研究开发，主要用于将现存的计算力学软件中的串行 Fortran77 并行化。CAPTools 输入串行程序，对程序进行分析，通过用户参与，产生插入了通信调用的并行程序。

（6）SUIF 系统

SUIF 系统由美国斯坦福大学的 SUIF 编译器组研究开发，现在已经发展到 SUIF2，它以串行的 C 或 Fortran 程序作为输入，自动生成并行源程序代码。该系统研究涵盖了相关性分析、指针分析、分块、预取、程序变换、过程间分析等技术，解决了一些实际的应用问题，最近的研究集中在过程间优化和提高并行度与局部性的放射变换上。

（7）FPT（Fortran-P Translator）

FPT 由美军高性能计算研究中心（AHPCRC）开发的面向 MPP（大规模并行处理）系统的程序自动并行化工具，可将 Fortran-P（Fortran 77 的一个子集）程序转换为 MPP 系统上高效运行的并行程序，但只局限于对 Fortran-P 程序的转换。

（8）PTRAN（Parallel Translator）系统

PTRAN 系统由 IBM 开发的能将串行 Fortran 程序自动并行化的系统。它可以完成控制流、数据流和控制相关分析、常数传递、线性递归变量的识别、过程内和过程间的相关性分析。PTRAN 系统可开发循环级和任务级并行性，但能做的程序重构非常简单。

（9）AFT 系统

AFT 系统由复旦大学研制的针对 Fortran 语言的自动并行化系统。它采用了数组私有化、过程间分析、过程繁衍、过程嵌入等多种技术，能自动分析标准 Fortran 程序，将它改写成语义等价的并行向量程序，也可对已有并行程序进行分析。通过对 Perfect Benchmark 及国际标准基本函数库 BLAS 的测试结果表明，AFT 对某些问题自动并行的效果令人满意，而对另外一些问题则不太令人满意。

（10）KD-PASTE 系统

国防科技大学为提高 YH 仿真系列机的运行效率研制的。KD-PASTE 系统以相关性分析理论为基础，充分挖掘应用程序的向量化成分，主要包括预处理器、并行性分析器、并行代码产生器三大部分。KD-PASTE 系统可以产生两种并行代码形式：其一是带有向量化和微任务化指导指令的 Fortran 源程序，其二是用向量 Fortran 语言描述的源程序。

在实际应用中由于串行程序的形式多种多样以及程序行为的不可预测性，这些自动并行化系统的并行化效果并不理想。其原因分析如下：

最初的自动向量化系统，如 KAP 和 VAST 系统，由于自动并行化与自动向量化有着本质的区别，并行化需要中粗粒度的并行性，而向量化需要细粒度的并行性，在分析粗粒度并行性时会遇到过程调用语句和符号量，使得传统的相关性分析方法遭到失败。

近年来的全自动并行化系统，如 AFT 和 SUIF 系统，通过采用过程间分析、符号数据相关性分析、数组私有化、归约识别、复杂形式的归纳变量识别以及运行时分析等新技术，并行化能力与 KAP 等传统系统相比有了较大提高，对某些程序的并行化效果已经与手工并行化相近；但是，还有一些程序的自动并行化效果与手工并行化的效果相比有很大差距，其原因在于，在全自动并行化系统中使用的并行化算法还不能有效地处理这些复杂应用程序，除了算法本身的能力不足以外，缺乏有关的程序语义信息更是全自动并行化算法的障碍。

交互式并行化系统，如 FORGE 90 系统和 CAPTools 系统，它们在尽可能采取自动并行化技术的同时，允许分析人员在并行化过程中查看和修改并行化结果，通过人的能力来提高并行化效果，在部分程度上弥补了全自动并行化系统的不足，但是，这些交互式的工具普遍都没有采用最新的自动并行化技术，因此，它们的自动并行化能力比较差。

习题 15

15.1　并行系统的编译实现主要有哪几种常用的方式？

15.2　并行化编译与并行语言编译的区别是什么？

15.3　名词解释：并行性、并行粒度、时延。

15.4　并行可以分为哪几个等级？

15.5　并行体系结构有哪几种？

15.6　并行编译系统包括哪几部分？各部分的功能分别是什么？

15.7　并行编译技术是如何分类的？

15.8　并行编译器的构成中，程序分析、程序优化、并行代码生成的主要功能分别是什么？

15.9　自动并行编译系统目前研究的难点主要有哪几个方面？

15.10　目前比较典型的自动并行化系统有哪些？

参 考 文 献

[1] 格里斯. 数字计算机的编译程序构造. 曹东启，仲萃豪，姚兆炜，译. 北京：科学出版社，1976.

[2] 陈火旺. 程序设计语言编译原理(第 3 版). 北京：国防工业出版社，2000.

[3] (美)阿霍(Alfred V. A.)，等. 编译原理(第 2 版). 赵建华，等译. 北京：机械工业出版社，2009.

[4] 沈志宇，等. 并行编译方法. 北京：国防工业出版社，2000.

[5] 张素琴，等. 编译原理(第 2 版). 北京：清华大学出版社，2006.

[6] Andrew W. Appel. 现代编译原理 C 语言描述. 赵克佳，黄春，等译. 北京：人民邮电出版社，2006.

[7] 蒋立源. 编译原理(第三版). 西安：西北工业大学出版社，2005.

[8] 陈意云. 编译原理. 北京：高等教育出版社，2003.

[9] 胡延忠. 编译原理. 武汉：华中科技大学出版社，2007.

[10] 李劲华. 编译原理与技术. 北京：北京邮电大学出版社，2006.

[11] 何炎祥. 编译原理(第 3 版). 武汉：华中科技大学出版社，2010.

[12] 刘春林. 编译原理与技术. 北京：人民邮电出版社，2007.

[13] 李敏生. 形式语言. 北京：北京理工大学出版社，1989.

[14] 高仲仪. 编译原理及编译程序构造. 北京：北京航空航天大学出版社，1990.

[15] 钱焕延. 编译技术. 南京：东南大学出版社，1994.

[16] 李赣生. 编译程序原理与技术. 北京：清华大学出版社，1997.

[17] 傅育煦. 程序设计语言设计与实现(第 3 版). 北京：电子工业出版社，1998.

[18] 张幸儿. 计算机编译原理. 北京：科学出版社，1999.

[19] Michael Sipser. 计算理论导引. 张立昂，王捍贫，黄雄，译. 北京：机械工业出版社，2000.

[20] 伍春香. 编译原理——习题与解析. 北京：清华大学出版社，2001.

[21] 姚震. 并行程序设计模型若干问题研究[D]. 中国科学技术大学博士论文，2007.

[22] 白中英，杨旭东. 并行计算机系统结构(网络版)(第二版). 北京：科学出版社，2004.

[23] 苏德富，梁正友. 并行计算技术及其应用(第二版). 重庆：重庆大学出版社，2007.

[24] 孙玉强. 并行语法分析中几类算法的设计与研究. 西安电子科技大学博士学位论文，2008.

[25] https://JavaCC.dev.java.net/.

[26] http://www.gnu.org/software/bison/manual/.

[27] http://grammatica.percederberg.net/.

[28] http://runcc.sourceforge.net/.

反侵权盗版声明

电子工业出版社依法对本作品享有专有出版权。任何未经权利人书面许可，复制、销售或通过信息网络传播本作品的行为；歪曲、篡改、剽窃本作品的行为，均违反《中华人民共和国著作权法》，其行为人应承担相应的民事责任和行政责任，构成犯罪的，将被依法追究刑事责任。

为了维护市场秩序，保护权利人的合法权益，我社将依法查处和打击侵权盗版的单位和个人。欢迎社会各界人士积极举报侵权盗版行为，本社将奖励举报有功人员，并保证举报人的信息不被泄露。

举报电话：（010）88254396；（010）88258888

传　　真：（010）88254397

E-mail：　dbqq@phei.com.cn

通信地址：北京市海淀区万寿路 173 信箱
　　　　　电子工业出版社总编办公室

邮　　编：100036